22

外国美学

International Aesthetics

中国社会科学院文学研究所文学理论研究室
中华美学学会外国美学学术委员会 编

江苏凤凰教育出版社

图书在版编目(CIP)数据

外国美学.第22辑/汝信.主编.—南京:江苏凤凰教育出版社,2014.7
ISBN 978-7-5499-4292-3

Ⅰ.①外… Ⅱ.①汝… Ⅲ.①美学—国外—丛刊
Ⅳ.①B83-55

中国版本图书馆CIP数据核字(2014)第174058号

书　　名	外国美学(第22辑)
主　　编	汝　信
责任编辑	周敬芝
装帧设计	张金凤
出版发行	凤凰出版传媒股份有限公司
	江苏教育出版社(南京市湖南路1号A楼　邮编210009)
苏教网址	http://www.1088.com.cn
照　　排	南京前锦排版服务有限公司
印　　刷	常熟市新骅印刷有限公司(电话0512-52208129)
厂　　址	常熟市海虞镇塘娄村(邮编215517)
开　　本	787毫米×1092毫米　1/16
印　　张	17
版　　次	2014年8月第1版　2014年8月第1次印刷
书　　号	ISBN 978-7-5499-4292-3
定　　价	50.00元
网店地址	http://jsfhjycbs.tmall.com
新浪微博	http://e.weibo.com/jsfhjy
邮购电话	025-85406265,85400774 短信 02585420909
盗版举报	025-83658579

苏教版图书若有印装错误可向承印厂调换
提供盗版线索者给予重奖

目　录

Contents

亚里士多德《诗学》管窥*

[波兰]罗曼·英伽登
张旭曙 译

[题解]

本篇是“寻根”之作，旨在为文学作品存在论寻找历史依据；更是“六经注我”之作，作为富于创造性的体系哲学家文论家，英伽登不满足于做些串讲文本大义、给其历史定位之类的史家活计，而是站在当代文学理论的立场上，以敏锐的问题意识重读《诗学》，向其发问，拓展、深化亚里士多德的研究，发掘其中潜含的当代性(现象学)因素。

文章有两点值得称道，一是明达的解读策略，二是对模仿(Mimēsis)的创造性解读。

众所周知，存世《诗学》非全本，论喜剧的第二卷早已失传，现有文本多有散佚，亚氏语焉未详之处也不鲜见。这种样态既给研究者预留了逞才使气的充裕空间，也设置了一道无法避开的难题，那就是如何在《诗学》固有的文脉义理(不是原义)与创造性的解读之间保持适度的平衡与张力。英伽登如何破解这道难题呢？我们看到，他没有亦步亦趋地遵从《诗学》自身的论述架构，即模仿、诗的起源、悲剧定义与成分、情节安排、历史与诗的比较、悲剧快感、性格刻画、史诗与悲剧的同异优劣等，而是以我为主，有选择性地将它们分别纳入文学作品存在论的问题框架内，这一框架由四个子问题搭建而成：1. 文学作品的层次性(四个层次)；2. 文学作品的阶段性(类时间结构)；3. 文学作品的质料(作者的意向性创造＋某种物理对象＋主体间的理想概念和观念)和存在方式(特殊的纯粹的意向性对象)；4. 文学作品与其他书面作品的区

---

* 原载《美学与艺术评论杂志》，第 20 卷，第 2 期(1961)，第 163—73 页，第 3 期(1961)，第 273—85 页。海伦·玛切吉达英译。

别(陈述句的准判断性质、作品自身形成了一个独特的存在区域等)。手中掂量着承载了悠久丰厚诠释传统的《诗学》这块五色彩缎,英伽登的现代现象学文论话语体系这把刀尺能够量度、剪裁出天机云锦么?他能够跨越时间距离,有效地解决现象学奥义、现代文论议题如何与古老的《诗学》产生视域融合的难题么?为此,英伽登采取了三条读解策略:

第一,以亚氏论证的内在逻辑为基准。英伽登诠解《诗学》始终贯彻现象学的"面向实事(Sache)本身"精神,就是说,细读文本,打通其本身文理脉络,发微其幽晦的暗示,从而解疑释惑,而决非简单套用现代文论观点,给《诗学》穿上时尚的"现代"服装。他部分地在"感观显相"涵义上理解"剧景"和"情境",有限度地肯定"篇幅"(时间维度)的潜在意义,承认亚氏明确区分了诗与非诗,都是以此为准绳立论的。第二,在多重证据比较互证之上作出审慎的推论。英伽登《诗学》研究的性质是描述性的而非规范性的,旨在描述文本的客观特征,发现文本的形式与秩序,客观证据的枚举、精确的区分、分析性的比较是其主要手段。英伽登坚持内证法,把推论的基础主要建立在《诗学》中寻找到的证据之上,偶尔以亚氏其他著作为旁证(如《心灵论》、《后分析篇》、《解释篇》),亚氏的生平资料或同时代人的观点则完全不用。证据在他那里是多重的,相互发明,有点类似中国传统考据学的"无三不立"原则,最有说服力者是英伽登为亚氏辨识了文学作品(诗歌)与其他书面作品(历史)的论断所找到的内证——《诗学》有关专名的论述、编纂原则、动机理论。第三,论断用语谨慎适切。1、2、3、4 洵为"现代"文学理论的重要问题,英伽登在逐一衡照《诗学》相关论述、彰显其潜在的现象学特质时相当慎重,唯恐有过度诠释之嫌。通观全文,他几乎不认为亚里士多德对四个问题中的任何一个有明确清楚的认识并作了系统详尽的探究。证据不充分,理脉不明朗,他宁可说"不清楚""看不到""不曾研讨""没有提到""没有明说";即便经他的细密爬梳,精妙发挥,亚氏理论别开生面,譬如,"情节、性格、思想"相当于"再现的世界层","念白"包括语音和意义两个层面,英伽登仍然不肯推出亚里士多德发展了一套有关文学作品结构的普遍理论的断语。

模仿牵涉文学作品(诗歌)再现的对象与作品外的实在(世界)之间的关系,质言之,两者像不像,相像的程度如何,这是一个与逻辑学、认识论、存在论纠缠在一起的难题。柏拉图认为文艺沾染感性,与真理(理式)隔了两层。亚里士多德则明确表示模仿艺术(诗)比历史更有普遍性，更真实。问题在于，亚里士多德没有给模仿下明确的定义，英伽登笔下的亚氏模仿论便打上了他的现象学哲学美学的鲜明印记。照英伽登的解说，区别诗与非诗的准绳不在诗韵，不在作品主题，而在模仿。这里的模仿不能从“完美的逼肖”、“相仿的极限”、“照相般准确”、“忠实的仿似”上去理解，其要义在有意的变形、偏离、创造。创造什么呢？创造一个特殊的实在幻象，一个能令人信以为真，诱发观众情感体验的自足、真实的“准实在”(qusi - reality)。很显然，英伽登的文学(诗歌)真实概念是认识论意义上的“对象一致性”，不同于严格意义上的真实(truth)即真命题和对象性事态间的确定关联(参看《文学的艺术品》25、52节，又《英伽登美学文选》所收“文学真实论”一文)，因而凸显了文学不同于认识、道德的特殊性；形象化、愉悦感既兼顾文学(诗歌)不同于历史、哲学的根本特性，也使亚氏有关诗起源的原因之一，即从模仿作品中得到学习的快感有了落实：模仿容许违反对象的一致性，创造不可能却可信的事物，则是承认文学(诗歌)虚构性的题中应有之义。

文学作品的结构分析(存在论的，与结构主义的结构分析不相干)是当代文论的基础性课题之一，经英伽登的细致清理，呈示了一条远绍亚里士多德《诗学》，近宗莱辛《拉奥孔》，嫡亲克拉纳以及康拉德《审美对象论》的重要谱系。可以说，本篇的价值不仅在于为英伽登的“多层次构成说”寻找到了历史根据，也提供了解读《诗学》的另一种可能性，还开辟了研究欧美文论史的一个新视角。 (张旭曙)

历史研究非我的旨趣所在。把亚里士多德放在那个距今年代久远的世界里，根据希腊思想评价他或考察他在其发展中所起的作用不是我的目的。我的意图是，通过向他提一些当今的重要问题，拉近我们观点之间的距离，进而发现他有无可能帮助我们解决若干难题。简言之，我们今天能否提出在亚里士多德的思想中尚处于萌芽状态的理论。运用这种方法，他的某些观点便会显出比过去那些不曾对此加以明确阐述的学者看来更多的意义。我还会特地从波兰理论家在一战和二战期间就文学研究提出的基本原则来探讨亚里士多德《诗学》的若干观点。[①]

① 1946年，作者在克拉科夫向波兰科学和文学院提交了此文。略作删改，又加倍扩充后，1959年11月，作为哈佛大学讲座的序篇。文章首次刊登于1948年的波兰杂志《哲学季刊》，经扩充收入作者的两卷本美学著作《美学研究》(华沙，1957，第1卷，319—358页)。

一

在波兰，近代有关文学的艺术品的理论有四种主要概念：

第一，形式主义。发源于俄国学者，在波兰，主要是 M. 克里达与 K. 沃依希基及其（部分）追随者鼓吹这一方法。① 它把文学作品当成一种由声音与意义这两方面组成的语言学构造（组织严密的语言表达）。然而，这些语言学成分未曾得到充分阐述。这一方法试图将对文学作品的细致研究限定并缩减为文体分析。

第二，对象论。这一理论由 K. 库查斯基提出。② 它认为，文学作品是"呈显"（representation）的凝合，但没有解释"呈显"的性质。特瓦多夫斯基首先使用"呈显"一词，他界定其为某种精神体验，由此区分呈显的行为、对象和内容。由库查斯基的论述可知，他认为语言与文学作品毫无关系，说到底，也不过是个可有可无的成分而已。

第三，由克莱纳提出的理论，把文学作品当成独立自足的实在区域。③ 他区分了文学作品的四个"区域"（sphere）：一、个性化的语言（词语材料整体）；二、呈显的东西在认识活动中得以领悟和排列的方式；三、内容，即呈显的对象本身；四、作者创作、构思所展现的熟练技巧和能力。这些自足的"区域"及其相互关系同样未得到理论上的阐明。这是波兰的第一个现代文学理论。

第四，罗曼·英伽登构建的双向多层的文学作品概念。文学作品被视为其作者的主观的创造性活动的纯意向性产物。语言学成分在作品的构成中起着基础作用，但就审美而言，作用是辅助性的。在一个维度上，文学作品至少有四个层次：一、语音形式和更高级的语音构造层；二、意义单元层（字义和句义）；三、呈显的对象层（人、物、事）；四、图式化感观显相层。

---

① 有 I. 斯拉文斯卡、切斯劳·高泽斯基和其他人。曼福雷德·克里达教授以前在维诺，战后任教于哥伦比亚大学。

② 库查斯基教授任教于勒沃夫大学（兰堡）。

③ 裘里斯·克莱纳教授（1886—1957）是波兰最有名的文学史家之一。战前他在兰堡的大学任教；战后，在克拉科夫。主要著作有论米奇维兹、斯洛维基和克拉辛斯基，此外，发表了多篇文学理论和哲学方面的论文。

这些层次的结构和独特性暗示了它们之间的有机联系。从其各种成分(尤其是语言学的)中产生了作品的第二个维度:各部分和阶段的序列以及由此而显示的作品的类时间结构(quasi-temporal structure)。因此,作品同时兼具多层次和多阶段的性质。文学的艺术品在很多基本方面与别的书面作品不同。例如,文学作品每个层次里的审美价值属性及其组合产生质素谐和(harmony of qualities),而谐和又决定着作品所达到的艺术境界的类型和性质。相较于前几种理论,这一种理论力图解释文学作品的所有构成要素的性质,揭示其独特结构和典型存在方式,它与作者、读者和实在世界的关系。

除形式主义外,上述理论都产生于波兰,但它们并不曾因为没有利用外国资源或对他国研究毫无影响而断绝了与外界的联系。

这些文学的艺术品概念相互间分歧很大,因而引出了不少有争议的问题,最重要者如下:

一、文学作品有几个层次?库查斯基认为有一个("呈显"的对象层),形式主义说有两个(双重语言层),克莱纳和英伽登则称有四个;但是,克莱纳区分的所有"区域"并不都等同于英伽登所理解的作品的"层次"(strata),在后者看来,四个区域也并非全与作品有关。[①]

二、应当承认文学作品有若干阶段,其结构特性与音乐作品和电影存在共同之处,作品因此而可能产生时间结构及与之相关的艺术效果吗?

唯独英伽登明确主张文学作品多阶段性并试图加以更细致的分析。他到语言构造的基本属性里追踪这种特性的产生根源:文学的艺术品的这种重要审美现象源于句子和句群,但严格地说,任何书面作品里都有这种现象。别的理论就此问题语焉不详,虽然有些人(如克莱纳)认为有些现象和特征来自文学作品,然而,不接受作品多阶段性的原则,这种观点是得不到首肯的。(举例来说,克莱纳讨论了各种文学里的时间作用这一主题,但他没有区分作品表现的时间和作品本身的类时间结构。)

三、文学作品的"质料"(质性)性质是什么?与此相关,它的存在方式是什么?换言之,作品是某种心理性存在么?这种观点一度为国外的心理主义者所喜爱,19 世纪末的德国格外风行;实际上,波兰的所

---

① 瓦尔德马·康拉德区分了三个层次。

有文学史家显然都不自觉地接受了它，其中就有克莱纳（起码在其研究的第一阶段），后来还有库查斯基。克里达立场不明，因为他没有指出对语言构造应采取什么态度。作品是某种物理性存在？维也纳学派新实证主义者中的“物理主义者”持这种看法。此前，波兰的一些逻辑学家，如K.艾杜基维茨（早期理论）和K.莱斯尼维斯基及其追随者在一战后声称，句子即某种“铭文”，因而开纯物理形式主义，同时也是“操作”语言概念之先河。[①] 如克莱纳指出的，作品形成了一个独立自足的区域，却并不标明这是什么样的区域。不过，他的有些看法流露出重回心理主义的苗头。英伽登也认为文学作品形成了某种独立的“实在区域”，但他试图精确地界定其性质和存在方式：他在作品里发现了一种特殊的纯意向性结构，其存在基础首先在作者（即他的创作活动），其次在某种物理对象（如纸上的书写符号），再次是理想概念和观念。最后，文学作品是某种观念对象，如瓦尔德马·康拉德以胡塞尔的《逻辑研究》为理论基础所力主的吗？[②]

形式主义压根没有谈及这一问题（至少就我的了解而言）。宣称文学作品是组织严密的语言表达并不解决问题，因为从一般观点看，任何事物都依赖于“语言”是什么，或说得更精确，语言构造或产品是什么？由于有声势浩大的唯物主义背景，在形式主义看来，文学作品倒很有可能不是“心理的”存在就是“物理的”存在。然而，他们没有明确地提出问题。

四、文学的艺术品（诗）与其他书面作品，如科学著作、政治文件、宣传资料等等，有任何本质区别，或毫无区别吗？一系列问题与此密切相关，全部问题也据此得以考虑。当然了，注意力也不是非要死盯在所有问题和基本概念上不放。最重要者如下：

（一）文学作品的陈述句的基本性质是什么？它们是判断吗？或用英伽登的术语，是准判断，或许是“假定”（Annahme）[勒沃维安（兰

---

① 艾杜基维兹最初在其申请任教资格的论文《从严格科学的方法论看》（1921）里提出他的观点。又在其论著《表达的意义》（1931）和《教学的逻辑基础》（1936）以及1935年出版的认识论方面的文章中作了修订。然而，他的新看法并不完整统一，某些地方有心理主义的痕迹。艾杜基维兹的兴趣不在文学的艺术品，他只关心从逻辑和方法论的角度思考语言产品。不用说，这些问题所具有的意义要比单从作为艺术的文学领域着眼更加广泛。我曾从这广泛的视角、为了更一般的目的，将我的研究成果运用到与文学的艺术品有关的特殊问题中。

② 参见康拉德《审美对象》一文，载《美学与普通艺术学杂志》，第3、4卷。

堡)学派的专门用语,该学派采纳了迈农的概念],而照胡塞尔的说法,句子的确证功能被“中性化”(neutralized)了。

(二) 文学的艺术品对读者和作者分别有什么作用?这么问显然意味着,作用来自作品的各种特征并与之相符。言下之意,人们也可以问,文学作品的目标(使命)是什么?作品能让读者感到愉快,进而唤起他的某种特殊的“审美”经验吗?作品的目标是让读者信以为真或传递信息,就是说,向他提供某些有关现实世界、作者其人其事、创作之际的人生世相等方面的状况或知识吗?最后,作品能藉影响社会风尚,聚集社会群体,塑造文化、阶级、种族、国家意识等,达到提升读者的道德水平,陶冶之教化之,或在人的共同生活中起某种特殊作用吗?总之,它应当能完成上述部分功能,因而其特性将决定哪些目标它实现得较好,哪些不那么尽如人意,是主要的还是次要的吗?

(三) 诗歌作品,尤其是其再现的世界,与“实在”(即实在世界)的关系如何?举例来说,诗歌再现的世界是(1)“模仿”,即逼肖艺术外的实在吗?(2)它具有,至少部分地,具有“再现”我们周围的实在世界的功能吗(马克思主义者称之为“反映”功能)?(3)它自身就是一个独立自足的世界,其中可能性、或然性和必然性交织在一起吗?(4)它本身形成了一个独立自足的世界,再现实在世界只是构成其内在统一体的桥梁,而这统一体里就含有能构成审美价值的审美意义质素吗?

(四) 文学作品与其作者的关系如何?作者希望作品成为一种“内心表白”,其价值端赖于“坦诚”和率真吗?抑或它不过是作者个人生活与性格的无意间“流露”,它的价值取决于是否“鲜明生动”、“具体可感”和实显化(realization)的程度?最后,作品完全被视为作者艺术目标的实现,衡量其价值要看他是否以富于创造性的艺术眼光,成功地带给作品各种审美意义质素,也要看他怎么选这些质素及融和它们的方法?

所有这些问题密不可分,解决的方法取决于在文学的艺术品和其他书面作品之间作何种区分。有必要记住,纵然这两者之间存在多么深的鸿沟,也不排除中间项——杂交,如果可以这么说的话——的存在。反之亦然,居间(intermediate)作品的存在并不能证明,文学的艺术品和科学著作或新闻报道之间无本质区别。

兹举一例:那些认为文学的艺术品应当给读者提供某种“真理”

(有时他们在前面加上“艺术的”或“诗的”,实则意思含糊)的人,[①]同时会声称,诗歌里的陈述句是判断,其中再现的对象与诗外的现实相仿,或者说应该相仿,两者类似的程度决定着相似的价值。也许另一些人主张,诗歌里的陈述句无非是与实在对象有关的判断。他们看不到诗歌作品(文学艺术)与其他书面作品如科学著作间的本质区别。他们还断言,诗歌作品“表现”了作者的心理状态,每一种心态都是他的真情流露,他的作品非常坦诚,“更直截了当”或“更真实”。而这一派里的其他人则要求艺术品具备他们所说的“真实性”,因为他们把诗歌看成能给读者——或者在特定道德与宗教精神上,或者在某些政治与社会事务方面——产生特殊影响的一种手段。如果他们还承认艺术品有审美价值的话,充其量也只是服务于达到那些艺术外的目标而已。

然而,那些看到诗歌作品与其他书面作品(如科学著作)之间内在差别的人,既不认可诗歌里的陈述句是严格意义上的判断,也不相信诗歌再现的对象与艺术外的实在相像或应当相像;在他的眼里,精确无误没有什么特殊价值,描写失准也并非什么缺陷;作品在他那里不是一切事物(作者及其环境)的“真理”的撰集,他也不想以作品为工具,探求作者的生平,更不用说其生活世界的实际情况了。进而言之,他在别的地方而非其对读者的道德影响上体会到文学的艺术品的功能,即使作品确有教化之功。说作品有某种价值就意味着有义务具体地指明其主要审美价值和结构的基本构成。

还有一个与上述问题纠缠在一块的难题,它和艺术品本身无关,而与我们对艺术品的反应有联系:我们赖以与艺术品进行交流的种种意识行为是什么?认识艺术品时,艺术品唤起我们的内心体验的性质是什么?这一问题牵涉到文学作品的认识论和美学,[②]它大大拓展了有关艺术在个人和整个人类社会所起作用的问题的视界。不过,大体来说,人们尚未开始真正研讨这些问题,即便在重视它们的思想学派的著作里也是如此。

以上四种主要观点的论辩(实际上是四组问题)包含了最突出的问题,文学理论的进一步发展和更详实的研究均以这些问题的解决为前提。有鉴于此,回过头来重读欧洲诗学的经典著作也许不无裨益。

---

① 参见英伽登《艺术品的各种真理概念》,《美学研究》,第1卷,373—389页。

② 参见英伽登《对文学的艺术品的认识》,《美学研究》,第1卷,3—251页。

多少世纪以来，这些著作规约着我们的兴趣和研究方向。

二

首先我们来研究亚里士多德《诗学》有关文学的艺术品的观点以及那些对今天的我们仍有吸引力的问题。让我们问几个文学的艺术品的一般问题，若他的主张正确，我们就接受。如下面将看到的，亚里士多德至少熟悉好几个现代文学理论家感兴趣的论题；至于其他的，他似乎也挺懂，并间接地解决了一部分，尽管他的表述不太明确。最后，有些问题和观点亚里士多德没有提到，没有看法。然而，它们并不曾被他的基本方法排除在外，而是在他的研究范围内。

第一，[①]亚里士多德的《诗学》没有自觉地提出文学作品的多层次和多阶段的概念。如果就此向他提问，他不会明确作答。但是，我们发现，只有在多层次多阶段的观点上采取明朗的立场，同时认识到与文学作品的基本结构有关的一般问题，《诗学》文本里的各种说法才好理解，才显得有道理。

众所周知，亚里士多德区分了悲剧的六个不同的“成分”（史诗少一些）：情节（μύυος/*mythos*），事件的安排；性格（ήυος/*ethos*）；“思想”（δίανοια/*dianoia*），主人公在悲剧中发生或叙述的事件影响下的所有有意识的心理活动；念白（λεξις/*lexis*）；“情境”（όψεο ς γόσμο ς/*opseos kosmos*）；歌咏（μελόποιια/*melopoiia*）。[②]

我们也知道，亚里士多德把文学作品（更准确地说，是悲剧）的六个成分分为三组：“模仿的”手段（·οίς μιμουνται/ *hois mimountai*），指念白和歌咏；模仿的方式（ώς μιμουνται/*hos mimountai*）；“模仿”的对象（ά δε μιμουνται/ *ha de mimountai*）。情节、性格和“思想”属于第三组。作品的最后三个成分起的作用不仅相似，而且关系密切，这也是把它们编在一组的原因。亚里士多德就此明确指出，事件是情节构成要素和悲剧主人公发出动作的结果，没有人物“性格”，事件不可能形成。

---

① 以下第一、二、三、四分别研讨上面提到的四个最重要而有争议的问题。

② 这六个成分，罗念生译为情节、性格、言词、思想、形象、歌曲，陈中梅译为情节、性格、言语、思想、戏景、唱段。——译注

因此，对他来说，悲剧中最重要者正是事件——由"性格"而发出的动作。事件与悲剧布局的关系格外密切，较之于一般结构，它对艺术构成具有的意义更大。另一方面，所谓"思想"，戏剧主人公的心理活动，所言所行的结果，与"情节"和"性格"关系也非常密切。由这两方面看，情节、性格和"思想"在结构和功能上就形成了一个更高级的单独组成部分，今天我们称其为文学的艺术品的"再现的世界层"（我一度这么用过）。

还可以问，亚里士多德是否视情节、性格和"思想"（再现的世界的构成要素）为作品的内在有效的组成部分，或者对仅在作品里谈到的那些存在于作品之外、本身属于艺术外的实在世界里的事物，亚里士多德是否想到了用"对象"一词。不过，亚里士多德排除了这个问题，虽然他没有明说。首先，这些对象"模仿"与自己完全不同的东西，以前的可接受的解释是，这些特殊的对象属于"自然"，属于艺术外的实在世界。其次，用亚里士多德的说法，这些对象在许多方面不同于它们"模仿"的那个实在世界里的对象。[①] 譬如，悲剧再现的人比现实中的人好，可在喜剧里，他们更坏。最后，无论怎样，这些对象的存在方式都不同于实在对象的存在方式。然而，我们从《诗学》里得知，艺术再现的对象没有实在对象的特性，比如，历史研究的对象。艺术的对象更有普遍性，或然性交织着必然性。在这方面，亚里士多德说得很清楚，这些对象是悲剧的"成分"，其构成要素，而不只是悲剧指涉的事物。

在以后讨论中提出或可能提出这些问题的方式，研究仿效（*μίμεσναι*/*mimeisthai*）观念（至少就对这一概念的传统看法而言）时会遇到的困难，这些我们都不考虑。立足于亚里士多德的论述，似乎可以肯定，当他谈到情节、性格、思想时，他的准确意思就指文学作品本身的成分，与我们今天所说的作品"再现的对象层"是一回事。此外，从亚里士多德区分的作品的"成分"中，也有可能发现别的层次。

悲剧的另一个"成分"（在亚里士多德看来，喜剧和史诗似乎也有这一成分）是念白，确切地说，是文学作品尤其是悲剧里"说的话"。[②]

---

① 我把这个词放在引号里，是因为到目前为止人们就是这样表述的，还因为亚里士多德谈及仿效时，能否说这就是此词真正含义的准确名称尚令人生疑。

② 当然，就舞台上演的剧作而言，这指包括合唱在内的剧中人所说的一切。尚不清楚亚里士多德心中的念白是否限于剧中人说的话，抑或包括整个文本，这个问题也与史诗有关。也许，考虑到荷马作品是唱的，各个部分都是"反复吟唱"的，亚里士多德有把整个文本都算在念白内的意思。

从《诗学》第20、21、22节看，念白显然包括我们今天所说的字音和语音构造（整部作品的语音层）——亚里士多德认为，详尽研究它们乃韵律学家的事——以及组成作品的字义和句义（其“意义层”）。从《诗学》对各种词语（如名词与动词）和句子的界定看再明显不过了。如亚里士多德所说，念白“是有意义的声音的组合，至少其某些成分本身就有意义”（第20节）。

通过以上分析，我们可以在亚里士多德讨论悲剧“成分”的基础上，发现文学作品的三个属于其结构的可区别的层次。他不但区分了作品（悲剧和史诗）的这些层次的各个组成要素，而且辅之以翔实的探究；虽然这样，亚里士多德既未从中发展出一般理论，也没有解释贯通联结各要素的共同结构；他不曾澄清每个层次在与别的层次、与整个作品的关联中起的作用。质言之，他没有系统阐述文学作品的一般结构理论。不过，只有认可了这一基本原则，他所描述的各种要素才能被安排、容摄进单一作品的整体框架中。

最后，悲剧还有另一个“成分”（亚里士多德认为，史诗没有），我们今天指作品中重构的感观显相（appearance）。他用的术语是描述性的：情境（opseos Kosmos），这是他用来指可见可视的世界所用的术语。虽然T.辛科将它译成“舞台背景”，但亚里士多德心里想的似乎不只是背景。因为在某处，他提到了演员的显相（而非悲剧再现的人物），并强调了其对布景艺术的重要性。此外，他没有明确论述布景，但用了一个术语，它既可指被看见的东西，也可指“展现的景象”、舞台表演，或可能只是某物的显相。的确，他并未将情境算在诗的艺术内，还意味深长地将它从史诗中剔除出去（他不从喜剧中剔除，但这可能只是个意外）；他甚至认为，阅读之际，悲剧里没有它非常必要，“我们照样会感到愉快”。由此观之，在亚里士多德那里，它不是我们今天所说的纯文学作品的不可或缺的因素。然而，同样是情境，他却当作舞台上表现的悲剧中完成“模仿”的一个手段。虽然一定程度上他似乎忽略了每部艺术品里都有的某些东西，然而他的这一看法是中肯的。因为如果我们把剧景（opsis）[①]理解为悲剧和任何戏剧场景的具体的知觉显相（主要是视觉的）——产生于舞台装饰和表演的演员，对它们的体验会使我们几乎能直观领悟场景中呈显的对象，而不是舞台上的

---

① 采陈中梅译法，见《诗学》（商务印书馆，2003年），第67页的译法说明。——译注

演员本身或实在对象——那么，我们会同意亚里士多德的看法，在戏剧中，这种再现的方式（"模仿"）成了重要性堪与演员说的台词比肩的表演因素。然而，这一方法也超出了纯文学艺术的范围，越出了单用语言手段可以解释的界限，因而，严格地说，它已不在"诗学"研究的领域内。悲剧或其他任何文学的艺术品若只用来读，便产生不了这些具体的知觉显相，虽然这决非是说史诗里没有这种东西，至少可以部分替代悲剧里的形象。倘若亚里士多德认为情境在史诗里丝毫不起作用，我们是不会赞成的，因为如我在别处试图证明的，[①]纯文学作品里确有图式化感观显相层，它借助语言描写手段，在阅读中通过想象活动的质料化而得以具体地存在。从这儿引述的亚里士多德的主张看，他的观点和文学作品的四层次概念肯定由此分道扬镳。然而我们将看到，这件事不那么简单，有必要对亚里士多德的推论作进一步的分析。

论述剧景和情境时，亚里士多德没有明确提及知觉显相（视觉的），不完全承认我们今天说到图式化感观显相层时心中所指的文学作品的那个特殊成分，其主要原因无疑是，在他的时代，感知觉的分析尚不够发达，因而他不能随心所欲地处理感知对象的"感观显相"概念（或其在想象中的重构概念），感观显相与由它显示的对象是不同的。"感观显相"概念主要是20世纪的现象学家们对感知觉进行研究的成果。另外，亚里士多德不清楚是什么区分了文学的艺术品与科学著作。而这些问题尚有待深入探讨。

我就亚里士多德区分的悲剧的六个"成分"所作的相关推断，其结论可概括如下：通过对几种类型的作品所作的经验主义研究，亚里士多德指出了文学作品的若干要素，这些要素在某些情况下对作品起的作用促使今天的我们在原则上承认作品的多层次结构（具体而言，舞台上演的悲剧和喜剧的四个层次，其他情况下的三个层次）。由此推断，他一定对近代形式主义只承认作品有两个层次作为其"语言"的主张持反对意见。尽管如此，如我已指出的，并不能认为，他自觉地认识到了文学的艺术品的"层次"概念。因为《诗学》既无对几个层次结构的一般论述，也对文学作品的复调性（polyphonic character）——几个层次给作品的整体注入了各自特有而又不同于别的层次的众多质素，

---

① 《文学的艺术品》，哈勒，1931，8、9章。

尤其是审美意义质素，其独特性藉作品而得以保存，同时由于它们出现在作品及其不同阶段里，从而导致了一种复调和声(polyphonic harmony)或曰质素的融通化合——毫无意识(这对文学艺术理论更重要)。恰恰由于这种融通化合决定着作品的艺术风貌及其艺术价值与审美价值。

而亚里士多德没有认识到这一点。他的注意力主要放在情节、性格和思想，放在它们各自决定作品给观众留下印象的形式属性，即作品的动力(δυναμις/*dynamis*)上。他认为，念白的某些特征在给观众或读者产生效果方面所起的作用只是次要的，而又不曾把捉到文学的艺术品的复调性。对他来说，念白和歌曲纯粹是“模仿”手段，而不是那种在作品中占有独特的一席之地，同时又发挥不同的审美功能的要素。尽管他区分了情节、性格、思想与实在世界中的对象，[①]但他没有认识到这三者的独特本质，也没有看到它们各自的存在或非存在的方式(用现代的术语，它们的“虚构性”或纯意向性)；同样，他也没有辨别文学作品整体或其个别要素的存在方式。他根本就不认为这些是问题。他有点想当然地把作品当作我们在生活中碰到的对象，以纯经验的方式给作品的各个成分和特性命名并加以讨论。

纵使亚里士多德的理论有这些“缺憾”(如果可以这么说的话)，引起我们极大兴趣的是，他的研究几乎完全集中在文学的艺术品本身(《诗学》的真正贡献之一)；部分地研究了作品的一般结构及其种类，探究了作品的艺术功能(对观众产生影响)，分析了功能赖以作为基础的作品的各种特性。虽则讨论悲剧和喜剧简明扼要，他还是竭力抓住它们的本质特征。他留给了我们第一个文学的艺术品的一般理论(当然，适用于他所选的类型)。而正是以此为基础，他确立了几个规范命题，后来，人们认为这些命题在他的思想里头等重要(长久以来已成定评)，而在《诗学》以纯理论推想为基础建立的范式中，它们实则是次要的。只有我们承认他的全部理论结论的正确性，认可他在作品对观众发挥艺术功能上的观点，这些范式才有意义，并从这些结论中得到正当说明。

《诗学》忽略某些课题也非常恰当。例如：他决不考虑创作过程中作者的心理活动，不给作者的心理类型分类，不研究作品显示的作者

---

① 他提出“模仿”问题本身便是他作出区分的明证。

个性;最后,决不把诗歌当成作者独特性的指示或表达,当成了解他是何许人或生活际遇的一种媒介。换句话说,与19世纪末20世纪初的所有文学史家以及众多近代学者心目中文学研究的真正主要的课题毫无共同语言。我并不觉得,倘若亚里士多德知道这些研究会觉得它们空洞无物或不科学;毋庸置疑,若能在合适的方法论指导下对它们进行可靠的研究,学者们会举双手赞成。不过,在建立文学的艺术品的一般理论之际,亚里士多德肯定不认为在其范围内有研究那些问题的必要。再则,他表明,不靠这种研究,照样能富有成效地讨论"诗学"。

三

第二,就文学作品结构理论而言,我们在亚里士多德那儿看不到在作品的两个不同维度之间作出了清楚复杂的理论区分:一个"横穿"所有层次,另一个"纵贯"始终。不过,他完全用经验方式把作品划分成两个不同部分:一个是作品的几个"层次"涵盖的区域,刚才讨论过;另一个他称为"与量有关的成分",或曰篇幅(magnitudinal)。就一般理论来说,同意两部分互容互摄的看法促使我们承认作品的第二个维度:自始至终的时间跨度及其多阶段性。因为只有第二个维度才容得下亚里士多德(无疑,还有他的同代人)所界定的作品"成分":"序幕"、"插曲"、"退场"和"合唱";另外,我们今天可以拿近代戏剧对"幕"与"场"的说明等,连同诸如史诗的颂歌或小说的章节,补充亚里士多德式的专门指称。在"诗学"史上,清楚地认识到这个增加的"维度"给文学作品的艺术结构注入了新的本质因素,是亚里士多德后很久的事了。第一个宣布这种认识的是莱辛(准确地说,是其先驱斯宾塞),赫尔德阐述得更清楚。不过,那以后很长时间,这一问题对文学艺术理论的重要性仍未得到理解,到了我们时代,人们对文学作品的这一"面"及其艺术效果才有了恰如其分的认识。而亚里士多德对文学作品"与量有关"的成分(篇幅)的阐述弥足珍贵。因为它表明,一个人只要不被形形色色美学理论的已有教条产生的偏见捆住手脚,直接面向文学作品,自然而然地会在里面发现那些只存在于作品由始至终的时间跨度中的各种成分。

四

第三，亚里士多德在《诗学》里（据我所知，在他的任何其他著作里）不曾研讨文学作品的一般“质料”性质及其存在方式。现代理论研究首次提出这些问题，19 世纪末崭露雏形，因为胡塞尔批驳逻辑中的心理主义才清晰明朗起来。[①] 不过，即便亚里士多德思想里缺乏这些问题，同样也无证据迫使我们假定他会宣布一种心理主义文学理论。不论怎样，我都没有发现可作为明确证据的蛛丝马迹。在对悲剧、喜剧和史诗的长篇大论中，亚里士多德一点不用心理学术语。他绝没有说过作者或读者体验是作品的组成部分。反之亦然：他同样无一语说及，作品是某人意识经验的一部分，或它存在于作者的心里。相反，纵然亚里士多德触及某些心理学问题，例如，在一处他谈到作品的产生根源和人对“画面”的欣赏，在另一处他讨论所谓净化（γαυαοσις/*katharsis*），他都未将其与作品的属性或构成要素搅和在一起，而是斩钉截铁地视之为完全不同的东西而放在了一边。首先，作品激起这些反应（如同悲剧诱导观众的净化）；其次，作品本身是某种经验的产物。

当然，单凭这尚不允许我们假设，亚里士多德对文学作品的创作范畴的一般性质作了毫不含糊的界说。我们不清楚，他是否赞成作品是观念对象的理论，同意作品，用今天的术语，是“纯意向性对象”的看法（即他承认，这里的概念有根有据）；或换个角度看，他是否能用自己的一套概念术语找到问题的答案。不过，他的做法表明，几乎出于无心甚至有点天真，文学作品被他排除在一切物理事物的范围外；他未将诗学和《心灵论》一书放在一起加以分门别类的研究。由此来看，他赞同文学作品的心理主义概念吗？另一方面，纵然承认文学作品（尤其是悲剧和史诗）包括诸如“性格”、“情节”（再现的人物参与的事件的安排）和言辞（词义和句义）这些对象，他依然支持物理主义文学作品概念吗？照这种概念，面对语言产品，我们只与“刻字的石头”或“纸上的墨迹”打交道。他会认为单靠纸上的墨迹或写字板上雕出的凹槽就能激起读者或观众的净化情绪吗？

---

① 参见胡塞尔《逻辑研究》(1900)，第 1 卷。

五

第四，我们现在转过来检读《诗学》里的哪些看法涉及如下问题：文学的艺术品与其他书面作品有区别吗？如果有，区别何在？

我们首先回顾一下同时代人的观点。他们否认文字作品之间有任何本质区别，力主“文学”研究尤其是文学史研究应一视同仁地包括所有书面作品，认为文学作品和科学著作里的述谓句（predicative sentence）都是判断，因而两者皆依“真”或“假”衡定。由此出发，他们还相信文学的艺术品具有为读者提供某种信息的功能，作品的价值全部指望这个；进而言之，若作品“不真实”，就无法提供信息，就是“坏的”或“无价值的”，反之则有价值。

就此论题看，我们在《诗学》里能发现什么呢？“即便医学或自然科学论著以韵文写成，依惯例，诗人的名号还是给了作者；除格律外，荷马与恩培多克勒毫无共同之处，所以，称前者为诗人后者为物理学家而非诗人就是妥当的。同理，即使有作者用诗模仿时混用了各种格律，如开瑞蒙创作叙事史诗《马人》那样，我们也应把他放在诗人名下。它们之间的区别就是这些。”（1447b，16－23）。[①]

读着这些文字，我们为他明确区分“诗”与非诗，尤其是科学著作而感到满意。但我们仍会问：这里的区分标准究竟是什么？显然不是诗韵——构成作品的声音和语言价值的有节奏的特质。那么，标准何在呢？乍看似乎指作品的主题，所以，恩培多克勒被称作“物理学家”，而荷马不是。依此，鉴于荷马描写了人及其内心经验，为什么不称他为心理学家，或因为他描绘了特洛伊战争这一事件，为什么他不能算作历史学家呢？为何偏偏说他是诗人呢？此间以及区分点是什么的

① 英伽登在此文中所引段落我都逐一对应地引用了萨缪尔·H·布彻在其《亚里士多德的诗学和艺术理论》（第4版，伦敦：1927）里的《诗学》译文。每个引号后均有段数和行数。英伽登的研究用的是阿尔弗雷德·古德曼据希腊文编辑的《诗学》（柏林和莱比锡，1934年）

（《论诗学：导言、文本、注释、评论》，柏林与莱比锡：1934）。这些段落的波兰文，他用了波兰科学院成员、著名语文学家T.辛科的译文。因为没有翻译，所以我不可能提供波兰文和英文的古德曼版本。——英译者注

答案部分地隐含在上面引的那段话，还有下面一段我会摘要引述的话里。亚里士多德明确说道："同理，即便有作者用诗模仿时混用了各种格律，（严格地说，虽然他用了）……我们也应把他放在诗人名下。"还有，"谁会模仿地创造"（*poioito ten mimesin*）。于是，在"模仿地创造"，或相应地，在诗歌作品的"模仿"（*mimesis*）里，我们发现了诗与非诗的区别点。果真如此，我们首先必须承认，恩培多克勒与历史学家都不用"模仿"进行创造，他们的著作里没有模仿；其次，重新思考仿效和诗的模仿（*poiein ten mimesin*）概念刻不容缓，哪怕有关研究已汗牛充栋。后面我还要回到这一问题上来。不过，我先引另一段《诗学》的著名论述，它对这儿探讨的问题非常有启发性：

> 由上所述显然可见，诗人的职责不是叙述已经发生的事，而是描写可能发生的事——依照可然律或必然律可能发生的事。诗人和历史学家的区别不在于用韵文或是散文写作。希罗多德的著作可以用韵文写，可它仍然是历史，用不用格律都一样。真正的区别在于，一个叙述已经发生的事，另一个描写可能发生的事。因此，诗更有哲学性，比历史要高：因为诗表现普遍性的事，而历史记载个别事件。所谓普遍性的事指某类人依照可然律或必然律可能要说的话与要做的事；诗人给笔下的人物命名时所追求的正是这种普遍性。个别事件指，例如，阿尔西比亚德斯做过或遭遇的事。(1451a, 36 - b, 11)

历史学家展示实际发生的事件，除了在其著作中用一系列论断（在逻辑中称作判断），对他就理解某些事实而得出的结论负责外，还有别的办法么？[①] 很明显，亚里士多德认为，在诗歌艺术品里找不到这

---

① 拙著《文学的艺术品》首先提出这一看法以及与之相反的观点，即如果作者是诗人，他的作品是诗，就用不着这样，在波兰受到了研究者的恶意曲解，好像如此一来，我把诗人的职责推得一干二净，认为诗纯粹是幻想的产物或者娱乐的工具而已。我没有这个意思。我只是提请大家别忽视诗人和学者之区别，例如，不能把《伊利亚特》当成哲学论文读，或者根据休谟的英国史来理解萨士比亚的"宫廷"戏。诗歌创作的功能既不是一种理解实在世界的方式，甚至也不是这种理解的最后阶段，即给诗人的结论来个概括，以判断（据逻辑定义）的形式表达出来，它是某种完全不同的东西，这样说决不意味着（文学史家们就此争执不休），在动笔创作前，诗人至少应当对周围现实有一定的了解就不是诗歌创作的不可或缺、哪怕并不充分的条件之一了。但是，创作中的诗人必须不局限于单纯的认知活动， （转下页）

种论断或判断，理由是，诗人说的不是“已发生的事”，而只是“可能发生的事”，纵然诗歌作品里的陈述句的外在形式与历史著作里的并无二致。那么，诗歌作品包含判断（论断），而这些判断又指向不同的事吗？倘若我们考查诗歌中的陈述句的内容，那么这种假设似乎不合适。对此也可说，历史学家就已发生或可能发生的事作出了许多判断，譬如，分析某件事的原因时，尽管他手头没有任何直接得到的有根有据的材料，只不过靠他们极有可能如此这般的推断作些猜测罢了。这能让他成为诗人吗？反之，若是诗歌讲述了某事，照上面的说法，“可能已发生的事”，抑或它描述了一件实际发生的事，如1651年卡萨基的毁灭或贝里斯特泽克战斗，它只能算历史吗？这好像说不过去。

虽则如此，可以说，也应该认为，在我们所考察的作品之间存在着本质区别。即令历史学家只是从理论上探究“可能发生的事”，如果推论证据充分的话，他也会就实际发生的事作出假设，与此相关，拿出与其他真实事件有关的事实，以检验他的假设对象的真实性。可是，诗人述及“可能发生的事”时，并不考虑它是否真的如此，而只关心他的对象是否有这些特征，最终能否得到一定的结果，从而使这些特性与某种事实保持一致。他对事实的现实性不感兴趣，也不要求这种现实性，因为他深知，压根儿没有这样的事实；他力图给笔下的对象（人和事）裹上表面上实有其事的外衣，如此一来，某件事似乎发生过了；换种说法，只是佯装得煞有介事。诗人“用模仿创造”时，难道这不可能是他的目标吗？亚里士多德讨论历史时为何不提“模仿”及其创造呢？难道不是因为历史的目标具有更大也非常不同的意义么？历史解释一目了然的历史事实，丝毫不管它是否让人感到愉快、兴奋或着迷，抑或内容能否净化人的情感。

然而，我们不去罗列有关这一问题的现代观点，而是在亚里士多德的文本里寻找能为我们解疑释惑，至少有所暗示的看法。

也许不难看出，不管怎么说，在诗歌作品里，显然不能就任何事

（接上页）而应进入非常不同的过程中去。由我的论述决不能推断说，诗人进行创作时不对自己的行为负责，他的作品不应该也不可能就其职责（首先）接受一定的价值评判，诗歌无足轻重因而容不得就其对一般文化传统作出的有价值或消极的贡献进行评判。我从不曾这样主张过。唯一可以得出的结论是，诗人对他创作的作品所负的责任与学者的责任完全不同，虽然作用与科学著作大有区别，艺术品并不因此而丧失任何文化乃至伦理意义。而有趣的是，亚里士多德清楚地区分了学者和诗人。

作出与历史有关的判断，因为诗歌作品只谈“普遍性”(to katholu)，而历史与个别性(个体性)打交道。果真如此，诗歌作品岂不有点类似数学著作了？如亚里士多德所言，它岂非比历史著作更有普遍性了？再者，诗歌作品难道不可以放在自然科学著作的范畴里，依近代的讲法，后者通过归纳明确了实在世界的某些普遍特征？若是这样，像亚里士多德问的，给悲剧主人公起特有的专名，有什么目的呢？在数学、人类学、心理学里，就没有这个习惯。亚里士多德就此写道：

> 然而，悲剧诗人依旧坚持用历史人名，理由是，可能之事才可信：未曾发生的事，我们无法立刻相信它是可能的；而已经发生的事显然是可能的，否则它就不会发生。但是，仍然有些悲剧只用一两个为人熟知的名字，其余的全为虚构。有的作品里，如阿加松的《安修斯》，没有一个名字为人知晓，其中的事件和名字都出自虚构，照样能给我们带来愉悦。由此来看，我们不必费力地抱住神话传说这个悲剧的惯用题材不放。的确，这样做还真的有点可笑。因为即便是人所共知的题材也只为少数人了解，但它们仍然能给大家带来愉快。(1451b, 15 - 26)

他继续说道：

> 由此显然可知，诗人或“创作者”应该是情节而非韵文的创作者；他之所以成为诗人，因为他模仿，而他模仿的是动作。就算他偶尔涉足历史题材，他照样不失为诗人；实际发生的事件没有理由不符合可然律，成为可能的事，由于事件的这一特质，他才成其为诗人或创作者。(1451b, 27 - 33)

在这里，专名起一种特殊作用。其目的是使悲剧中的事件在观众看来像真的一样，从而具有可信度。由此可见，诗中的“模仿”和数学著作与普遍领域产生关联的含义是不一样的，它也与动物学研究动物的普遍属性所采取的方式不同。[①] 诗中的模仿基本上与个别事件有关

---

① 仍有必要探讨“模仿”确指何意，“模仿”什么。从《诗学》看，这不十分清楚。

(如阿喀琉斯的愤怒),它可以发生在个人身上,仅此一次;这些事实际上是否发生过无关宏旨,我们相信它确乎有过才重要,哪怕就相信那么一会儿,或至少它在我们眼里似乎发生过了,尽管我们知道,可能根本没有这回事;即令确有此事,我们也不会因为它有过而是基于别的原因才相信其真实性。只有信得过我们才会感动,才"得到快乐",只有悲剧中的事件像真的一样(具有真实性)我们才乐于观赏,纵使它们完全不是真实的。照亚里士多德的说法,这些事件根本不是真实的,原因在于,诗人是情节(事件的过程)的作者,"就算他偶而涉足历史题材"也还是一样。我们可以就此补充说,诗人并不囿于实际发生的事,再则,他"模仿"事件。后面有必要回来进一步探讨这个问题的意义。

依亚里士多德的观点,目前可以断定,历史学家显然不是过去事件的模仿者(他并不"佯装"事件发生过,或者"模仿"它们,"表演"它们),他只是陈述事件。诗人或诗歌作品的主要作用似乎是创造真实的外观,让人信以为真,比如,相信悲剧里的事是真实的,而不是下肯定会引起观众反感的判断,他们知道,悲剧(或喜剧等)产生不了真实性。显然,在亚里士多德看来,施行与真实性有关的某种特殊功能("模仿它")的外观的创造与可在真实性中直接找到、以各种方式加以理解的事实的陈述之间的区别,似乎决定着诗人和历史学家,以及相应地,诗和历史或任何一般科学著作间的区别。由此我们假设,如若我们今天问亚里士多德,诗歌中的陈述句是否是判断,他的回答一定是否定的,因为判断不起作用,它们不是诗的模仿。再则,亚里士多德的术语里有个特别的词 apophansis, logos apophantikos 表示"判断",如同逻辑学里的用法,①《诗学》从不用它。这决非偶然。它与亚里士多德的其他讲法一致,我们不久要回到这个课题上来。凡此种种皆证明,他辨识出了文学作品和其他书面作品之间的本质区别。

还有一点支持这种看法。根据亚里士多德,历史著作的编纂(用我们今天的说法)原则不同于或应当不同于悲剧的编纂原则,支配它

---

① 亚里士多德给这些术语下的定义与他给句子下的定义大相径庭。(参见《后分析篇》,第1卷,第1章,和《解释篇》,4、5章)在这些著作里,着重点是真或假,给某物下论断的作用。

们遴选所写事实的原则也不一样。这些(即悲剧),[①]亚里士多德指出,显然"在结构上不同于历史编纂,历史不能只记载一个的动作,而应当记载一个时期,即这一时期内一个人和许多人身上发生的事,事与事之间并无多少关联。依照事件发生的顺序,有时一件紧接着另一件,但并不因此产生同样的结局,正如萨拉米斯海战和在西西里与迦太基人的战斗同时发生,但并不只有同一个结局。可以说,大部分诗人都是这样写作的。"(1459a, 21-30)再有:"至于用叙述体和格律来模仿的诗,情节显然应当像悲剧一样,依照戏剧原则安排。它的题材应该是单一完整的动作,有开头、中间和结尾。这样,其各部分的统一性宛如一个活的有机体,能产生它特有的快感。"(1459a, 17-21)[②]这个著名的"动作统一性"是编制悲剧和其他文学的艺术品的情节的基本原则。众所周知,亚里士多德在这个统一性,尤其在文学的艺术品达到这种统一性所需的各种条件上费了不少笔墨。他强调其对诗歌作品的重要性也是显见的。没有必要在此全引他的话,因为原则尽人皆知,即便其作用的内在性质并不为人彻底领会。"如同其他模仿艺术,就诗而言,一部作品只模仿一个对象,情节既为对动作的模仿,就必须模仿一个完整的动作,它的各部分在结构上和谐融洽,若有任何一点被挪动或删除,整体将散架或松动。如果某一部分的有与无引不起显著的差别,那么它就不是整体的有机组成部分。"(1451a, 30-35)。[③]在另一处,他说:"显而易见,情节的解套是件复杂的事,应当是情节发展的结果,而决不能像《美狄亚》,用机械降神的办法。"(1454a, 37b, 2)再看:"就动作而言,决不能不合情理。即便不能排除不合理的事,它也应该放在悲剧范围外。例如,索福克勒斯的《俄狄浦斯王》就是这么处理不合情理的事的。"(1454b, 6-8)。这里所引要点乃亚里士多德认为保持动作统一性之所以重要的理由。虽然他多次在相关之处提到"模仿",然而,通过动作的统一性及其他创作原则达到的最终目标始终在于给观众或读者造成更大的效果。这种效果我们今天叫做审美。其要义在于,戏剧须"赏心悦目",观众应当感到"愉快",或者他从悲剧中体验到感情的净化:这是一种特别令人愉悦的体验,产生于

---

① 《诗学》此处(第 23 章)分辨的是史诗和历史的结构原则,但原理与悲剧相通。——译注

② 着重号系我所加。——罗曼·英伽登。

③ 着重号系我所加。——罗曼·英伽登。

对主人公命运的担忧，由我们的怜悯、恐惧的情感引起，始终伴随着特殊的理解活动，最终在情感的释放中达到积极的升华。不论亚里士多德称这种奇特的经验为净化还是别的什么（很遗憾，从他那儿，我们搞不清净化究竟指什么），有一点似乎可以肯定，它属于审美情感，与理智经验无关（举例来说，它不是由研究知识，如从赞同科学论著的结论而得来的信服）。亚里士多德认为，悲剧中动作的主要和终极目的，诗歌的目的之一就是这种审美经验。就悲剧要实现这个目的应当含有那些要素，他规定了几个相应的指导原则，其中丝毫未提及什么“真理”或“谬误”。相反，如人们常见的，悲剧和其他诗歌作品的创作明显不合“真理”者在在多有，可这决不妨碍诗歌实现其目的。《诗学》多处谈及此事，兹举二例或许足矣：“艺术的目的是……（通过写不可能发生的事）而使诗的这一部分或任何一部分产生的效果更加凸显”（1460b，25－26）。另一处：“既然（悲剧）快感源于怜悯和恐惧之情，是诗人通过模仿活动而引发的，那么显然应当靠情节产生这种情感特质。”（1453b，11－14）。

亚里士多德与诗歌创作有关的一般动机理论也可作证，当然不是反证。他写道：“一般而言，诗的产生似乎有两个原因，每一个都深植于我们的天性”（1448b，4－5）。可在详论这一观点时，他并没有明说是哪两个。一个大概是“模仿”的天性，“人总是在模仿的事物上感到愉快”（1448b，8－9）。我们不知道第二个原因是否指人们从模仿中学习，“学习产生最富活力的快乐”（1448b，12－14），或者通过“演奏、画画，诸如此类的原因”（1488b，17－19）而得到快乐。接着，他谈到人的内在“和谐与节奏感”，本质上它是不可模仿的。但不管第二个原因或动机可能指什么，重要的是确切理解，这个与“模仿”倾向有关的动机如何表现自己，获得“知识”与它的关系怎么样。阐明这一点有赖于澄清文学的艺术品与最终从“模仿”得来的知识或真理的关联度。必须强调两点：首先，我们这里所说既非作为纯粹真理的知识，也非我们正在从实在世界学习某种东西的事实，而是从观看“模仿”产品得到的“愉快”和享受；因此再说一遍，那种特殊经验的本质是情感的而非理智的。其次，这种“愉快”不是由对某种实在的认识引起的（试图解释亚里士多德的观点时通常指的就是这个），而是“模仿”本身带来的，或者模仿艺术创作技巧，或者从模仿品鉴艺术的门道获取满足，也可从观赏“图画”中得到“享受”（1448b，15－17）。据说享受的根源在对图画“意义的推想”。这种说法可能暗示，尽管这的确是情感状态，但它们与对实在的认知功能联系密切。不过，重要的是记住，图画并不“再现”某种实在事物。就在上面所引一段的前面，亚里士多德说得很明白：“有些对象，例如，最讨人厌的动物形象或者死尸，本身看上去令人痛苦，可在经过毫发毕现的再创作后，我们便乐意欣赏。”(1448b，10－12)[①]由此可见，他认为“再现的”对象是图画的一个要素，而非“再创作”的摹本。[②] 这儿的“图画”被看成诗歌作品的类似物。由上述比较所得结论如下。正如我们观赏图画时面对的不是真正的实在，而只是某种对真正的实在的“模仿”[如亚里士多德指出，有可能“你凑巧以前不曾见过摹本(即实在物)”，而在图画里能找到其仿似品(模仿)]，同理，作为“模仿”，文学作品并不与具体的实在对象(因为对它们没有兴趣)，而与某种实在对象的“模仿”打交道。面对一幅图画，倘若我们执意要和现实(即实在)对象“本身”而非和“图画里”的现实对象交流，那么，这种经验有时会令人不快；同样，阅读诗歌作品或者观赏舞台上表演的诗歌作品时，若是我们想得到有关实在对象的知识，那么在某些情况下，这种经验也一定令人不快。此外，就算我们观赏悲剧时感到“怜悯与恐惧”，我们也可以产生一种特殊的快感，由与图画的比较可知，之所以有这种快感是因为，我们没有直接看到特定的实在对象(可恶者及其罪愆)，我们看到的只是对它的模仿，至少在一定程度上我们认识到，它们只是“模仿”而非实在。因此，如果我们的确施行某种认知行为(似乎肯定有)，那么，它的性质一定非常特殊，指向“模仿”而非实在。可以说，它不过是达到与学习知识迥乎不同之目的的一个特殊手段而已。实质上，认知行为围绕着唤起情感体验，一种特殊的愉快或快感，而不单为获取知识。要想借助语言产品(句子)表达实在对象，我们必须利用逻辑意义上的判断(特别是要利用以经验为支架的范畴判断)，如果我们认同这一看法，同样就须承认，无论何时我们闻悉某种与实在对象无关，而只是对实在对象的“模仿”(相等)时，此刻我们使用的句子肯定不是严格意义上的判断，而是其他种类的述谓句。但凡最终目的只在获取知识，认知特定的实在，我们便利用科学著作；另一方面，若终极目的在于体验从对“图画里”或“舞台上”，也可

① 着重号系我所加。——罗曼·英伽登。

② 请以拙著《绘画的结构》(克拉科夫，1946，波兰科学院)对绘画的分析与之作比较。

能是诗歌作品中再现的对象的特殊认识活动中得到的快感，那么，我们面对的就不是由判断组成的作品，而是诗，一种全然不同的创造。

综上所述，从亚里士多德对作为创造之基础的动机的探讨，我们决不能得出结论，说文学的艺术品主要是包含判断的科学著作，其目的是向读者提供某种有关实在世界甚至是可能世界的真正的知识。

最后，我们考察亚里士多德有关诗歌作品（那些“模仿”或“模仿物”）再现的对象与艺术外的现实之间的关系的看法，与此相关，当他论及“仿似”和“模仿”时，真正的意思是什么。

据我所知，在艺术尤其是诗中，人们解释“模仿”一词不但一直和艺术起源理论有关，而且也与艺术目的及其力图实现的理想的理论有关；作为“模仿”，图画所“描绘”或诗歌所“再现”的对象应尽量近乎完美地逼肖艺术外的现实。因此，如果主题是某个特殊的历史事件，如萨拉米斯之战或审判苏格拉底、苏格拉底之死，那么，诗人就应当在作品中实现“模仿”的要求，笔下的事、人或物逼肖摹本；为此，他要排除所有个人的艺术偏好，摆脱任何个人对现实看法的影响，以“照相般的准确”展现事件的过程，仿佛它自行发生一般，与观者丝毫不相干。由此观之，一切对事件的实际过程和事件中人物的描写的“失准”都被视为“模仿”上的缺陷；与这种理解何为艺术的方法相一致，上述“失准”也被看成艺术品的不完善。眼下，我们必须把极端“模仿”能否成其为艺术，著名的伦敦蜡像馆与艺术是否有瓜葛的问题放在一边。因为人们可以说，再现的对象与艺术外现实相像的程度总是有限的（因为即便“模仿”达到极限，仍不可避免有点不像），但纵然如此，事实上，艺术特别是文学艺术所再现的对象还是有这种相似性的，另外，达到最大可能仿似的做法有章可循，所以说，艺术品创作的指导原则应该是再现的对象力求尽可能地达到与“摹本”（即“自然中”的某个特殊对象）一致。从这种看法出发，人们常常坚持，衡量艺术品价值的主要尺度是：艺术再现的对象与相应的实在对象越像，艺术品就越“好”（有价值）。我们知道，这是艺术，包括造型艺术和文学艺术中的“自然主义”的假设。它只对那些“再现的对象”不可或缺的艺术形式有意义，因而一般来说，不适用于音乐和建筑，我们在思考艺术品“真实”的程度（宛如实在世界的片段）大体上决定其价值的问题时，不能忽略这一点。因为若这样看，所有什么也不“再现”的艺术便毫无价值可言了。而我们的兴趣在于，对自然主义来说，求助于亚里士多德，特别是其“模仿”

理论是否合理。亚里士多德的模仿实质上是指“艺术创作范围内对象的创造，这对象虽然不同于原型，但与其相仿的程度已达到可能允许的极限”吗？

据我所知，人们一直就是这么看的，此外，最近在波兰，一方面有人试图限定艺术的主要功能（据称是亚里士多德所界定的功能），另一方面指责亚里士多德，批评他的论证前后不完全一致。支持前者的有戈尔斯基，他指出，亚里士多德的模仿概念不应当理解为“对外在的物质世界的复制”，而是“对精神方面的真理的表达”。[①] 在我看来，亚里士多德的著作里根本没有这种看法的依据。后一种观点系塔塔凯维基在《艺术与诗》一文中提出，此文刊载于战前出版的《哲学研究》第二卷。在文章里，他援引了一些当然能在《诗学》文本里找得到的看法，这些看法其实与“模仿”（在上述公认为亚里士多德使用的意义上）乃艺术之主要目的观点相矛盾。关注这些主张虽有必要，但我并不认为非接受对亚里士多德的指责不可，说他对这里的严重前后不一致有难以推卸的责任。读解这样一位重要的思想家，我们不难想见，当他使用一个有多重含义的术语时出现前后不一致（非常表面的），而在研究过程中，他为新的极其重要的思考所驱使，又往里面注入了不同的含义。

问题更加棘手，因为亚里士多德本人没有给模仿或仿似概念下过任何明确的定义。更准确地说，他显然参照了同时代人对这一概念的理解，试图借助它澄清别的概念。有必要进行博洽渊深的历史的和哲学的研究，以指导我们辨明在亚里士多德及其以前的时代的美学文献中仿似一词确指何意。[②] 我认为这项工作不在我的专业范围内，语文学家堪当此任。然而，通过审读亚里士多德著作本身，仍有可能得出有关的可信结论，而这些结论又将把模仿问题放在与此前不同的视角中。我们且来听听亚里士多德怎么说。

如果他真的把忠实的仿似（制作仿品和复本）当作诗歌作品的关键，那么我们就不能理解，为何当我们研讨在再创造实在方面达到最准确程度的科学著作如历史著作和自然科学著作时，我们不是如他所

---

① 参看戈尔斯基的《作为表达的诗歌》。

② 拙文发表六年后，有了这样的历史研究。见 H. 科勒的博士论文《古代的模仿》（伯尔尼：1954）

说的在探究诗，而是与之根本不同的作品。这类著作缺什么？最终可能达到的“模仿”度是一部作品能成其为诗歌艺术品的不可或缺的先决条件吗？就历史著作而言，不能说其不足在于研究的对象，因为它们毕竟如诗歌作品（悲剧和史诗）那样写人与事，还有，历史著作里的人与诗歌作品再现的人似乎常常是一样的。倘若历史著作比诗歌作品更“真实”（这儿的意思是，历史写人与事准确得多），那么，它们似乎应被看作诗歌作品，不过要比悲剧和史诗的级别更高，更有价值，如果“模仿”的精确程度是评判价值标准的话。然而，如我已指出的，也是众所周知的，亚里士多德不把历史著作看成诗歌作品，理由很简单，它们描写实际发生的事，诗歌作品不是这样，它只写“可能发生的事”。如果诗歌作品要考虑仿似和模仿问题，如果历史著作不是诗的创造，则仿似显然在历史那儿没有地位；同理，模仿也决非尽可能忠实地“模仿”，就是说，对某些实在对象作出一系列真实的陈述，藉此尽可能忠实地再造一个已成过去的、艺术外的现实。它一定有别的意思。

亚里士多德在《诗学》里提出的其他看法也说明了这一点。不过，有些读者会说，我的以亚里士多德关于诗和历史之区别为基础作出的推论是错的，因为他的概念里（如上所引）固有的这种区别只立论于诗的一般“模仿”，而历史著作仍“模仿”个别的人和事。亚里士多德的确谈及此事，但他同时指出，诗歌作品可以也应该用观众熟悉的专名，若严格地考量他有关何为“普遍性”的看法肯定没有什么意义。显然我们在此碰到了别的“普遍性”，与个别的人与事的再现协调一致的普遍性。可以说，再现一个事件或人物时，不应忽略任何区别此人与他人的具体特点，不应改动个别实在物的固有型态，但是，再现的人物身上具有的特质允许作些变动：应当大大强调这些“特质”（poion einai）所表现出的特点，这些特质乃其“本质”（ti en einai）的一部分，同时又是“普遍的”（to katholou），而个别特征［依亚里士多德的分析，指那些不能从“某物”（tode ti）身上剔除的东西］必须这样来处理，它们并不张扬，只是同在共存而已，这样，在故事的事件发展中，它们既得不到强调，也不起主要作用。换言之，有必要调整所再现的人物和事件的特征的形构，用我们今天的话说，给独一无二、纯粹偶然的现实来点变形。这是对艺术复制实在，几近完美的仿似的假定的最初偏离。而这样一来，对实在的普遍特征的“模仿”也并不缺少忠实性。创造相似物的原则本身不受影响。可是，亚里士多德的其他论述表明的观点似乎的各种讲法能作出推论，或许他是这样看创作活动的，任何构成再现的对象层的事物，任何阅读中呈现的对象层展示给我们的东西都令我们感动(说得明白点，对其感知引起了净化)；之所以如此是因为它"令人信以为真"，具有特殊、自足、真实的实在性，尽管在作品之外它没有任何实际的存在。在作品中塑造"活灵活现的人物"的技艺，敞示(仿佛通过使作品再现的世界形象化)一个实际上并非实在而只是准实在的令人信以为真的世界的技艺：在我们看来，这是模仿和仿似的可能的含义。不可否认，作品创造的这个貌似自主的世界所依赖的"材料"，就像"活人的身体"，可能取自艺术外的我们周围的现实世界，形象体现可以逼似现实世界，但这不是衡量诗歌作品的诗性及其艺术价值的标准。

如果我们这样诠解模仿和仿似，便可理解为何亚里士多德在诗歌创造艺术外对象的相似物的方法上不甚着意，却对情节构织原理、故事与人物的协调、悲剧结构内各部分的安排等等上不殚费辞，这些许多近代艺术理论家一般视为"形式上的"事藉由强烈的情感为影响读者或观众奠定基础，强烈的情感则因为观众对悲剧的感受而最终在净化活动中臻于顶点。此外，亚里士多德探究这些"形式"问题与我们所了解的美在于秩序和安排的概念相一致，这一概念即便不是全部至少也与最有代表性的希腊艺术观(作品)相吻合。

应当承认，亚里士多德将模仿和仿似概念运用到许多不同的情况和对象上，迄今为止，这一点尚未引起那些单把"模仿"诠释为复制自然的人的足够注意。举例来说，诗人创作戏剧或史诗时"模仿"，悲剧中的人物"模仿"，他们的动作和事件也在"模仿"。不单情节，连整个悲剧都是模仿。饶有兴趣的是，在一处，亚里士多德写道，诗人说"给自己"听时不是"模仿"，而剧中人说话时就在模仿，尽管可能说给他自己听；这样看来，说话活动可以是仿似。念白和歌曲则是模仿的手段，形象也是。由这些例证显然可见，亚里士多德混淆了非常不同的观念，他用同一个术语指许多事，却未察觉到含义起了变化。《诗学》作者在论证上的不容否认的缺陷说明，有必要纠正和扩展他的分析；它也表明，对模仿和仿似的传统诠解一股脑地盯着艺术创造出实在世界的对应物的含义，只是匆忙草率地解读亚里士多德原著、浮光掠影地应付他提出的问题的结果。不管怎么说，就对仿似的理解来说，除了创造出他物的相似性之含义外，起码要区别三种别的含义：第一，以造

"爱若斯"与美的阶梯
——论《会饮篇》中的"爱若斯"难题

张睿靖

内容提要 《荷马史诗》和《神谱》将"爱若斯"塑造为一个负面形象。在《会饮篇》中，柏拉图借助苏格拉底之口，指出了人们对"爱若斯"的误解，揭示了"爱若斯"求真爱智，引领人们走向大善大美的本质。本文通过文本细读的方法，解读《会饮篇》中由"爱若斯"身份所引发的难题，并在此基础上，探讨柏拉图选择"爱若斯"作为会饮主题的深意。

关键词 《会饮篇》 "爱若斯"难题 爱的阶梯

一、"爱若斯"难题

公元前 416 年，悲剧诗人阿伽通（Agathon）在酒神节庆典（Lenaean Festival）赢得了象征最高荣誉的悲剧竞赛头奖。为了庆祝这一胜利，阿伽通广邀各方友人参加他的庆功宴饮。由参与者的角度看去，此次会饮可谓是名流云集、盛况空前。除苏格拉底之外，与会者之中还有大智术师的学生、声誉极高的医师，以及名噪一时的诗人。①

① 当时，参加这次宴饮的有来自希腊社会各个层面的精英。他们其中有智者大希庇阿斯（Hippias）的学生斐德若（Phaedrus），智者普罗迪科斯（Prodicus）的学生泡赛尼阿斯（Pausanias），智者大希庇阿斯的学生同时也是医术师的厄里克西马库斯（Eryximachus），喜剧诗人阿里斯托芬（Aristophanes），智者高尔吉亚（Gorgias）和普罗迪科斯的学生悲剧诗人阿伽通，会饮闯入者、大名鼎鼎的将军阿尔喀比阿德（Alcibiades），苏格拉底（Socrates）以及神秘人物第俄提玛（Diotima）。除此之外还有目睹整个会饮过程但一言未发的阿里斯托得莫斯（Aristodemus）以及转述人阿波罗多洛斯（Apollodorus）。

“他们来自各行各业，代表了古希腊智慧的诸多层面。这次会饮可谓是一次精英的聚会。”[①]由于众人前一天为阿伽通庆功时已经大肆豪饮一番，此次会饮也就摒弃了饮酒与吹箫女助兴，但是这并不妨碍柏拉图“用戏谑和插科打诨的方式表现贤人们的行为”[②]。

会饮话题的发起人厄里克西马库斯提议说：他经常听到斐德若抱怨，诗人们在其诗作中把别的神都歌颂遍了，却没有谁写过一首诗来颂扬“爱若斯”(Eros)。就连苏格拉底也一改往日“一无所知”的格调，声称“除了‘爱若斯’，我什么也不知道。”[③]于是，与会者一致同意将会饮的主题定为对“爱若斯”的颂扬。并且，会饮开始之后，苏格拉底没有像往常一样，以无知作为对话的开始，并且依照往常的习惯，通过巧妙设置的问题逐步深入。相反地，当厄里克西马库斯提议以“爱若斯”为题，发表颂词的时候，苏格拉底就积极地表示：他别的都不懂，唯“爱若斯”例外。作为最后一个发言者，他认真而又耐心地听取了所有人的讲词，并没有马上开始说教，而是回忆起自己年轻时对“爱若斯”的理解。种种迹象显示，苏格拉底对此次会饮的重视非同一般。苏格拉底一开始就给“爱若斯”设置了一个令人疑惑且好奇的重要性前提。

“爱若斯”的形象源于赫西俄德的一部《神谱》。从《神谱》开始，爱若斯神就已经以神话的形式渗入人们的生活。据《神谱》中讲，爱若斯神的出现，远远早于人神之父宙斯统治的时代。“最先产生的确实是卡俄斯(混沌)，其次便产生该亚——宽胸的大地，此乃奥林波斯众神的根基所在；在道路宽阔的大地深处的幽暗的塔耳塔罗斯(Tartarus)，爱若斯神——在不朽的诸神中数他最美，能使所有的神和所有的人销魂荡魄呆若木鸡，使他们丧失理智，心里没了主意。”[④]在《神谱》中，爱

---

① 译自 J. H. Lesher, Debra Nails and Frisbee C. C. Sheffield. (eds.), *Plato's Symposium: Issues in Interpretation and Reception* (Cambridge, Massachusetts and London: Harvard University Press, 2006), p. 23.

② 列奥·施特劳斯：《论柏拉图的会饮》，北京：华夏出版社，2012 年，第 17 页。

③ 参阅柏拉图：《柏拉图的〈会饮〉》，刘小枫译，北京：华夏出版社，2003 年，177e。原文中的译文为：“我除了懂情事，别的都不懂。”在娄布版(Loeb edition)《会饮篇》中，苏格拉底针对厄里克西马库斯的提议是这样说的：“I do not see how I could myself decline, when I set up to understand nothing but love.” Plato, *Symposium*, 177e.

④ 赫西俄德：《神谱》，张竹明、蒋平译，北京：商务印书馆，1991 年，115—125 行。在商务印书馆的版本中，此处将爱若斯神译为“爱神厄洛斯”。为避免译名引起的歧义或行文冲突，本文一律将其改译为“爱若斯神”。另外，在娄布版(Loeb edition)《神谱》的英文译本中，“爱若斯”作为原初神之一，是一个男神。本文按照英文译本将其译为“他”。(转下页)

若斯是混沌中生出的原初神之一，但语焉不详，线索不清。

《神谱》中讲，爱若斯神作为古老的神祇之一，是不朽诸神中最为俊美者，生来就具有颠倒众生的魅惑本领，令人与神都不得不臣服于他神奇力量的控制之下。赫西俄德将爱若斯神描述成一个以美色爱欲扰乱他人心智的俊美男神，这为后世对爱若斯神的想象与描述定下了一个基调。

出现在《神谱》中的爱神有两位，一位是作为原初神诞生的爱若斯神，另一位是爱神阿弗洛狄忒(Aphrodite)。书中关于后者的诞生是这样叙述的：大地女神该亚怨恨丈夫天神乌拉诺斯出于霸权野心而囚禁自己的后代，于是设下陷阱割下其生殖器官抛向大海。在海上漂流良久之后，一位少女从白色泡沫中诞生。“在她娇美的脚下绿草成茵。由于她是在浪花中诞生的，故诸神和人类都称她阿弗洛狄忒。无论是在最初出生时还是在进入诸神行列后，她都有爱若斯神和美貌的愿望女神与之为伴。她一降生便获得了这一荣誉。她也在神和人中间分得了一份财富，即少女的窃窃私语和满面笑容，以及伴有甜蜜、爱情和优雅的欺骗。”①

《神谱》中对爱若斯神和爱神阿弗洛狄忒非凡魅惑力量的描述，多少给他们涂上了一层消极的色彩，令后世之人从一种负面的角度去看待与爱、爱欲、爱神相关的一切。爱若斯神在雅典城邦不享受正统宗教待遇，不被推崇甚至被轻视的状况就不难理解了。

除了对爱若斯神魅惑众生的指控，他还被冠以种种更加消极负面的词汇。循着赫西俄德为爱若斯神定下的模式，我们在古希腊文学作品中不难找出这样的描述。例如，古希腊悲剧中曾经出现过对爱若斯神力量的赞叹，但是这种赞颂更多的是从其威慑人心的毁灭力量出发，并非真正的颂词。索福克勒斯(Sophocles)的作品《安提戈涅》(*Antigone*)这样形容爱若斯神：“啊，爱若斯神，即使是正义的人，你也能迫害他们，使之变得不正义起来”②；欧里庇得斯(Euripides)的作品

(接上页)参阅娄布版相关部分：Hesiod, *Theology*, 116. “Eros, who is the most beautiful among the immortal gods, the limb-melter-he overpowers the mind and the thoughtful counsel of all the gods and of all human beings in their breasts.”

① 赫西俄德：《神谱》，195—200行。为避免译名引起的歧义或行文冲突，此处将原译文中的“阿佛洛狄特”改为“阿弗洛狄忒”。同样也将原译文中的“爱神厄洛斯”改为“爱若斯神”。

② 索福克勒斯：《索福克勒斯悲剧四种》，罗念生译，上海：上海人民出版社，2007年，791—794行。

《希波吕托斯》(*Hippolytus*)中则这样描写爱若斯神:"他在来到凡间时给人们带来毁灭,一路上留下灾祸的脚印。"[1]这种爱若斯神对整个城邦而言,无疑是消极而具有威胁性的。

无论以何等样貌出现于古希腊戏剧作品中,可以肯定的是,相对于其他正统神明(例如宙斯)而言,爱若斯神没有得到其应有的崇拜与颂扬。《会饮篇》中众人对"爱若斯"的讨论,也正是建立在这样一种预设之上。

"爱若斯"所代表的的爱与爱欲对公民来说并不陌生。芝加哥学派创始人列奥·施特劳斯(Leo Strauss)就认为,人们对"爱若斯"的熟悉与缺少尊重却并不妨碍它成为"极重要的人性现象,成为一个极有力、极亲切的新神"[2]。对于雅典公民来说,爱若斯神身上所承载的,更多是人世间红男绿女式的爱欲追求。他们不仅赞扬女性美,也贪恋并追求男子身上所特有的阳刚之美。身体美是很多古希腊艺术品的表现主题。包括苏格拉底在内,很多古希腊人都有追求同性伴侣的经历。[3] 人生而就有追求爱与爱欲快乐的倾向与权利,每一个人都有不同程度的关于爱这个字的理解。爱对我们来说不是一个深奥、晦涩的字眼,而是一个源于生活的活生生的人性现象。对于古希腊人来说,追求情伴,享受情之快乐实在是件自然而然的事。

然而,这样一个令人感到再自然不过的人性现象却因其显而易见的"低俗性"而令"爱若斯"沦落到被人忽视甚至调笑的境地。斐德若说,爱若斯神在城邦中从未得到应有的赞扬。事实确实如此。爱若斯神在城邦中被轻视甚至被忽略的地位,令这个原初神处于一种尴尬的境地,仿佛一旦提及"爱若斯",话题中就带有某种香艳的色彩。于是,"爱若斯"就只得游走于严肃社交场合之外,并且终日与低俗娱乐为伍。作为混沌初开时就已诞生的原初神,爱若斯神没有享受到人的尊重。这也许是因为赫西俄德为其扣上了魅惑的帽子,也许是因为与其相关联的爱、爱欲等,对人们来说太熟悉——每个人都有关于爱的切身体验,这反倒容易令人忽视"爱若斯"的存在。"爱若斯"如此富于爱

---

① 欧里庇得斯:《欧里庇得斯悲剧》,张竹明译,南京:译林出版社,2007 年,538—542 行。

② 列奥·施特劳斯:《论柏拉图的〈会饮〉》,第 53 页。

③ 苏格拉底在《卡尔米德篇》中亦曾提及,他见到阿尔喀比亚德俊美的身体曾有爱慕之情。详见柏拉图:《卡尔米德篇》,王太庆译,北京:商务印书馆,2004 年,155c。

欲色彩,并且由于与身体等暧昧符号的高度关联性,使人们误以为它是一个轻浮肤浅的话题。而苏格拉底在精英云集的聚会上却偏要提出如此“上不得台面”的话题,这在无形中给众位精英及读者设置了一个极具挑战的难题——为何不去讨论更具有正统色彩的神明?以“爱若斯”为题展开赞颂意义何在?关于爱若斯的出身、爱若斯的象征意义,实在是有很多值得我们仔细探讨之处。

二、“爱若斯”的多义性

《会饮篇》的主题围绕“爱若斯”或“爱欲”这一话题展开。“爱若斯”一词多次出现在文中,且含义各有不同。这在文中表述得很清楚。苏格拉底说:“首字母大写的‘爱若斯’(Eros)指的是源自《神谱》中的爱若斯神。例如,斐德若在讲辞中提到‘爱若斯’时就将其称为‘伟大的神’。[①] 首字母小写的“爱若斯”(eros)往往具有多义性。”首先,这个“爱若斯”最基本的含义是爱欲(physical love),它代表了世俗的、肉欲的追求。这种爱“不管好与不好,追求的是身体而非灵魂,”[②]只爱“轻柔貌美的”,只会停留在“气色鲜美、花香浓艳”的地方。譬如,阿尔喀比亚德就以其青春美貌受到众人的追捧。可见,对身体的爱欲令人执着于形相,容易盲目地见一个爱一个。其次,“爱若斯”是从道德的角度出发,对各种“美好”的追求。斐德若在讲辞中说:“‘爱若斯’对于我们来说还是最美好事物的起因。”[③]它“激发有情人身上的好品德,使他能将自己天性中最好的品质发挥出来”[④]。这种“爱若斯”赋予人一种高贵的本性,激发出种种为爱牺牲的伟大行径。泡赛尼阿斯也说,对美好的追求促使人们“爱最好最高贵的,即便漂亮不及别人”,并且激起“砥砺品德的热情”。第三,“爱若斯”还可以是对智慧的热爱与追求。据第俄提玛讲,爱欲并非欲求美,而是“欲求在美中孕育、生产”,以获得不朽;“凭灵魂生育,就是凭睿哲和其他美德,即明智和正义”令

---

① 柏拉图:《柏拉图的〈会饮〉》,178a。

② 同上,181b。

③ 同上,178c。

④ 同上,179a。

智慧储存在灵魂之中，凭着记忆流传下来，从而获得真正的不朽。"'爱若斯'是爱智慧的人。"[①]其天性是"贪图智识"。[②] 这对于哲学(philosophia)中蕴含的"爱智慧"之义来说，也是一种呼应。

《会饮篇》中的"爱若斯"既代表了爱若斯神，也可以有爱欲、爱美好、爱智慧的多重含义。因此，本论文对"爱若斯"一词进行加引号处理，以示其多重解读的可能性。

三、美的阶梯

在《会饮篇》中，主要人物对"爱若斯"发表的颂词可分为两组。根据苏格拉底所在的位置判断，颂词的重要性按顺序递增。第一组发言的斐德若、泡赛尼阿斯和厄里克西马库斯，分别从其身为情伴、有情人及其职业技能的角度对"爱若斯"进行了一番阐述和赞扬。第二组发言人是阿里斯托芬、阿伽通、苏格拉底以及神秘人物第俄提玛。阿里斯托芬企图以"圆球人"的故事强调回到"原初整全"的重要性，并且教育众人畏神、敬神。阿伽通以一副桂冠诗人的姿态就"爱若斯"的诗人属性发表了一篇辞藻华丽的讲辞，却并无多少建树。在前五人的发言中，"爱若斯"被蒙上了一层又一层的面纱。这些面纱或是光鲜亮丽，或是阵势唬人，却都无一例外地掩盖甚至扭曲了"爱若斯"的本来面目。直到苏格拉底发言，带领众人攀登"爱的阶梯"，"爱若斯"的真相才得以呈现。

爱的阶梯始于对一个美的身体的爱恋。这是一种对表象的沉迷与执着。人类生而具有爱美的天性，其寻找配偶也就是追求在美中孕育生产的过程。然而，若是一味追求美的躯壳，反而会在各种美的表象中迷失——美之表现何止千种万种，区区形相何足挂齿？个体的美并不是真正的美，这只是在对比中偶有所见、偶有所得。通过千变万化的表象解悟出美的事物的共同之处才是正经。只有这样，我们的灵魂才得以一步步抬升，通过美的身体走向对美的品德、美的学问，以至美本身即终极的善的洞见与观照当中。这就是"美的阶梯"：

---

① 柏拉图：《柏拉图的〈会饮〉》，204b。

② 同上，203d。

> 也就是说，谁要是由那些感官现象出发，经正派的男童恋逐渐上升，开始瞥见那美，他就会美妙地触及这最后境地。自己或者经别人引导游于爱欲的正确方式就是这样子的：先从那些美的东西开始，为了美本身，顺着这些美的东西逐渐上升，好像爬梯子，一阶一阶从一个身体、两个身体上升到所有美的身体，再从美的身体上升到美的操持，由美的操持上升到美的种种学问，最后从各种美的学问上升到仅仅认识那美本身的学问，最终认识美之所是。①

这里苏格拉底借第俄提玛之口，梳理了不同等级的爱欲(eros)，也即是"爱若斯"所欲求的对象——美的东西，美的身体，美的操持即德行，以及关于美的种种学问，最终到达美本身。《会饮篇》中出现的小写"爱若斯"包含了以上各种不同的欲求。而限制在形相中的"美"仅仅是低等爱欲所追求的对象。"在这世界上许多具体事物的变化的美之外，必定还有一个大美(Beauty)。它不是供眼睛去看，而是只被心灵在概念上把握。"②"只要有可能，并且我们的灵魂还存在于肉体之中，我们就仍想要并急需一条带领我们回到对大美的直接领悟的路径；只有这样，我们内心中的神性的爱(eros)才能得到满足。"③柏拉图要讲的是，在这众多的欲求之中，只有爱智的"爱若斯"才能引领人们走向不朽。纵观通篇，他的意图在于通过梳理美的不同等级，带领人们认识到真正的美所通达的善，这也正是《会饮篇》的主题所在。

四、"爱若斯"与美

苏格拉底通过对阿伽通的盘诘，把我们带入了早年他对"爱若斯"的理解："爱若斯"是对某人某物的爱。既然在欲求和爱的时候，尚且没有拥有所欲求的东西(否则就不会去欲求了)，那么，"爱若斯"就是对眼下还欠缺的某样东西的爱。正因为"爱若斯"既不美又不好，才会

---

① 柏拉图:《柏拉图的〈会饮〉》,211c—211d。

② 比厄斯利:《西方美学简史》,高建平译,北京:北京大学出版社,2006年,第17页。

③ 同上,第18页。

追求美与善。倘若“爱若斯”不美不善，那就必然是丑是恶的。① 然而，凡是不美就是丑的这种理解，显得太稚嫩。于是，苏格拉底借由第俄提玛之口，替我们揭开了“爱若斯”的面纱。第俄提玛讲，“爱若斯”是个精灵，居于神与凡人之间（不死的与会死的之间），传递凡人对神灵的祈求，转达神下达的指令。②

> “爱若斯”是波若斯（丰盈）和珀尼阿（贫乏）所生之子，才处于这般境况。首先，“爱若斯”总是贫兮兮的，许多人以为他既文雅又漂亮，其实才不是那么回事哩，他粗鲁，不修边幅，打赤脚，居无住所，总是随便躺在地上，什么也不盖，睡在人家门阶或干脆露天睡在路边。因有他母亲的天性，“爱若斯”总与贫乏为伴。不过，他也像父亲，总是图谋美的和好的东西；他有勇、热切而且硬朗，还是个很有本事的猎手，经常有些鬼点子，贪求智识，脑子转得快，终生热爱智慧，是个厉害的施魔者、巫法大师、智者。他既非不死那类，也不是会死的那类；有时，同一天他一会儿活得新新鲜鲜、朝气蓬勃——要是所求的得逞的话，一会儿又要死不活的样子，不过很快又回转过来，这都是由于他父亲的天性。他为自己源源不断赢得的，又源源不断流走，所以，“爱若斯”既不贫又不富，毋宁说总处于有智慧与不明事理之间。可以这样子讲：没有哪个神爱智慧，也没有欲望要成为有智慧的，因为，神已经是有智慧的了；甚至那些个已经有智慧的人，也不爱智慧。反过来说，不明事理的人同样不爱智慧或者欲求成为有智慧的；因为，不明事理的人的麻烦还在于，尽管自己不美、不好、不明事理，却觉得自己够自足的了。谁也不觉得自己欠缺什么，谁就不会欲求自己根本就不觉得欠缺的东西。③

“爱若斯”拥有邋遢丑陋的外表，似乎生来贫乏；他四处游荡、居无定所、寻找美与智慧的所在；他不是神，却具有神奇的魔力，能够俘获人心、令人着迷；他是居间者，在真理与无知之间架起了一道桥梁，引

---

① 柏拉图：《柏拉图的〈会饮〉》，200a—201c。

② 同上，202e—203a。

③ 柏拉图：《柏拉图的〈会饮〉》，203c—203e。

人走向大善大美。可以说，“爱若斯”是个矛盾的共同体，既澄明又晦暗。正如爱欲本身带有的隐晦色彩一样，“爱若斯”似乎是生而贫贱的；然而，他又是高贵且神圣的——“爱若斯”承担了引导人向善的重任。从这一点上来说，正是“爱若斯”与爱欲的关联，其身上所谓的“低俗性”造就了它与人亲近的特点，这使它具有帮助人类提升灵魂，走向真知的宝贵可能。如此说来，我们不仅不能够轻视“爱若斯”，反而应像苏格拉底所倡导的那样，大力赞扬并且热爱它。“爱若斯”是人类身上求真爱智的最好体现。

“爱若斯”之于第俄提玛或苏格拉底，并非一个高高在上的神，而是一个精灵、一个居间者。它穿梭于神与凡人之间传递信息。正是因为有了“爱若斯”，人类才有可能认识到何为美、何为善，才能够根据其指引，逐步向神的完善靠拢。柏拉图从不确定、变化走向永恒不变、确定的公式在这里得到了昭示：人世生命都拥有对不死及不朽的渴望。然而，对表象的执着，只会凸显各种浮华虚无的美丽与好处。于是，苏格拉底借第俄提玛之口告诫我们：真正的智慧在于从表象走向对美本身、对美之所是的理解，在于对灵魂不朽的追求。“爱若斯”就是“欲求自己永远拥有好的东西”。[①] 爱就是欲求“在美中孕育和生产”[②]。“爱若斯”就是美之所是。只有在对灵魂的理性静观之中，我们才能脱离人世的束缚，更加接近“爱若斯”所通达的神明。

可见，“爱若斯”是我们从对表象的执着走向认识美之所是，认识终极的善的桥梁。在《会饮篇》中，苏格拉底借助讨论“爱若斯”的这个契机，引导我们从感官世界开始，一步步上升到理式世界，以此来揭示爱的真谛。透过“爱若斯”，我们得以一窥神圣的理式之美。柏拉图力图展现的，正是这样一种启迪心智、塑造灵魂的教育方式。

爱若斯神以《神谱》中原初神的形象进入城邦生活。由于赫西俄德带有爱欲色彩的描述，令公众多从消极、轻视的态度出发审视爱若斯神。在苏格拉底看来，这正是人不能窥见理式、趋向完善、成就神性的原因所在——对“爱若斯”的曲解进一步拉远了人与神之间的距离。《会饮篇》中的苏格拉底，在与悲喜剧诗人、医术师等各层社会精英的讨论中，解开了人们一直以来对爱若斯神，对与“爱若斯”相关的各种

---

① 柏拉图：《柏拉图的〈会饮〉》，206a。

② 同上，206b。

误解:“爱若斯”并无任何乱人心智的负面成分。他来往于人神之间,保持人世与神明间沟通的顺畅,正确传达神明的指令,带来正确的道德范本,向人类昭示智慧真知或理式世界的可能。借助“爱若斯”,人们得以求真爱智,追求大美大善。

(作者单位:中国社会科学院研究生院文学系)

论温克尔曼的希腊艺术史构造

高艳萍

内容提要 温克尔曼的古代艺术史写作旨在以“体系”探究艺术生成的实相，同时确立古希腊艺术的独特性和崇高地位。他一方面从风格变迁的角度阐述希腊艺术史，另一方面从外部环境变化的角度来描述艺术的发展变化，而将艺术纳入整体文化之中。前者可视为纵向构造，后者可视为横向构造。本文亦探究其“体系”观念及体系构造之生成的历史来源。

关键词 温克尔曼 体系 希腊艺术 历史

温克尔曼(Johann Jochim Winckelmann, 1717 - 1768)的艺术史写作如同他的《希腊美术模仿论》(*Gedanken über die Nachahmung der griechischen Werke in der Malerei und Bildhauerkunst*, 1755)，是致力于确立古代希腊艺术的崇高地位及独特性。《古代艺术史》最初发行于1764年。随着温氏行闻交游日渐广阔，寓目古物频频增多，又灵思不断，《古代艺术史》一直被修订、补苴，直至他1768年在的里雅斯特(Trieste)被害。他身后出版的《古代艺术史》增补版(即维也纳版)，增加了大量古代文物的知识以及对艺术品的微妙观感的记录，篇幅的大增引起了编排上的一些改变，不过原有内容几乎丝毫未加删改，其艺术史写作的宗旨与艺术的观点也仍保持一致。

在温克尔曼时代的罗马，尤其是随着赫库拉尼姆和庞培的考古发现，探寻古代文物已成热潮。但古代文物在其所属的历史时间上依然漶漫无序，无法从史的角度得到定位。关于古物的所谓艺术史描述存在诸多问题，甚至是误导性的(非教育性)。而温克尔曼本人研究古物具有得天独厚的条件，他曾为一位名叫斯托施(Stosch)的公爵编过古物目录，在罗马期间就职于酷爱古物的主教阿尔贝尼(Albani)的手下，并曾几度进入那不勒斯地区，还亲自在庞贝监督过古物的挖掘；加之学问渊博,对相关古代文献稔熟于心,温克尔曼决定通过他的写作来给予古代艺术品某种历史的定位和序列。尤为重要的是,温克尔曼意欲通过特殊的艺术史的书写探索希腊艺术如何生成的实相。他的方式是提供“体系”。

一、艺术史的体系

如柯林伍德所言,在 18 世纪,历史本身正成为哲学思考的对象,历史写作从而也成为思想的一部分。同样,温克尔曼的艺术史写作不仅仅是为前往罗马的各国贵人或一般旅行者提供古物指南,或为前代的艺术史家细细纠错。事实上,从一开始,温克尔曼就坦承了自家写作艺术史的野心。“我将要尝试写作的古代艺术史,不是简单的艺术的编年和变化的叙述,我尤其是在历史的希腊文的宽泛的意义上使用该词,我意在提供体系(Lehrgebäude)。”[①]希腊文的“历史”一词意为“探究”——希罗多德正是在此意义上使用,即“探究真相”。而 Geschichte 在德语中的延伸义,也正好指涉某种层层建构之物,也即,包含了温克尔曼所寻求的系统性。

Lehrgebäude 一词,英译多为 system 或 body of doctrine。在涉及它的使用中,比如,贡布里希解释为“理论文章”,其他学者定义为 definite body of doctrine,以及 conception system 或 construction 等等。这样说来,该词包含了原则与结构的意义要素。不过,它并不像后来的德国哲学家所热衷的 System 一词那般具有较为专横的色彩。温克尔曼的 Lehrgebäude 允许多样的经验材料的纳入。在此,我们权且也将之译作“理论体系”或“体系”。

温克尔曼为何通过提供体系的方式撰写古代艺术史?这一问题其实关乎历史写作的目的。早在名为《为新的普遍历史的口头演讲的思考》(*Gedenken Vom mündlichen Vortrag der neueren allgemeinen Geschichte*)的片段中,温克尔曼即提出史家的责任在于说出真理,历史写作的目的和用途在于此。温克尔曼在 1748 至 1754 年期间作为

---

① Johann Winckelmann, *Geschichte der Kunst des Altertums*, Darmstadt: Wissenschftliche Buchgesellschaft, 1982, p. 25.

图书管理员受雇于德累斯顿有名的历史学家宾瑙伯爵(Grafvon Bünau)的图书馆(德国最好的图书馆之一),协助宾瑙伯爵完成中世纪神圣罗马帝国的宗教和政治史的撰述。他对历史的目的和方法的理解正是来自这一阶段的编撰工作。

温克尔曼的历史图式同样受到了伏尔泰的影响。伏尔泰在阅读编年体尤其是关于近代国家巨著的过程中,并不曾发现任何哲学性的思考;在夏特莱夫人的影响之下,伏尔泰更企图从哲学角度来研究历史。在《风俗论》的序言中,他宣称自己将在众多未经加工的素材中选用可供建造大厦的材料,从而把杂乱无章的东西构成整幅连贯清晰的图画,力图从这些事件中整理出人类精神的历史①。《风俗论》不是一部编年史,它探索人类精神的变迁。

同样是在《为新的普遍历史的口头演讲的思考》中,温克尔曼说明历史绝非事实的大量的、不加辨别的编集,也并非像大多数普遍历史所为,仅将传记串在一起而成为"简单的个人的历史"。相应的,在《古代艺术史》开篇,温克尔曼即明言,他不提供关于艺术家的细节,原因在于"艺术家与艺术的本质无关"②。对此,柯林伍德这么评价:"温克尔曼相信存在着一种艺术史,而决不能和艺术家们的传记混为一谈:它是艺术自身的历史,这历史在前后相继的艺术家们的作品中在不断发展着,而艺术家本人却对任何这样的发展无所察觉。就这种概念而言,艺术家仅只是艺术发展中某一特殊阶段的一种无意识的工具而已。"③通过研究艺术品,温克尔曼相信可以从中推测出一种真正的关于艺术本质的历史。如此说来,温克尔曼几乎完全接受了伏尔泰的历史哲学范式的转换。

但是,伏尔泰虽以《论风俗》试图提供一个内在连贯的政治和文化的历史,其本人却始终未完成这一任务。因为在伏尔泰看来,一个理性的历史应该让读者理解到人类精神的"消减、复兴和进步",然而,欧洲自罗马帝国衰亡之后的历史,是充满罪恶、欺诈、灾难的历史,鲜有价值和幸福彰显其中,政治历史中也未能见出理性的进步。18世纪中期的启蒙观点普遍认为,界定公共和政治发展中的庞大逻辑几乎是不

① [法]伏尔泰,《风俗论》,梁守锵等译,北京:商务印书馆,2003年,第2页。

② Johann Winckelmann, *Geschichte der Kunst des Altertums*, p. 25.

③ [英]柯林武德:《历史的观念》,何兆武、张文杰译,北京:商务印书馆,1997年,第140页,注1。

可能之事。而近乎以一种识时务者的姿态，温克尔曼在《为新的普遍历史的口头演讲的思考》提出，关于政治的普遍历史应该让位于文化和哲学历史；或者说，应该在文化史而不是社会史或实用史中进行历史写作的突破。

事实正是，温克尔曼对古代艺术这一文化现象进行历史哲学的考察，使得关于普遍历史的合理书写成为可能，从而率先在艺术史中确立了体系的存在。对此，Alex Potts 解释道，比起难以把握的政治历史来，艺术的历史较易服从于理性的分析；温克尔曼将历史研究聚焦于审美层面，就其本身而言是一种策略，因为这避开了事件和行动的简单编年体的书写并在一定程度上超越了外部环境的历史偶然性。当然，温克尔曼的艺术史并非缺少对政治的潜在书写，因为希腊艺术本身正是希腊文化总体的一个象征，而希腊艺术兴衰的背后亦隐藏着政治史的复杂性和变迁（当然，希腊政治本身在他这里是经过理性和逻辑的梳理和筛选的）。在此意义上，“温克尔曼的艺术史是一个更大的普遍史的寓言”①。

关于古代艺术的兴衰的研究，温克尔曼并非第一人。在他之前，法国古物学家凯吕斯(Caylus)《古埃及、伊特鲁里亚、古希腊和古罗马文物汇编》一书已着手研究了作为艺术基础的民族趣味，以及各民族从年轻到成熟的普遍成长原理和趣味的变迁。但是，凯吕斯不曾在其间发现连贯的体系性的存在。同样，艺术史的体系思想也非肇始于温克尔曼。其最近的先行者就有瓦萨里。瓦萨里的《著名画家、雕塑家和建筑家名人传》借鉴了普林尼的博物志中关于艺术的观点，对近代意大利艺术做出富有体系性的分析，将艺术分为三阶段，即从朴素的开端，到有所改观但不尽如人意的中间阶段，再到盛期文艺复兴的完美。瓦萨里以时间序列安排事件，将文艺复兴描述为一种线性的进步过程，即一代代艺术家通过技艺的成熟逐步接近对自然与古代的模仿，至米开朗基罗而达巅峰。但是，在瓦萨里之后很长一段时间，研究视觉艺术的作家对艺术史的体系性不闻不问。应该说，在这个问题上，温克尔曼是返回至瓦萨里了。

而两者不同之处在于，瓦萨里的目的是呈现他的时代正在走向古

---

① Alex Potts, *Flesh and the Ideal: Winckelmann and the Origins of Art History*, New Haven and London: Yale University Press, 1994, p. 37.

典的完美这一辉煌的历程，他既是这一进步的目击者，同时作为艺术家，他又躬逢其盛，是为这辉煌摇旗呐喊。虽然他对古希腊罗马艺术亦有过简单的勾勒，但并未以一个兴衰的循环模式来整合艺术发展的体系性历史。同样，他也不会像温克尔曼那样去寻找一个盘踞其上的逻辑，故而同样不会去对艺术发展的必然因由作出说明。

或许，温克尔曼建立历史体系的野心只有孟德斯鸠的《论法的精神》可以与之相埒。但对于体系本身的确信感，两者可谓殊异。孟德斯鸠几乎相信体系的存在是一种固定不迁的客观事实。他在《论法的精神》的前言中，如此豪言："我的原则不是从我的成见，而是从事物的性质推演出来的。"[①]"当我一旦发现我的原则的时候，我所追寻的东西便全都向我源源而来了。"[②]温克尔曼在自己确立的原则面前则保持着某种谦逊。甚至，在某种程度上，与许多启蒙运动的同时代人一样，温克尔曼对自家设想的体系持有某种清晰的自我怀疑。他认识到他的体系是推测性的。他说，"我是在冒险提出一些显得不被充分证明的想法……我们关于古代艺术的知识是存在很多空隙的，但我们并不想继续纵身一跃，跳过这些空白地带。我们已然提出的一些解释，就其各自而言，并非清晰如白日之光，而仅仅只是可能性而已。"[③]因为，对于古代艺术的研究而言，历史事实的材料仍属缺乏。

这种对历史建构的自我怀疑倒与卢梭在《论科学与艺术》中的态度有几分相似之处。卢梭提出唯一的历史只能是推测性历史[④]。Alex Potts 发现，温氏甚至模仿了卢梭《论科学与艺术》的结构，即，第一部分研究作为现象的艺术的一般性质，即他所说的"本质"；第二部分研究古代艺术史的详细历史，即"依照外部环境的历史"。[⑤] 不过，在温氏看来，推测性历史本身可以通向对真实历史的真正把握。他在《古代艺术史》中这么说道："推想，至少，那些通过某个线索与某些确定之物相关联的假想，不会比自然科学的假设更应该从这类作品中驱逐出

① [法]孟德斯鸠：《论法的精神》，张雁深译，北京：商务印书馆，1997 年，第 38 页。

② 同上，第 39 页。

③ Johann Winckelmann, *Geschichte der Kunst des Altertums*, p. 18.

④ [法]卢梭：《论科学与艺术》，何兆武译，北京：商务印书馆，2010 年，第 44 页。

⑤ Alex Potts, *Flesh and the Ideal: Winckelmann and the Origins of Art History*, p. 43.

去。如同建筑中的构造,它们是不可或缺的。”①

这么看来,温克尔曼的认识论是飘忽在孟德斯鸠的确信和卢梭的怀疑主义之间。而他的历史感和他对体系的特殊理解,包含了一种怀疑论的潮流和反讽的自我意识,而这正是他的更加机敏的启蒙运动同辈的理性世界的组成部分。他的历史书写及构造方式是建基于一种富有特色的启蒙运动的认识论之上,尚未呈现出对历史的更大逻辑的信任——那正是以黑格尔为代表的“超越反讽之道”(海登·怀特语)的19世纪的历史思想的内在特点。

当然,温克尔曼是在前人的成就上对古代艺术史做出宏观把握的。《古代艺术史》纷繁的引文可以为证。普林尼的《自然史》,保萨尼阿斯(Pausanias)的《希腊描述》(*Description of Greece*)都已收集了有关古代艺术家的生活和工作的材料。从瓦萨里之后,同时代的理查德森、凯吕斯等人也接续古代艺术研究的传统。希波克拉底、波利比奥斯(Polybius)、西塞罗和其他希腊和罗马作家曾强调过气候在文化形成中的重要性,而休谟等人则进一步指出地中海民族比北方民族更加机灵。孟德斯鸠和维柯让历史的有机概念广为流行,并引入因果性与时期性的观念。但是,在温克尔曼之前,尚未有人将艺术发展进程中纵横交错的层层结构自觉地揭示出来。

二、艺术史的纵向体系

温克尔曼的艺术史体系的基本目标包含在这段话中:“艺术史理应告诉我们艺术的起源、发展、变化和衰落,以及民族、时代和艺术家的不同风格”。②(他在《为新的普遍历史的口头演讲的思考》中提出过,历史学家的主要关注在于说明国家的兴起、繁荣和衰落。)温克尔曼一方面从风格变迁的角度来描述艺术史,另一方面从外部环境变化的角度来描述艺术的发展变化,而关于后者的叙述亦围绕风格的变化。故而,在他这里,艺术的发展变化史几乎等同于风格的变迁史。温克尔曼将希腊艺术分为远古风格、雄浑风格、优美风格和模仿风格,

---

① Johann Winckelmann, *Geschichte der Kunst des Altertums*, p. 18.

② *Ibid.*, p. 25.

并依照希腊艺术风格的标准，对埃及艺术、伊特鲁里亚艺术、波斯艺术、罗马艺术的风格做出判定。以风格描述艺术发展的方式，在后来的艺术史家沃尔夫林那里演变成对风格实体化的存在的认可，即认为风格独立于艺术作品而存在。

温克尔曼的风格变迁体系首先是一种发展的体系。他在《古代艺术史》提出艺术发展的自明原则，即美术发展的三阶段是：必需，美，过度。他这样论证道：最先的人物形象表现人是什么，而不是他如何向我们显现，也即，表现的是他的轮廓而非他的特征。从这一形式的单纯性开始，艺术家进一步探索正确的比例，继而有信心尝试大的尺度，从而达到崇高的气象，在希腊人那里，则逐而抵达最高的美。而当人们开始寻找装饰的时候，"过度"产生了，艺术失去了崇高的性质，最终完全失落。

何为"必需"？它在艺术中体现为对基本认知的展示。埃及艺术的早期风格、生硬的希腊远古风格是"必需"阶段的风格体现。何为"过度"？过度在艺术生产中意味着技术的熟练，以及意义的缺失引致的装饰、柔媚、炫技。希腊艺术中的优美阶段已然包含这堕落的种子，而在滑向模仿阶段的过程中，"为了避免任何粗糙而使一切柔润、精雅……变得圆滑但无味，妩媚但无意义"，[①]"人们总是在追求更好，但最终因为人工造作而失去了真正的好"[②]。这时，艺术家失去了真正的知识，而只是在次要的细节上极尽用功，并将以往的各种艺术组合起来，结果产生的是一种既不崇高也不优美的艺术。

温克尔曼这种关于艺术兴衰的自明原则并非无根之木，实际上有其理论同盟或渊源。这种自明原则早已出现在维柯的《新科学》中。"人们首先感到必需，其次寻求效用，接着注意舒适，再迟一点就寻欢作乐，接着在奢华中就放荡起来，最后就变成疯狂，把财物浪费掉……各族人民的本性最初是粗鲁的，以后就从严峻、宽和、文雅顺序一直变下去，最后就变成淫逸。"[③]维柯的人性发展原则在温氏这里表现为艺术发展的原则。

温克尔曼的艺术发展的纵向体系思想中很大程度上包含了有机生命的思想。温克尔曼屡屡以植物的生长或河流的运行作喻描述历

---

① Johann Winckelmann, *Geschichte der Kunst des Altertums*, p. 226.

② *Ibid.*, p. 226.

③ [意]维柯：《新科学》，朱光潜译，北京：商务印书馆，2009年，第241—242页。

史发展的过程："艺术的婴幼期大抵雷同，最美的人类在坠地之日也是形象含糊并彼此相似，其情形如同不同种类的植物种子；而到了成长或衰落期，它们则如强大的河流，要么愈加开阔，要么消减乃至于无。"①他又这样谈到古代各民族的艺术："埃及艺术开初发展得很好，但后来受抑制而未臻至完美，就好比一棵树受了虫咬或因其他原因而停止生长……波斯艺术同是如此。伊特鲁里亚艺术，在其繁荣期则好似湍急的河流，从岩石和碎石上卷过，因其绘画特征是强硬的，夸张的。然希腊艺术则好比是清澈的水流以无数的蜿蜒通过肥沃的山谷，并充满它的河道，却不至于溢出。"②

同时，植物的生长原理又用以喻说古代各民族的艺术发展之差异。他指出，艺术的发展如同植物，有其萌芽、成长和衰落；不同种类的植物在其开初总是相像，至其成长之后，却非所有的植物皆能茁壮成长，或待其成熟，不同的植物形成不同的富有特征性的形态，但也依然自有优劣。以植物成长的情状，温氏解释了古代各民族艺术发展的过程。他论道，在艺术的早期阶段，无论是埃及艺术、伊特鲁里亚艺术、希腊艺术都具有相似的特征。针对早期希腊艺术受到埃及艺术影响的观点，温克尔曼辩道，希腊的直线的、单纯的早期雕刻并非舶自埃及，而是早期民族包括希腊、埃及、伊特鲁里亚的艺术的共同特色。③论及成长阶段，埃及艺术和波斯艺术分别受到本国宗教的抑制，而未能长成完善的形态。④ 而伊特鲁里亚艺术与希腊艺术由于包含了不同的人性的种子，它们的成熟形态亦呈现出非常不同的景象。

温克尔曼体系思想中的生物学模式即普遍有机体模式也是那个时代常见的喻象。这其实也为瓦萨里所运用，即艺术如同有机体一样经历兴起、壮大与衰落直至死亡的过程。这里，艺术与自然具有相同

---

① Johann Winckelmann, *Geschichte der Kunst des Altertums*, p. 26.

② *Ibid.*, p. 26.

③ 他指出，历史的证据证明希腊人无法进入埃及，故而希腊艺术不可能受到埃及影响。而古希腊和古埃及神话体系中神灵的相似是发生在亚历山大进入埃及之后，是希腊人佯装尊重老者而进行的妥协的结果。Cf. Johann Winckelmann, *History of Ancient Art*, trslated by G. Henry Lodge, Boston: James R. Osgood and Company, 1880, Vol. I & II, p. 36.

④ 温克尔曼指出，在埃及，艺术受到其宗教体制的压抑，造成了埃及人像雕刻的呆板与僵硬；而埃及的动物雕刻由于不受宗教体制的约束，而表现出异常的生气。Cf. Johann Winckelmann, *History of Ancient Art*, Vol. I & II, p. 174 - 175.

的法则。历史的生物学模式同时也是一种循环的模式。David Irwin认为温克尔曼的古代艺术的兴衰图式从属于历史循环论。他告诉我们，在温氏写作之际，循环解释论盖过了另一个具有天启意味的观点，即认为历史是从原初的黄金时代之后的堕落。循环论则视历史是从原始到复杂至衰落和忘却的演化。这种解释也许植根于柏拉图的《法律篇》。直到18世纪中期，循环论发生了变化，在一些历史学家和哲学家的著作中，省去衰落的阶段：历史被认为是持续的进化。①

但温氏并不从属于这种极端的进化理论。在某种意义上说，他接受的是瓦萨里的模式。瓦萨里以生物学模式界定现代循环的开始和古代循环的结束，在现代艺术的进步中看到古代艺术的再生。他相信两种现象之间多少有些精确的相似之处，并且在古代希腊和文艺复兴的佛罗伦萨人之间寻找到完全相同的事件。类似地，温克尔曼看到希腊艺术在罗马统治下衰落，而在文艺复兴时期复活；又于17世纪和18世纪早期衰落，并在他自己的时代再次复兴。他的画家朋友，新古典主义绘画的代表人物蒙格斯(Raphael Mengs)，被他视作是灰烬中重生的凤凰，当代的拉斐尔。然而，在温克尔曼这里，哥特艺术和拜占庭艺术几乎处于不被回忆的史前状态，它们被排斥在这个循环之外。原因在于它们采用的不是正式的古代艺术的语言。②

同样，温克尔曼用古代艺术的兴衰模式描述文艺复兴时期艺术的历史。文艺复兴的"远古"风格对应于前拉斐尔时期，尤其是佛罗伦萨画派，其代表人物是凡代克(Vandyck)，画面缺乏光和影产生的立体感，衣服僵硬无折皱。这一时期的风格是枯燥与僵直的；与希腊艺术的崇高的风格时期相对应的是，16世纪的乔托、拉斐尔和米开朗基罗等人；与优美风格相应的则是拉斐尔之后以科雷乔为代表的画家；模仿阶段是自卡拉奇家族及其追随者，这一阶段一直延续到卡洛·马拉他(Carlo Maratti)。③ 尤其是在16世纪文艺复兴中，温克尔曼看见了

---

① *Winckelmann: Writings on Art*, ed. David Irwin, London : Phaidon Press Limited, 1972, p. 53.

② 与此同时，在古代艺术发展历史中还包含着另外一种循环，那就是艺术的模仿阶段。温克尔曼说道，在艺术的模仿阶段，正如世上的许多事常以循环运行，又回到起点，艺术努力模仿早期风格。一些艺术家回到前辈的雄浑风格甚至远古风格。但是这种循环并不构成复兴的基础。

③ 但区别在于，近代艺术的衰落是急骤的，在达到顶峰之后即走下坡路。

古代艺术的复兴。关于这一点，沃尔夫林在《古典艺术》中同样说道，文艺复兴虽然以复兴古典为己任，但15世纪的艺术缺乏对古代艺术的真正感动，掀开的是其宁静欢快的一面，如波提切利的作品；直到16世纪，古代的庄重才浸透艺术家的心灵，一种平静、开阔、必然、单纯、清晰的艺术出现了。它真正遵循了古代的样式。[①]

此外，温克尔曼将希腊艺术分为四个时期，是省略了终结部分。他说道，正如每一个动作或事件皆具五个部分，如同舞台戏剧，即开始、发展、中止、衰落、终结，艺术也同样如此，但由于艺术的终结已在其边界之外，故而一般只考虑四部分。[②] 而温氏历史书写中对开端的设立，以及对终结的淡化，或许与他阅读培尔（Pierre Bayle，1647—1706）的经历有关，这使得他摆脱了建立在基督教神学基础的历史模式，即他意识到历史在其开端之处并非圆满，人类历史也非一场堕落的历史，在其某些阶段中，包含着进步的过程。

三、艺术史的横向构造

温克尔曼通过他的《古代艺术史》确立了现代意义上的"风格"一词的使用。但是，这风格不仅来自艺术品，而且还来自社会条件、宗教、风俗和气候。E. H. 贡布里希在《社会科学世界百科全书》（1968）中指出，正是温克尔曼把希腊风格视为希腊生活方式的表现，才激发赫尔德等人为中世纪做了同样的事，从而在相继的时期风格的意义上确立了艺术史。[③] David S. Ferris 则认为，温克尔曼的意义在于发明一个总体文化的概念。这延续在黑格尔的美学讲演录、瓦格纳的"总体艺术"（Gesamtkunstwerk），以及现代文化研究的概念之中。[④]

在温克尔曼这里，特定时期的艺术风格是作为同时期总体文化的

---

① 详见[瑞士]沃尔夫林：《古典艺术》，潘耀昌、陈平译，北京：中国人民出版社，2004年第三章各处。

② Johann Winckelmann, *Geschichte der Kunst des Altertums*, p. 207.

③ Retrieved from *Winckelmann: Writings on Art*, selected & edited by David Irwin, London :Phaidon Press Limited, 1972, p. 54.

④ Davids Ferris, *Silent Urns: Romanticism, Hellenism, Modernity*, California: Stardford University, 2000, p. 17.

一部分而存在的。这总体文化在温氏的视野中包含了哲学、文学、修辞学、政治等。以中文学的四阶段为例。艺术的远古时期在希腊文学中的对应物风格是历史学家希罗多德(Herodotus)及其同时代人的作品，如亚里士多德所言，它们言词断裂，缺乏柔和的连接，而文字构造和声音中的强硬又赋予这一时期的演讲以崇高之感。雄浑风格在同期文学中的对应物是埃斯库罗斯的悲剧、高尔吉亚的富有诗性的修辞以及狄摩西尼的演讲，它们的共同特点在于其思想的高尚和表现的力量。优美风格同期的文学是指索福克勒斯的悲剧与西塞罗的演讲，它们皆以深的情感触及心灵，不是以词的辅助而是以令人感动的形象，以其精雅的复杂性和情节吸引注意力。模仿风格缺乏始源性的力量，将各种美的部分联合在一起，其同期出现的是哲学上的折衷主义，其摘取各种学派的观点，本身并无原创性。

文化风格同时折射着背后的社会心理状态。温克尔曼艺术史中的远古阶段指的是菲狄亚斯(公元前 490—公元前 430 年)之前的光景，当时的希腊是追求正义的、以规则为核心的社会，严肃而强硬，在此时期，人们因微小的错误而受到严厉的处罚。早期雕塑多是神和英雄的表现，目的是借助强硬的神的形象建立庄严的氛围。而远古风格的强硬、严厉是与社会形态相吻合的。以菲狄亚斯为代表的雄浑风格时期是希腊社会的黄金时代。“希腊获得最高程度的觉醒和自由，艺术也越来越自由和高尚了。”①伯里克利时期(公元前 460—公元前 429 年)是希腊尤其是雅典最美好的时期。伯里克利的民主政治令希腊社会充满自由的空气。即使在伯罗奔尼萨战争(公元前 431—公元前 404 年)初期，希腊人仍然保持艺术的兴趣。诗歌和戏剧照旧，戏剧家纷纷上演自己的作品。菲狄亚斯的朱庇特雕像就是在战争期间完成的。优美风格在时间上对应的是亚历山大统治时期(公元前 336—公元前 323 年)。在此之际的希腊人享受着甜蜜与无拘无束的自由，没有一丝苦涩与伤痛，全然和谐而自怡。“在此安详之中，希腊人沉没于闲散并爱欢娱……闲散充满了哲学各派，欢娱占据诗人和艺术家。他们试图带来温柔和愉悦，适应趣味。当此之时，风格变得纤弱与女人气了，逢迎着感官”。② 甜美而感性的风格应运而生。

---

① Johann Winckelmann, *Geschichte der Kunst des Altertums*, p. 216.

② *Ibid.*, p. 322.

温克尔曼意识到艺术的历史性还在于一时一地的气候、教育和制度对人的影响。从孟德斯鸠的《论法的精神》中，温克尔曼借来气候影响的观点。气候影响人的外形、面容与语言，温暖气候之下的希腊人拥有美好的轮廓与充满元音的语言。与此同时，气候影响人的思想方式。譬如：南方和东方的造型表现跟其所处之地的气候一样热烈，他们的思想总是频繁地越过可能的界限，从而形成了埃及人和波斯人的奇异的艺术形象，在他们的艺术品中形成的是非常而夸张之物，而不是美。而在希腊人那里，气候温和，加之语言如画，从而他们的想象力是形象的而不夸张；他们的感觉善于抓取事物的性质并表现出美。因而，希腊人具有突出的艺术才华。

此外，制度同样影响艺术的发展。推翻寡头制而建立起民主政治的雅典社会，令精神高尚，趣味良好，尤其是政治自由在艺术世界中扮演着一个重要的角色；其情形可与近代佛罗伦萨并论。而且，在希腊社会，艺术家受到尊重，并且艺术或献给神祇或用于国家神圣的目标或用于纪念运动员，维护了艺术本身的尊严；而埃及与之不同，严厉的法则抑制艺术的自由，淡漠诗歌，缺乏与艺术相关的教育，不尊重艺术家，皆此种种令埃及艺术无法获得充分的发展。

温克尔曼通过对艺术条件的说明确立了希腊艺术的唯一性的根由以及希腊艺术之优越的必然性。温克尔曼对艺术史的横向构造，使其成为艺术研究中艺术社会学的先驱。丹纳《艺术哲学》中关于希腊艺术的阐述在材料和方法上借用了温克尔曼。马克思主义对艺术的社会史研究，包括阿诺德·豪泽的艺术社会学，均可见出温氏的回响。不过，后来的艺术史家尤其是维也纳学派，在价值判断上则与温克尔曼有所参差。尤其是在关于埃及艺术的评判上，如沃林格在《抽象与移情》中为埃及艺术做出辩护，指出不同于希腊艺术的"移情"性质，埃及艺术是一种"抽象"的艺术，埃及民族从抽象原则出发，有意将立体的东西平面化而取得效果[①]。同样，维克霍夫的《罗马艺术：它的基本原理及其在早期基督教绘画中的运用》的探索令我们信服，温克尔曼将罗马艺术视为希腊的派生物的观点在解释罗马艺术的初始阶段有其有效性，但是他忽略了罗马晚期艺术的基督教能量的注入及其特殊

---

① 详见[德]沃林格：《抽象与移情》，王才勇译，沈阳：辽宁人民出版社，1987年，第87—93页。

的知觉方式。[1]

温克尔曼的历史态度被认为是新兴的历史主义。[2] 在这一方面，他影响了赫尔德和施莱格尔兄弟的历史著述。赫尔德林在温氏的基础上，将历史的起源前推，以致各个民族的历史共同构造成一个历史的整体。而弗里德里希·施莱格尔则将温克尔曼的方法用于对于希腊诗歌的研究，希望成为"致力于文学研究的温克尔曼"。但是，梅尼克敏感地意识到，温克尔曼的研究实际上是将艺术的内在变化与外在影响相分离，而历史主义却极力将这两者融合起来从而得出发展的历史。[3]

温氏虽然也指出发展过程中不同因素的作用与影响，然而各个因素之间的关系是不连贯的，它们之间并未融汇成一个推动艺术发展的整体的潮流。这种不连贯性确乎是启蒙运动的历史著作屡见的情形，但在温氏这里，主要归咎于他对某些本应与主题相关联的方面的厌恶。在他眼中，古希腊艺术乃是一所圣殿，必须摆脱所有平庸的联系，必须在纯粹的超尘绝世中受到深思和崇敬。

诚实地讲，《古代艺术史》的第二部分着实是从外部环境来研究艺术的发展，但其本身并非实证主义。应该说，它不是借助特定社会政治状态的阶段来说明艺术风格史，而是借取风格史来打量社会状态。风格史先行固定下来，政治史或社会史随之获得自己的形状。进而言之，温克尔曼的艺术史并未展现出充分的发展动态，或者说温克尔曼通过叙述的不对称性消磨了历史感，而使得他的艺术史缺乏真正的历史动态，而更像是一种共时的静态结构。艺术史不可能回避的历史把握仿佛是旨在建立理论体系的半心半意的权宜之计。

诚然，温克尔曼并未致力于制造编年叙述体易于营造的历时幻觉感。这在于，《古代艺术史》除了是一部讲述历史的著作之外，还涉及大量语言学和考古学的辨析与论证。并且，艺术史所承担的多重功能

---

① 详见[奥]维克霍夫：《罗马艺术：它的基本原理及其在早期基督教绘画中的运用》，陈平译，北京：北京大学出版社，2010 年，各处。

② [美]雷纳·韦勒克《近代文学批评史(1750—1950)》，第一卷，杨自伍译，上海：上海译文出版社，2009 年，第 205 页。

③ [德]弗里德里希·梅尼克：《历史主义的兴起》，陆月宏译，南京：译林出版社，2009 年，第 265 页。

即古代文物指南、历史著述、古典研究，令它的探索本身过于繁复与沉重。此外，温氏与其他作家关于艺术品的各类辩驳的声音，温克尔曼叙述中自省的意识，则提醒读者眼下正在进行的乃是一种理论的探索，而不是对历史自身透明的、无中介的呈现。

此外，尤其是在维也纳版本中，过多的细枝末节壅塞着历史文本，仿如一车装满旧物的辎重，令后世的读者耐不住性子了。但归功于他的不时涌现的富有激情、敏锐而具洞察力的描述，令此负载过多的行李辎重变得稍许轻省。而赫尔德所言阅读温氏过程中时而爬行时而飞行的感觉，恐怕正缘于此。

（作者单位：中国社会科学院文学所）

主持人语

徐恒醇

卢卡奇是继列宁之后最富创造性的马克思主义思想家、哲学家和美学家之一。他经历了由资产阶级知识分子到无产阶级革命家的转变过程,同时亦是20世纪最富争议的学者。这一争议具有多方面的复杂背景。目前在国内哲学界,对卢卡奇哲学成就的看法渐趋一致,并成为研究的热点之一。《审美特性》是卢卡奇晚年创建马克思主义美学体系的一种尝试,是对这一体系的哲学论证。作为国外较为成熟的一种马克思主义美学文本,本应引起国内美学界的更多关注,但是由于该书长期未有全译本出现,使得广大读者难于获得全面的阅读和了解。在社会科学文献出版社即将推出《审美特性》全译本之际,我们编选了几篇相关的文章,作为抛砖引玉之举,以期引起更加深入的探讨。

第一篇《构建马克思主义美学的可贵尝试——〈审美特性〉全译本译者前言》是对卢卡奇生平的思想进程和该书主要内容的简介。由于篇幅限制,不能深入或展开。文中论及反映论的观点曾被有些读者误解为把美学等同于认识论,其实这一观点包含深刻的内涵。卢卡奇不仅把选择性作为反映的重要原理,而且强调反映的创造性原理,即反映把“自在之物”转化为“为我们之物”,由此说明艺术所建构的第二直接性具有现象与本质的同一。

第二篇《艺术是表象符号系统的客观化》是摘自《审美特性》第十一章的一节,(可参见1991年社科版第二卷)。这是卢卡奇在巴甫洛夫学说的基础上独立创建的一种表象符号系统,他称为“第1'符号系统”。巴甫洛夫在研究高级神经活动的生理学时,揭示了动物为适应环境变化而新形成的反射即条件反射。这是动物和人在信号活动水平的反应能力,而卢卡奇提出的第1'信号系统则已经不是条件反射,而是类似语言的符号系统。在这里,他揭示了在艺术和审美中意识活动和无意识活动的关联。

第三篇《美感、快感与日常生活美学——从卢卡奇说开去》围绕《审美特性》第十四章"快感问题域"展开，涉及美感与快感的关系以及审美与日常生活的关系。生活美学是当前美学研究的一个热门课题，但是人们往往没有搞清楚美感与快感以及日常生活与审美之间有什么区别。

第四篇《真实意识与批评的政治——从总体性到寓言》围绕第十六章"艺术的解放斗争"展开。艺术的解放是要摆脱宗教和商品拜物教的影响，在不断的创新中发挥艺术作为人类自我意识的功能。这既涉及艺术的自律和他律的关系，又涉及歌德所提出的命题"寓意和象征的对立是艺术生死存亡的问题"。

构建马克思主义美学的可贵尝试

——《审美特性》全译本译者前言

提要 本文是《审美特性》中文全译本的译者前言，文中指出卢卡奇的一生，不仅不断进行着理论的探索和开拓，而且始终不脱离社会主义运动的实践。他的《审美特性》一书是构建马克思主义美学的哲学论证，文中简述了该书的主要内容和观点。

关键词 马克思主义 美学原理

摆在读者面前的这本《审美特性》，是著名匈牙利哲学家、美学家、文艺理论家卢卡奇·捷尔吉(1885—1971)积五十余年美学研究的大成之作。正如德国美学家马克斯·本泽所说，"继黑格尔美学之后，当今卢卡奇美学可以称为阐释性美学的集大成之范例，它表现出与黑格尔概念体系的一种现代关联。"[①]在卢卡奇漫长而曲折的学术生涯中，美学是贯穿其一生的研究领域。这本书的首次发表(Luchterhand Verlag, 1963)距今已经50余年，为了便于我国读者的阅读，在此对作者的学术生涯和本书的中心议题作一介绍，以便读者了解其特定的文化语境。

1885年4月13日，卢卡奇出生在布达佩斯富有的犹太家庭，其父为匈牙利皇室枢密官、匈牙利最大的银行——布达佩斯通用信贷银行董事。他家是当时布达佩斯一个著名的沙龙，许多文人学者经常是这里的座上客。卢卡奇从小就深受这种自由探讨的文化氛围的熏陶，培养了优异的文化素质。在文科中学时代，卢卡奇便开始在《匈牙利沙龙》和《未来》杂志上发表剧评文章。1902年中学毕业后，他在布达佩斯大学学习法律和国民经济学，后改读哲学。1906年10月他在科罗茨瓦大学获法律学博士学位，1909年在布达佩斯大学获哲学博士学

---

① Max Bense, *AESTHETICA—Einführung in Die Neue Aesthtik*, agis, 1982, p. 204.

位。在此期间,他曾多次赴德国柏林大学学习,就学于 G. 西美尔,并从事哲学和文学艺术史的研究,深受德国文化和哲学思想的影响。

1908 年 2 月,他以《现代戏剧发展史》一书获得了克里斯蒂娜奖金,由此开始了散文写作生涯。该书是他的处女作,书中提出了人的悲剧命运问题。他的哲学博士论文《戏剧的形式》便是该书的第一、二章。在此期间,他已开始学习马克思的《资本论》、恩格斯的《家庭、私有制和国家的起源》等著作。在他写的回忆文章《我走向马克思的道路》一文中,他说:“这一学习使我确信了马克思主义几个核心观点的正确性。给我印象最深的首先是剩余价值理论、历史是阶级斗争史以及社会阶级划分的观点。显然,对于一个资产阶级知识分子,这种影响只限于经济学特别是社会学方面。”①

1910 年,他的美学论文集《心灵与形式》以匈牙利文在布达佩斯出版,1911 年该书由他自己译为德文在柏林出版。这本书在西方文化世界产生了重大影响,该书的思想方法和风格受康德的影响。书中提出了艺术作品何以存在的问题。他试图寻找在现存的艺术作品的“纯粹内在性”与受众审美体验的“纯粹内在性”之间神秘契合的原因。该书由七篇论文组成,其中关于克尔凯郭尔的文章成为 20 世纪存在主义哲学的发端,而《悲剧的形而上学》一文则以完整的形式表达了生命哲学的要义。

1912 年卢卡奇从意大利佛罗伦萨移居德国海德堡,结识了著名社会学家马克斯·韦伯,并成为其学派的成员。在海德堡大学,他还旁听了李凯尔特、文德尔班等教授的课程。这时他受德国古典哲学的启发,开始撰写一部系统的《艺术哲学》。其出发点是试图沟通存在与理想之间的鸿沟,从理论上克服认识论与伦理学之间存在的对立。当时,他的美学思想主要受狄尔泰和西美尔的生命哲学、韦伯的社会学思想以及克尔凯郭尔思想的影响。这项研究由于第一次世界大战而中断,所完成的章节收入了《卢卡奇全集》(德文版)第 16 卷。这一研究中断的内在原因,是他的思想观点在研究过程中遇到了矛盾并开始转变。

卢卡奇对于帝国主义之间的战争深恶痛绝,他在对世界状况的忧虑中完成了《小说理论》的写作。该书于 1916 年出版。他通过对革命

---

① 参见杜章智编:《卢卡奇自传》,社会科学文献出版社,1988 年,第 210 页。

文学的理论探索来表达对于所处时代和战争的谴责。当时,他已从新康德主义转向了黑格尔的历史主义,用观念论哲学的历史观来探讨小说形式与历史之间的关联,想在陀思妥耶夫斯基的思想基础上建立一个新世界。这本书在西方产生了持续的影响。

在俄国十月革命的影响下,1918 年 12 月卢卡奇加入了匈牙利共产党。这是他终生无悔的抉择,同时积极地投身于现实的政治斗争。在短暂存在的匈牙利苏维埃共和国中,卢卡奇担任了教育人民委员和红军第五师政委。他当时对于革命毫无理论准备,只是出于道德责任感而投身于革命的,为此他还发表了一篇《策略与伦理》的文章,作为对自己内心思想的一种清理。革命失败后,他在坚持了一段地下斗争后流亡到维也纳。在那里,他参加了《共产主义》杂志的创办和编辑。由于受工团主义思潮的影响,1920 年他发表的《论议会制度》一文,由于持有左倾激进主义反议会观点,受到列宁的尖锐批评。这一批评成为卢卡奇思想转变的一个契机。

1923 年,卢卡奇的《历史与阶级意识》一书在柏林出版。他是在反思十月革命以来的历史经验,把阶级意识、斗争策略、党的建设和组织形式等方面的问题上升到哲学和辩证法的高度来加以探索的。书中提出了人道主义和异化问题,但他把异化等同于物化了。书中涉及一些为当时马克思主义政党所回避的问题(如教条主义和极权主义等),同时对自然辩证法和传统反映论提出了异议。这本书一方面在西方哲学界引起热烈反响,并且对海德格尔、曼海姆以及法兰克福学派的批判理论家阿多尔诺、霍克海默、本雅明等产生了深刻影响,另一方面也遭到共产国际的严厉批判。此后,对资本主义社会中人的异化和人的发展的关注成为当代西方文化批判的重要主题。

1928 年底,卢卡奇受匈牙利共产党中央委员会委托,为党的第二次全国代表大会起草有关形势和任务的文件(简称“布鲁姆纲领”)。在这一纲领中,他根据列宁的主张提出了建立人民阵线同盟等思想。然而,这一纲领被共产国际和党的领导人斥为“取消主义”。他被迫做出自我批评并退出了匈牙利的政治斗争。这促使他决心把理论研究推向更高水准。

1930 年,作为共产党员的卢卡奇被奥地利当局驱逐出境,前往莫斯科。在苏联逗留期间,他参与了“马、恩、列研究院”的《马克思恩格斯全集》的编辑工作,并有机会读到当时尚未发表的马克思《1844 年经济学—哲学手稿》和列宁《哲学笔记》,这两部著作对卢卡奇产生了深刻的影响。马克思的《手稿》证明了卢卡奇哲学见地的过人之处,同时也使他认识到:"美学构成了马克思主义的一个有机组成部分"。这一观点也反映在他当时发表的《马克思、恩格斯和拉萨尔之间关于济金根的论争》一文中。由此,这一观点在苏联得到广泛传播。

1931 年卢卡奇移居柏林。作为"无产阶级革命作家同盟"的成员,他曾担任"德国作家保护协会"柏林地区主席,并参与《左曲线》杂志的编辑工作。此后他完成的《青年黑格尔》一书,为国际学术界黑格尔研究开创了一代新风。

1933 年,纳粹分子掌握了德国政权,卢卡奇被迫移居苏联。他先后在语言文学研究所和哲学研究所工作,并参与了《国际文学》和《文学评论》编辑部的工作,成为这两个刊物的经常撰稿人。1934 年他被选为苏联科学院院士。在此期间,他深入研究了歌德、席勒、荷尔德林、海涅、毕希纳、巴尔扎克、托马斯·曼以及普希金、托尔斯泰、陀思妥耶夫斯基、马卡连柯、肖洛霍夫和高尔基等人的作品,撰写了一系列重要的文艺论著。在 30 年代斯大林进行的以肃反为名的大清洗中,卢卡奇得以幸免,这是由于《文学评论》经常以斯大林语录来掩盖其不同于官方的言论。然而到 1941 年,他最终还是被捕入狱,被指控为"匈牙利政治警察的莫斯科代表",只是由于国际共运著名领导人季米特洛夫的干预才被释放出来。

在 30 年代,还发生了卢卡奇与德国哲学家布洛赫、剧作家布莱希特关于现实主义与表现主义的论争。其前奏是卢卡奇在 1933 年发表的《表现主义的兴衰》一文(德文版 1934 年刊出)。这一学术争论是由阿·库贝拉引起,他在 1937 年德国流亡作家组织在莫斯科出版的刊物《言论》上发表了批判表现主义的文章。布洛赫则以《表现主义探讨》一文绕过库贝拉把争论的锋芒指向卢卡奇。卢卡奇也以《现实主义辩》的长文作为应答。接着,布莱希特也发表了《表现主义争论应实际一点》的文章,支持布洛赫。

在这场学术交锋中,实际上一边是理论家站在理论的"制高点"上捍卫他对现实主义的理想建构,另一边则是剧作家面对时代的变迁决心做出新的艺术探索。从卢卡奇后期对表现主义作家卡夫卡评价的转变可以看出,他对创作实践和社会现实是很看重的。他在经典的现实主义作家之外,发现了另一种通向现实的"实验途径"。同时,他与争论对手布洛赫和布莱希特一直保持着友好关系。在1956年布莱希特逝世时，卢卡奇在悼词中对布莱希特“富有智慧的形式实验”给予了高度评价。

在第二次世界大战期间，卢卡奇目睹了法西斯侵略战争给苏联人民带来的无穷灾难，1944年底他返回匈牙利，又看到祖国和欧洲所遭受的战争创伤。作为一个思想家，他不能不从思想史的高度对这场人类的浩劫做出反思。他发现，非理性主义思潮成了培育法西斯主义的温床。1954年他发表了《理性的毁灭》一书，系统地考察了德国现代非理性主义的发展过程，矛头直指生命哲学。回国后，他当选为匈牙利科学院院士，并在布达佩斯大学任教。

1956年苏联共产党第二十次代表大会召开，客观上为社会主义阵营各国的政治和体制改革提出了严峻的课题。在这种国际形势下，卢卡奇积极参与了“裴多菲俱乐部”批判斯大林和教条主义的活动，并应邀在纳吉政府中担任了文化部长。后来苏联进行了干预并平息了“匈牙利事件”，卢卡奇也为此一度被停止党籍并受到国际范围的批判。

从50年代中期开始，卢卡奇雄心勃勃地投入了马克思主义美学的理论建构。1956年他在《德国哲学》上发表了《作为美学中心范畴的特殊性》和《论作为美学范畴的特殊性的具体化》，由此拉开了这项研究的序幕。他把黑格尔美学作为榜样，认为黑格尔美学在哲学观念上的全面性以及进行综合的历史体系的方法，为每一种美学的建构提供了范例。

他原定的写作计划十分庞大，拟《美学》由三部著作构成。第一部《审美特性》，是对审美构成方式的哲学论证，可独立成篇。第二部《艺术作品与审美态度》，涉及艺术作品的形式与内容、创作与接受等。第三部《艺术是一种社会历史现象》，涉及对艺术的形成、发展和演变的考察。1963年《审美特性》(德文版)在联邦德国卢赫特汉出版社出版。这时他中止了《美学》的写作，转入对马克思主义哲学的开拓。他认为，马克思主义哲学的核心是本体论，而不是认识论。实践作为社会存在的构成方式，成为本体论的基石。他从人在劳动实践对目的的设定之中，看到了人从必然王国走向自由王国的必经之路。他所撰写而未完成的最后一部书便是三卷本的《走向社会存在的本体论》(*Zur Ontologie des Gesellschaftlichen Seins*)。

1971年6月4日，卢卡奇因患癌症去世，享年86岁。他的一生经历了世界观的根本性转变。在时代政治风云的激荡和变幻中，虽然多次身处逆境，但是他矢志不移地坚持创造性地从事马克思主义哲学和美学的研究，为人类留下了宝贵的理论遗产。

《审美特性》一书是他建立马克思主义美学体系的一种尝试。在他看来，马克思主义是关于人的解放的学说，而马克思主义美学正是马克思主义哲学的有机组成部分。美学作为研究审美活动及其规律的人文科学，哲学观念的取向是决定其世界观和方法论的前提。其哲学观体现在三种不同的视角中，构成了反映论的、实践论的和生存论的研究视野。

反映论是马克思主义认识论提出的一个命题，但是它的应用并不局限于认识论领域。物质和社会存在的第一性与精神和社会意识的第二性，这是哲学唯物主义与唯心主义的一个重要分水岭。正如马克思和恩格斯所指出的："意识在任何时候都只能是被意识到了的存在，而人们的存在就是他们的现实生活过程。"[①]审美作为精神现象，正是人们对现实反映的一种独特方式，由此确立了"审美反映"的概念。卢卡奇把审美反映与科学反映作为人的精神活动的两极。审美反映"是由人的世界出发并且目标就是人的世界"，这就决定了"审美构成的拟人化特性，它是指向情感激发的，因此具有趋于主观性的倾向"。相反，科学反映是非拟人化的，它要摆脱个体感官和情绪因素的影响而趋向客观性。审美反映与科学反映的这种单一性特点与日常生活的反映形式构成了明显的区别，但它们是由日常生活的需要形成的，并且是由日常生活中逐渐分化开来的。

坚持反映论的观点，并非把审美等同于认识。卢卡奇明确指出，既不能像莱布尼兹或黑格尔那样，把审美降低为认识的前期形式，也不能像谢林那样，把认识作为审美的前期形式。审美和认知作为两种迥然不同的行为取向，导致了艺术和科学这两种不同的精神成果。

从反映论出发，卢卡奇把模仿原理看作审美和艺术形成的重要根源。他认为，情感激发和模仿在人的日常交往中的密切结合，是人的感官形成的基础。与亚里士多德的摹仿说不同，他肯定摹仿中的能动性和主观创造性，认为审美主观因素表现在拟人化的特性中。因为审美是以人为中心的，艺术的对象是人的世界。有人以音乐缺乏映像作

---

① 《马克思恩格斯选集》，人民出版社，1972年，第1卷，第30页。

为反对反映论的论据。卢卡奇指出，不能把艺术的反映特性与表现性完全对立起来。音乐反映的是人的内心生活，即情感生活。但是，音乐不是情感表现本身，而是情感表现的艺术再现。

坚持马克思主义的实践论是本书的重要特色。实践作为人的本质的存在方式，说明人不仅是社会实践的主体，也是社会实践的产物。人的主体性，包括人的认识能力和审美能力，都是在从事对象性的实践活动的历史过程中形成和发展的。卢卡奇以人的日常生活和劳动为基点，从历史与逻辑相统一的方法中揭示出审美发生学的机制。

人的审美活动的形成，既是人的一种新的对象性形式的确立，也是人类自身心理的一种文化建构。这里关系到两方面的问题，一方面是作为人的美感基础的形式感是怎样形成的，另一方面是为什么对于形象的观照和体验能够成为审美活动的中心。

传统的美学把人的感觉的属人性质或者作为一种既成事实，或者作为人类知性认识的成果，由此使形式感形成的机制被排除在美学研究的视野之外，造成美学理论的一大盲区。卢卡奇则在书中设专章集中考察了节奏、比例和对称等形式美要素以及装饰纹样的审美发生过程。他说明，人们只有经过思维的抽象和普遍化过程，才能把握这些抽象的结构要素，而与人活动效果的联系是产生自我意识和情感激发作用的前提。

艺术和审美的形成期处于旧石器时代晚期到新石器时代的整个过程中，这一时期巫术观念及其实施成为史前人的世界观和社会生产及生活的组织形式。艺术和审美活动是在社会实践的基础由日常生活的需要而引发的，但它的出现并不是人事先所能意识到的。卢卡奇在本书扉页上引述马克思在《资本论》中的一句话："他们没有意识到这一点，但是他们这样做了。"说明人的活动在先，而意识是后来才产生的，这是一个由巫术模仿向艺术和审美的转化过程。

卢卡奇指出，在巫术模仿中，其形象的内容和形式是由巫术目标所确定的。在内容上由于把一个生活事件从日常生活的整体中选择出来，按照人为的目的进行安排和表现；在形式上这种模仿形象使人感受到的东西不再是生活本身，而只是现实的一种映象。它由此中断了反映对象与现实生活的直接联系，接受者知道这个形象的整体并非现实，但在具体细节上会与自身经验相比较，从而使其产生情感激发作用。这是审美形成的实际温床，所以说巫术模仿在审美形成中起了一种中介作用。当巫术观念淡化以后，审美活动便由巫术中分化开来。由此可见，卢卡奇的审美发生学理论与传统的巫术说和劳动说有实质的区别。

此外，卢卡奇的美学还体现了一种生存论的维度。他指出："审美表现为一种人的确立方式。"也就是说，它是人的生存方式的有机组成部分，由此他把人的日常生活世界作为美学研究的逻辑起点和终点。因为日常生活不仅是个体再生产的集合体，而且也使社会再生产成为可能，这里体现了个体生存与社会整体生存的统一性。他的美学研究是从现实生活出发的，而且是为现实生活服务的。他把审美的本质归结为对于世界的一种人性审视，成为对于人类的一种自我意识。

这是一本阐释性的美学著作，它是以哲学本体论的方法和唯物辩证法来建构的，具有历史体系的、辩证的、分析综合的特点。首先，卢卡奇认为审美并不涉及一种精神实体，不能用实体性思维的方法来研究；其次审美能力作为人的主体性特征，是一种关系性和过程性的存在。人的文化心理的建构和审美的精神内涵的形成，与其说是人类学的，不如说是一个社会历史的过程。在论证方法上，他不停留在概念的抽象性上做出笼统的定义，而是在不同层次和视角的展开中加以规定。这增加了阅读和把握的难度。

在审美发生学的基础上，他转向审美的内在机制及其结构原理的探索。在 20 世纪 50 年代，脑科学和心理学研究尚未揭示出人的大脑两半球功能的特化，因此对了解艺术思维的规律仍存在许多难题。巴甫洛夫曾经提出过人的类型学说，把思想家类型与艺术家类型作为两极，认为艺术家的活动不是基于第 2 信号（语言）系统，而是基于第 1′信号系统。这就等于把艺术思维降低到信号活动即条件反射的水平（动物水平）。卢卡奇敏锐地发现了这一学说的问题，指出语言（符号）的出现在人的感觉与人的行为反应之间建立了一个以理解为基础的中介系统，从而才发展了人的思维并打开了人的意义世界。如果说语言是符号，即信号的信号（第 2 信号系统），那么直观的表象也可以成为符号，他把它称作第 1′信号系统，实际上正是表象符号系统。他依据精神病理学资料对此做了深入的分析。他指出，艺术是第 1′信号系统相应的客观化，这就是他所阐释的艺术符号理论。

歌德在《格言与感想》中曾指出，诗人究竟是为一般而找特殊，还是在特殊中见出一般，这中间有一个很大的区别。基于歌德的这种创作思想,卢卡奇从哲学—美学上将其发展为特殊性范畴是审美的结构本质。众所周知,个别性、特殊性和普遍性是各种客观现实对象之间关系和联结的本质标志。个别性是指此时此地的个别存在,它虽然具有感性确定性,但也具有不可言说的性质。普遍性反映了事物之间的依存性和统一性,它是某类事物中的共同属性,正如对事物知觉和表象的普遍化上升到语言的概念水平那样。特殊性则不仅是一种相对的普遍化,不仅是由个别性通向普遍性或反之由普遍性通向个别性的道路,而且是个别性与普遍性的必要中介。

卢卡奇指出,个别性是不脱离现象的,如果思维是指向本质的,那么它必定追求普遍。特殊性提供了各种规定和中介,它们一方面阻止普遍化过程过分抽象地脱离现象的个别性,另一方面在普遍化所达到的本质中能真实而具体地包含个别性。审美的世界是人的世界,它所要求的正是与之相关的现象与本质的统一。在审美中,既不能脱离现象的个别性,又必须涵摄事物本质的普遍性。它要使主观感受不再是一种特称判断,而对客观事物的反映又融合着人的情感。艺术作品要成为人的存在心理与外在世界的有机统一,人的个性与他在世界上的命运的有机统一。这种内在与外在的统一、本质与现象的统一正是特殊性范畴的主宰,也正是审美构成的拟人化本质。

艺术的生产和传播经历了作品的创作和感受两个阶段。作品的创作是使审美纯化了的并审美同质化了的生活内容转化为艺术形式,使内容上升为具体形式,达到内容与形式的同一。感受过程则是借助于作品所实现了的形式体系的同质媒介,使接受者进入作品的世界:在这里形式又转化为内容。这种体验主要具有内容的性质。不论绘画、音乐、建筑或文艺作品,接受者都被带入一个崭新的且可以信赖的世界。但这种体验只能是由艺术形式所唤起,它才是审美的。在这种感受中形成的审美意识,是直接对审美体验必然性的依据和前提的一种思索,是对形式与内容关系的一种概念性理解。

在审美接受过程中,由于接受者有意识地暂时中断了行动和目标的设定,使接受者由完整的人转化为“人的整体”,由此使接受者能用新的感官和思维方式来感受这个“世界”。这一过程便是艺术的陶冶作用。在艺术作品的形式—内容的同一性中集中了两种关系的组合。其一是作品本身与作为整体性的客观现实的关系,其二是作品对接受者产生精神效果的可能性关系。由于艺术本身已经反映了作者对生活的态度，其中包含了对生活的批判，对于这些接受者无需有意识地就能知觉到。总之陶冶是指向人的本质的，并只能在一种社会—历史的具体性中发挥作用。

本书的最后一章是“艺术的解放斗争”，所谓解放是指艺术要摆脱宗教和资本主义商品拜物教的影响。艺术具有反拜物化的使命：“在现代资本主义社会中人们生活在一种完全物化的世界中，它的动力机制摧毁了在人与社会之间的一切具体的中介环节，由此他与他的同时代人、与其各种不同方式的总体性的具体关系被简化为单纯个体性与经济—社会所成就的抽象之间的一种直接关系。这种人的关系同时是抽象的并具有个体的特性，由各种极其不同的观点看来——从对技术发展的盲目乐观直到最具疑问的文化批判——常常也只是关涉到赤裸的事实，尽管这一事实能被正确地描述。”这种物化倾向往往掩盖了社会结构中的各种内在矛盾和人们生活境遇的各种危机。它使人单纯追求物质生活上的一定满足，这无疑对人的精神生活的发展产生极其不利的影响。艺术则可以通过对社会关系的展示揭示出生活的丰富内涵。

这种拜物化不仅反映在物的关系掩盖了人的社会关系，由此扭曲了人对社会的认知；而且反映在人的时空观念中，它直接影响在艺术创作中对时空关系的把握。康德曾经将时空关系作了形而上学的分割，这本身也构成对时间和空间的拜物化。卢卡奇指出，绘画媒介的空间—视觉同质性或音乐媒介的时间—听觉同质性，在其自身并不存在一种空间性与时间性的僵化的对立。所以在构成反映客观现实整体性的感性形象时，必然要包含一种准时间或准空间的因素。正如莱辛在《拉奥孔》中提到的，对运动的表现要抓住“丰富的瞬间”。这里就是要在绘画中把时间性要素加入审美的感受性之中。在这一整体性的表现中，要把准时间要素{即此刻之前和此刻之后的相关内涵}转化到纯粹可见性的同质媒介中。

寓意与象征的对立是关系到艺术生死存亡的问题，也是艺术摆脱宗教影响的重要方面。某些先锋派艺术的主要艺术倾向是用一种超验的并由此具有抽象的、寓意的手法取代对现实反映的象征手法，排除了各种中介，直接将个体性与抽象的普遍性结合成一种新的统一体。在寓意的关联中所表达的正是一种拜物化。寓意中的具体对象性成了每一种个体性的彻底虚无化，在对寓意的直观中，形象成为碎片和神秘符号。

艺术的发展体现了他律与自律的互动。卢卡奇认为，一方面艺术具有社会的规定性，要承担其社会职责；另一方面创作又必须尊重艺术规律，排除外界干扰。卢卡奇指出，在艺术的解放斗争中，涉及的不是一种“绝对”自由的空洞理念，这种绝对自由在社会上是不存在的，甚至要使艺术由社会赋予它的职责中摆脱开来的尝试，对艺术——正是真正的艺术——都是有危害的，因为这种“绝对的独立性”不可避免的后果是导致内涵的空虚化和形式的贫乏。艺术的解放斗争——从世界史的高度看——是围绕这一点的博弈，使社会赋予艺术的社会职责，在内涵的一般规定性与形式赋予的自由灵活性之间，取得一种成功的中点，通过它艺术才能完成其作为人类自我意识的使命。社会主义文化会显示出“胜利地将艺术解放的斗争进行到底的力量”。

我是在中国社会科学院读研究生(1978 年)时，在导师李泽厚先生的指点下开始接触到卢卡奇的《审美特性》的。他的审美发生学理论成为我的硕士学位论文的主题。他把日常生活和劳动作为审美产生的基础，把巫术作为审美形成的中介，研究的进程是从抽象的概念规定上升到具有多重社会关联的思维具体。这一研究的观点和方法令人耳目一新。其后我译出的本书前十一章作为《审美特性》中译本的第一、二卷，曾于 1986 年和 1991 年由中国社会科学出版社出版。后来由于我转入技术美学和设计美学的研究，使本书的翻译中断了多年。其间许多学者曾向我表达了对此书求读若渴的心情，我也深知本书的价值和完成这一翻译是我的社会责任。现在借此机缘我将本书全部译出，并按原书分上下两册出版。

（作者单位：天津社会科学院）

艺术是表象符号系统的客观化

——摘自卢卡奇《审美特性》[①]

徐恒醇 辑录

一、表象符号系统的构成和特征

艺术的产生，即使不考虑技术的发展，必须具备一定的生活前提条件。这就说明了生活与艺术的联系，同时由此也说明了两者之间的分离，在其中也揭示了它们相互作用的原理。显然，如果人们的相互交往没有——有意或无意地——产生出激发作用和能完全理解这种作用的感受力，在最原始的阶段就不可能产生艺术——如哑剧舞蹈。如上所述，对于姿态和运动等的直接理解，构成了人们相互交往不可或缺的组成部分。在人们的行为中，对于运动、表情、声音和声调等的理解，像语言一样，同样是不可缺少的。我们也已经看到，这种理解具有一种特殊的性质，它正是通过第 1′信号系统[②]引起的和感受到的。如果这种理解不再仅仅是在生活中起作用，以达到某种目的（例如通过威胁的表情使其他人产生惊恐的情绪），而是为了“模仿”生活的某种现象，同时不仅是模仿地再现个别的要素，而是要表达生活的整体过程的综合体，那么就绝不能完全排除这种摹写的合目的性。我们前面已经指出，作为模仿反映一个生活过程的这种整体性，可能是为极其具体的巫术目的服务的。正是由我们这里所关心的创作及其作用

---

① 本文辑录自《审美特性》（第十一章，第四节“审美态度中的第 1′信号系统”。文中大小标题均为编者所加。参卢卡奇：《审美特性》（*Die Eigenart des Äeshetischen*）（第 2 卷），柏林，建设出版社，1981 年，第 11 章，第 89—148 页，文中大小标题均为编者所加。

② 卢卡奇所说的第 1′信号系统，就是表象符号系统。第 2 信号系统即语言符号系统。（辑录者注）

的心理学观点出发，产生了一种质的不同，即一种飞跃：首先，各种激发性模仿过程并不是进入一种现实的实践，而是产生另外一种模仿的激发作用。因此，并不是用杀戮或伤害本身去唤起威胁和恐惧感，当然这些行为在生活中也会引起这种情绪，但是这些行为的发生绝不是为了激发这种情绪。如果用哑剧式的舞蹈来模仿这一过程，那么这种情感的唤起，就成为各个环节的真正连接手段。在生活中成为行为的真实目标和终点的东西，在这里转化为一系列激发链条中的一个单纯的环节，并且——由"外部"即由巫术所设定的——整体的目标，始终处于这一过程本身之外。因为正如前面所述，巫术模仿所设定的目标要求实现双重的作用：一方面是超验的作用，对此模仿表达的整体性只是一个手段，即按照所希望的方向来影响魔力或自然力；另一方面是直接的和内在的作用，即通过它的实施对观众产生激发效果。对于我们说来，只有后者才是重要的，因为就第一种目标在主观上所起的作用说来，由此而唤起的情感等，与直接产生的激发作用是不可分割地融合在一起的。

由上述情况必然可以得出，在生活和艺术之间决定性的和最终的区别是：在生活中人们始终是面对现实的，而在艺术中人们只是面对现实的模仿映象。从主体观点看来，这种区别的核心在于：在生活中具有对实践的绝对支配权，而相对审美的构成物却直接排除了实践。这不论对于创作还是感受说来，都使第1′信号系统的作用，在量和质上得到了提高；由对真正实践的单纯服务性参与中，第1′信号系统成为模仿的各种环节存在并结合的主导性的、引导性的和规定性的力量。由此，使通常由生活产生出的几种比例发生颠倒，或者产生根本性的改变。因为唤起一种令人信服的、以杀害相威胁并真的杀害了某人的印象，与真正进行威胁和杀害的行为绝不是一回事。在这里，由客观事实的力量也可以产生激发效果，实际的杀害行为必须通过事实的冲击力才起作用。在表演者和观看者完全知道这只是现实的反映，而不是事实本身的时侯，这种信服力纯粹是来自运动、表情的激发作用，而不可能再借助于事实。这绝不意味着与现实的隔绝，像现代主观主义者往往夸大原型与摹写映象之间的必然区别那样。原始舞蹈所表演的事件，就是那些观众的日常实践，这些观众能够像"专业人员那样"判断，一种运动是否正确地被表现出来，也就是说，在真正的实践中是否符合目的。如果一种映象与其具体过程的一般生活真实相违背，那么这种映象就绝不会产生激发作用。要使观众确实被激发起来，其正确性就成了必不可少的前提。只有在由此所规定的活动范围内，才能实现一种选择。这种选择至少要受以下两种观点的引导：一方面是由大量的正确动作中选出那些最适当的动作，使人立即明显地感受到整个事件，这与那些在实践—技术上最佳的动作并非是一致的；另一方面选择那些事实上正确的，但同时和主要地具有令人信服的氛围，从而能最佳地引导到该情境之中。

这种指向于激发的效果，这种在其氛围的共同性基础上使各种环节构成连续序列（当然这种共同性并不排除急剧的转折和对比，如果这些确实是相应而生的话），使得并要求所有对现实反映和再现的方法都服从于第1′信号系统。前面我们从对艺术作品进行客观分析的观点所说的"同质媒介"，在这里获得了它的心理学基础和对等物。因此，从一种新的观点出发显而易见，同质媒介的形成和产生作用，使条件反射和第2信号系统从属于第1′信号系统之下，这些绝不意味着简单的主观化。与此相反，这种从属性始终地和必然地以对客观现实的真实反映为前提。只有利用第1′信号系统对其激发效果产生有意识的引导，才能完成对客观现实的加工制作。这也绝不意味着与现实的割裂，因为现实——不论是有意或无意地——都会在细节上不断地产生这种效果，"只是"在现实中往往起极重要的副作用的东西在这里会成为中心，成为这种整体性的动态结合原理。我们用"只是"一词并同时加了引号，是为了强调对现实的这种反应的双重特性：一方面这种形成物是由在现实中生活并不断与现实抗衡的人的需求中产生的，其界限在产生时期表现得极为模糊；另一方面这种形成物在产生的最初时刻就意味着对人与现实通常态度的一种质的飞跃。这在心理学方面表现在，第1′信号系统——在日常生活中与其他反射作用相比，只是一种补充形式，并几乎总是转移到其他信号系统——在这里取得了主宰权，这在日常生活中完全没有类似情况。不言而喻，将我们今天在千百年实践后所形成的对这种事态的意识性投射到开始阶段，会与事实完全不符的。即使在这里，人的实践也是起作用的：他们没有意识到这一点，但是他们这样做了。

在感受者那里完成了一种类似的、相应于整个状况但实质上比较弱的转换。它的出发点是以摹写的表现力对日常生活中现实的自然态度加以扬弃，这种自然态度就其本质来说是为实践的决断、表态和参与所必需的。在日常生活中很少有表现出这种纯粹性的旁观者，或投身于被反映物的观照者的态度的。（在这里，我们也不能把成为正常生活组成部分的闲暇时间作为先决条件——对千百年来的艺术发展不是没有影响——投射到艺术最初形成的时期。）当然，劳动、与自然力的斗争、与周围人们友好的或敌对的交往总是要求采取观照的、观察的、全部身心注意于客体的行为方式。我们也已经说明，在与外界的这种关系中，第1′信号系统具有更加重要的意义。这种以全部身心感受现实的态度，一般往往只是形成实践活动的准备，这属于日常生活的本质。正是在这种感受能力和感受准备中，第1′信号系统以其派生的方式作为信号的信号，表现出它的本质。它在结构上与第2信号系统相类似，而与简单的条件反射和无条件反射完全不同。条件反射和无条件反射始终是以与现实的直接关系为中介的。当然，这种关系在高级反射系统中也存在，然而是处于一种远非直接的方式中。因为一个词即使在其最简单的现象中，也包含了对属于这一概念的所有具体例证的一种抽象。我们同样已经指出，即使最简单的反射作用本身也包含一定程度的普遍化，否则我们甚至连桌子、狗、玫瑰等物本身也都不能直接认出。因为它们的各种个别实例之间有很大的不同；并且没有这种预加工，也绝不会形成概念和词语。这种形成过程意味着一种质的飞跃，通过将只是直接类似物客观化和进一步普遍化，从而使之成为简单反射所无法达到的彻底抽象链条中的一环。由此形成巴甫洛夫就精神病所强调指出的、但普遍有效的第2信号由第1信号中分离，以及思维由现实中分离的可能性。通常这种抽象的道路，却相反地返回到现实，并使得对现实的把握与未经这种迂回道路相比，更真实、更客观、更精确、更广阔、更深入、更灵活、更概括。

在第1′信号系统中，似乎很难清楚地区别出由直接现实的分离以及向现实的返回。乍看起来，第1′信号的反射作用与第1信号的反射作用似乎根本无法区别：桌子一词与现实的桌子相比，对于每个人来说立刻可以看出是独立的，这两种反射作用显然在客观上和主观上是由不同的材料构成的，而只是相互有关而已。与此相反，一个画出来的桌子与实际看到的很少有区别，在舞蹈或戏剧中，在现实的对象与模仿的对象之间根本看不出感性的差别。

在这里正表现了由第1′信号系统审美地完成的一种普遍化：我们在这里所获得的形象涉及无可比拟的大量生活事实，远比生活本身的大部分事实多得多。它不仅关系到，借助于普遍化使某些生活现象立刻成为我们熟悉的事物，而进入我们目前经验之中，它还完成了许多条件反射。这里牵涉到更多的问题，我们根据黑格尔《精神现象学》，已经指出了在熟悉的事物与认识到的事物之间有质的区别。在区别条件反射与第1′信号系统时，情况也很相似：第1′信号系统通过生活现象中对典型的感性直接暗示所完成的普遍化，扩大了我们的经验，而条件反射只能以仅触及个别熟悉事物所达到的抽象，来传达各种生活事实。当然目前所谈的问题不是关于特殊的艺术印象的问题，而只是在生活中第1信号系统与第1′信号系统的区别。但是显而易见，甚至最原始的艺术创作也加强了使第1′信号系统普遍化的倾向。上述由直接实践到它的激发摹写的转化，都客观地包含着——无论对自身活动的意识性处于什么高度——这种在自身普遍化的趋向。第1′信号系统与条件反射的区分，并不会获得像在思维中通过语言而普遍化那样明确的形态，这不会根本改变这一事实。但是，这种普遍化一次性完成地、不可分割地进入感官印象，与感官印象相融合，并赋予其更大的范围，使之具有更大的丰富性和深刻性。人通过形成和发展第1′信号系统所产生的变化，直接地或者最明显地表现在人的感性的这种发展中。马克思在分析艺术与艺术感官的相互作用时，最后正确地谈到了在这种关系中艺术所具有的交叉性的意义："五官感觉的形成是以往全部世界史的产物。"①当然，在这里推动力绝不仅仅是艺术。除了——当然也受艺术的重大影响——在生活中第1′信号系统的不断增大的作用以外，思维和科学也有助于提高我们的感官感受能力。所有这些证明了第1′信号系统是一种独特的信号的信号系统。

然而我们必须超越出艺术中细节的作用，因为——无论对这一点意识到什么程度——在细节唤起的印象中，已经包含了一些超出这一点的东西。我们在分析创作的时候已经指出，即使在最原始的艺术作品中，也表现出激发效果的动态系统。其中每一个细节，都是与作为对生活事实本身真实反映的作用不可分割的，同时它适应于新的类似印象的准备功能。尽管它似乎可以单独起作用，这也是准备性激发的结果。因此，在最原始的审美构成物中，也已经形成了一种具体的整体性，它的各部分是作为产生统一激发作用的各个环节而密切相关。

---

① 马克思：《1844年经济学—哲学手稿》，人民出版社，1979年，第79页。

正如概念、判断和推论始终应该纳入现实一样。只有通过这种具体的整体性的构成，通过第1′信号系统的中介，对现实的反映才能返回到“同样”的现实，这种类比是极其宽泛的，尽管如此在这里还是要把同样的一词加上引号。可以举出我们曾反复引用的原始战争舞的例子。本来的、世俗的一人的反映，对于整个事物超验一巫术的目标的表现方式，在每一个观众那里引起一种激发的效果：他们悲怆地扮演着对未来事件充满狂热、确信和决心的形象。

由此得出了受第1′信号系统规定的精神事件，与受第1信号系统和第2信号系统规定的精神事件相区别的三种特征。第一，激发体验返回到现实，同时它涉及与在第2信号系统情况下完全不同的方面。一方面，现实首先作为一个具体的整体，而被体验，由此它总是与对客观现实本身的体验相区别，这样产生的距离包含了不同的情感侧重：人们面对的是现实的本质，在现实本身中只是分散存在的、受偶然因素干扰的东西，在这里以更高合理性的集中形式表现出来。另方面，这种体验也具有终极性的重心。由第2信号系统完成的现实映象相互补充并在其联系中越发接近于本质，而这种直接的相互补充在第1′信号系统范围内却不存在。每一种审美产物都是为自身而存在的，对接受主体的激发关系或者作为即刻的感动而形成，或者根本不存在。第二，这里所完成的客观化，并不排除被反映的客观世界的主体相关性。在最简单的词中，如狗、桌子等包含了这种意义，即它独立于思维主体而存在着；在谈到或想到这些词时，绝没有必要一定联想到某一主体。与此相反，每一种审美产物，正是以它对现实的客观真实性，而与接受主体相关联。作为审美的产物，它的存在是与有可能在接受主体引起激发效果相关的，这一接受主体把呈现给他的现实的映象，作为他自己的世界来体验，作为一个虽然独立于主体而存在，却不可分割地从属于接受主体的世界。第三，这一主体是社会的主体，因此不仅是自在的，而且是自为的存在。因为作为社会的人，他的每一种行为当然都是自在的。这种特性在行为心理学中，并非绝对作为它的精神特征表现出来。与此相反，审美的感受性却把主体的社会性，放到体验的表层上。当然，我们所说的每一个词，我们所做的每一个动作，都是以它们的社会可理解性作为前提的。这在艺术中却是一种立即产生情感作用的、与主体相关的可理解性，因此为艺术作品所感动的主体，不可避免地具有作为一个社会成员的那种感受。由艺术作品内在地、即刻产生的可理解性——即使在心理学上并特别是在心理学上——脱离开对于对象的社会性和他的体验的社会性，两者在感情上的同时确立是不可想象的。这在我们所说的原始哑剧舞蹈的例子中，是不言而喻的。主体正是作为集体的一员才体验到，由模仿在这里所唤起的高涨的情感。第1′信号系统的功能形成的深化和丰富性不仅在于，它使目前尚未意识到的客观现实的新特征和联系明朗化，而且同时也使主体扩大到——在情感上——成为共同体的自觉参与者。这在艺术起源时期是基本的和理所当然的。在文明发展的一定时期，这种参与程度大大削弱，甚至似乎完全消失了。在此期间，正是在这里才能证实，人只有在社会中才会孤独化和个体化。在艺术中所塑造的每一种这样的孤独感——正是在它的消极性上——是与人的社会性不可分割地联系着：正是在受排斥或自身隐遁中，在这种体验中才表现出束缚。马克思在他被经常援引的分析中表述了这种情况，这一分析正确地概括了其中最本质的东西："只是由于属人的本质的客观地展开的丰富性，主体的、属人的感性的丰富性，即感受音乐的耳朵、感受形式美的眼睛，简言之，那些能感受人的快乐和确证自己是属人的本质力量的感觉，才或者发展起来，或者产生出来。因为不仅是五官感觉，而且所谓的精神感觉、实践感觉（意志、爱等等）——总之，人的感觉、感觉的人类性——都只是由于相应的对象的存在，由于存在着人化了的自然界，才产生出来的。"①

二、表象符号系统在艺术中的作用

只有从艺术心理学的这种社会性出发，才能理解艺术的自律存在以及它的发展。我们一方面已经可以看到，艺术创作的最终的——绝不总是自觉的——基础是"由外部"而来的，本身是一种社会的需求和社会的职责。只有当艺术的产物表现为激发引导的、自身内在完整的、具体系统时，艺术才能完成这种职能。这一点我们在讨论巫术—超验目标的设定（即最原始阶段的社会职责）到它在艺术上的实施时已经说明。在那里我们已经注意到，在开始阶段在超验目标设定的纯

① 马克思：《1844年经济学—哲学手稿》，人民出版社，1979年，第79页。

粹寓意特性中表现出的这种矛盾，只有在——事实地、客观地、绝不会在主观上意识到——审美产物与其原来的目的的分离中，在审美产物自律化的过程中才起作用，客观地开始了这种分离，这种“由外部”而来的社会职责，通过激发作用和第 1′信号系统反射作用的自身完整的引导系统，而以纯粹审美的加工进入艺术作品。我们同样在其他地方详细地谈到了，即使最原始的审美产物，即模仿舞蹈，也是从目的出发构成的，即每一个别环节、每一细节都必须以这样一种方式构成，导致证明原来设定的结尾。由于每一个细节都是置于这种可体验性，即置于唤起相应的第 1′信号，对现实反映的真实性只是为——有保留地——被扬弃，以便使这种真实性形成并强化着激发作用，由此也加大了与实际生活的距离。这种可感受性的确立，一方面为各种激发感受的反映要素提供了比日常生活中更突出、更明显的对象性；另一方面又由此在它们之间，形成了一种更紧密、同时又更明显的联系。我们曾经反驳过哈特曼的观点，因为他不是把这种要素的相互指向——例如在音乐或建筑中——看作感性的联系。第 1′信号系统的特性排除了这种——表面上的——二律背反。通过简单条件反射对感性世界的知觉必须“非感性地”被综合。但是在生活中关系的创造已经属于第 1′信号系统的功能了，我们可以设想，在人的举止和对人的认识中的引导成果。通过第 1′信号系统对现实的感受，通过这种感受完成在艺术创作中的加工，在各种审美反映的现实片段中形成了这样一种相互指向、期待的唤起和期待的实现。如果它在体验诱发物的自身完整的系统中形成，那么作为一种信号的信号，第 1′信号系统的特性，就比在生活本身中更为明确地表现了出来。因为审美构成物正是——主要是通过视觉的——可以在任何时间和地点唤起这种作用，否则它就只是一块弄脏了的画布、一块木材或石头。

第 1′信号系统在艺术中的功能与其在生活中的功能之间的区别，正是在于它的固定性。当然，这种固定性只是逐渐地、一步一步地形成的。由各种可能性看来，它是从模仿舞蹈开始的，在意识方面肯定不是以艺术为目的的。在模仿舞蹈中，正如我们已经看到的，寓意一超验的巫术目标的具体拟人化必然地完成了审美构成物的这种内在性，它的同质媒介完成了——或用心理学的语言来说——在第 1′信号系统水准上诱导和被诱导的连续性。如果这种同质媒介被物化为与人本身的身体存在相分离的构成物，那肯定是后来的事。盖伦正确地断言："有理由设想，活生生的、仿效引人注目行为的模仿表演是最古老的，它甚至可能出现在客观表现手段如雕刻、绘画和雕塑的发展之前。"①关于我们所讨论的洞窟壁画，他补充写道："这些表现手段还属于一种模仿礼仪，这通过它本身可以证明：在康巴雷尔洞窟中可以看到在石壁上刻着一个舞蹈着的人，在三兄弟洞窟中可以看到披着野牛皮的巫师、或者那些雕刻出的黑色轮廓的人物，披着马的尾巴、鹿的角或头以及熊的爪子等，同样处于舞蹈的姿式，使观看者瞠目结舌。"②

这其中包含了在创作者和感受者的内心生活中，有关第1′信号系统效果的一种决定性飞跃。因为第1′信号系统的客观化，由此得到了一种持续的、坚实不变的固定。那种自发的、立时效果的审美必然性虽然保留了下来，然而有重要的变化，因为一方面创作者将其对世界的激发反映与他自己的身体—精神的存在相分离，赋予它一种与此完全不同的、基本上是终极的形式，另一方面感受者面对的不再是一种变动的、转瞬即逝的、不可重复的事件，而是一种可以再次观察并产生新的、更强体验的构成物。当然，这种区别不应该被形而上学地绝对化。正如盖伦所说，这种活生生的形象绝不意味着是人的作用，正如它在日常生活中那样。即使不考虑已经指出的目的，人们的运动、表情、语言等从一开始就服从于一定的节奏。这种节奏通过劳动成为人们的一种生活必需物。通过节奏的有序化作用，使人的运动的轻松化在这里取得了一种质的提高，这当然是以劳动经验的一定高度为前提的，然而它又反作用于劳动经验和一般生活。

巴甫洛夫明确地指出了在这里起根本作用的心理学基础。他就狗的实验指出："但是，此外在这条狗身上发现了一种训练有素的节奏条件反射，也就是说，在持久进行积极的和抑制的刺激时，很快就形成了这一系统。"③在另一个实验中，他在肯定这一事实时，还对此着重地作了普遍化的论断："我们按照严格的顺序给出铃声信号（一共8次），其中一次是加重的，而其他各次不加重。大多数狗都能毫无特殊困难地完成这一刺激节奏的课题。众所周知，节奏可用于各种运动的简化，并简化整个生活。"④简化这种说法对于一般的生活（对于动物也是

---

① 盖伦：《原始人与后期文化》(*Urmensch und Spaetkultur*)，第139页。

② 同上书，第139页。

③ 《巴甫洛夫星期三讲演录》(德文版)，第2卷，第500页。

④ 《巴甫洛夫星期三讲演录》(德文版)，第2卷，第53页。

如此)就是指毕歇尔在劳动中所论断的,用较少的体力和脑力消耗取得效率的提高。也就是说,节奏,即使是巴甫洛夫所运用的最简单的节奏,有助于使刺激和抑制的功能正常交替。在劳动中,节奏已经达到变更和适应现实并有助于塑造现实的更高阶段。其质的新异性在于,它不仅仅涉及人与外部世界之间的一种相互联系,而且在其间插入一种文明的工具。由此形成了新的更复杂的节奏,它的量和质可以无限制地发展。它使那种单纯对现实的适应在主观心理上转化为更强烈的对现实的支配。如果人发展到这一步,他能使日常生活中的复杂化了的节奏适应于他的与实际目的不相关联的运动综合,那么这种和谐的联结和分解能力就获得了难以预料的发展可能性。只有在此支配与屈从的领域里,在量上和质上才真正变得没有界限。因为它的基础不仅是人与外部世界(即使在狭义的劳动范围之外)的现实的相互作用,而且也是这一过程的整个主体的样态。一方面,节奏为审美构成物的独特映象性奠定了基础,它的特性是忠实于现实,但并非现实;另一方面,节奏成为审美引导以及审美构成目的性秩序的直接可体验性的有效工具。审美的基本事实,即现实审美反映方式的特性、作为信号的信号的审美心理学、从而对直接现实的审美显示、在由人所创造的映象性中新的直接性的审美呈现等,在节奏中、在节奏的序列中取得了决定性的依托。这种支撑主要是通过以下事实实现的,即节奏将由人所把握的对象及其联系同质化了,也就是说,不仅自在地、而且自为地将对象存在、对象联系以及对象统一的可体验性组成为一个具体的整体。在生活中,作为第 1′信号系统所表现出来的东西,被提高到一种新的、更高的质。由此,本身或许是异质的生活现象的整个复合体被综合成一个有机的统一体,这种统一体一下子显示出客观现实的某些重要方面,同时它又与人的主体不可分割地联系着。

艺术借助于支撑和融贯着每部作品的同质媒介,而具有了提高审美感受性的能力。我们说,归根结底这种由外部的规定性,是来自引起上述发展的地方。只是由于社会的变化使人们不断面临新的任务,它在人们身上唤起了新的能力(但是也有唤起和发展新的能力的需要),艺术活动不断地处于运动中,它总是重新提出任务:要求这样去处理和改造有关艺术的同质媒介,使其中新的生活现象作为人类存在的有机组成部分而可以体验,并由此而可以理解,成为人们不可丧失的占有物。对于这种现实的审美反映和模仿的极其复杂的过程,我们已经从哲学—美学的观点作了深入的探讨，这一分析的结果当然成了我们目前阐述的基础。对于艺术的社会职责直接地和主要地是在内容上的：要求表现人们之间以及社会与自然之间新的关系所产生的问题和冲突。甚至当这种变化在人的头脑中取得了一种思维的意识形式——这在大多数情况下，特别是在一种重要的、深刻触动了人的存在的变动初期是很少出现的——对这些问题的这种思维定型化是远远不够的，在这种状况下所有这些要表达的东西使人不安、激动并充满希望。艺术在表达这种一般不可表达之物上所起的作用，只有通过第1′信号系统的作用才能说明。我们已经对它的这种功能，特别是在把握和显现新的生活状况上的功能作了分析。现在就可以理解同质媒介决定性地参与了这种新的、特别是比较重要的事物。首先作为一种丰富而不明确的情感出现，接着就产生出一种相应的概念定型化。

由于同质媒介的作用，第一，对现实的反映在感性上被限定化和专门化了，如专门化为可视性或可听性；第二，世界的这个特殊的方面被提高到与人深刻相关的普遍性水准；第三，这种必然的普遍化不是作为概念的抽象完成的，而是在一种被描绘出的个别情况中寻找、发现和显现为典型，用明确的分音节的表述这样一种迂回道路把“不可言传之物”直观化。我们回想一下，在生活中这种揭示新事物的指向正是第1′信号系统的最重要的本质特征之一。在这里如此关注的并非新事物的事实性——这是由社会生活本身产生的——也不仅是对新事物的一种“直觉的”熟悉的情感表现，如同在得体的举止中所发生的情况那样，而是感性直观普遍化的上述特殊形式。这才是真正艺术家的根本性工作，即在艺术的同质媒介中，用塞尚爱用的话来说——“实现”那种表现手法，它能以社会普遍理解的方式，创作出新事物的这样一种普遍化，以不同的人物图像使其与人类发展的目前成就相关联，而又区别于目前连续的链条。在此我们也许会想到乔托或库贝特、艾什洛丝或托马斯·曼、莫扎特或巴尔扎克，他们寻求和发现的最终结构就来自这同一原理。他们通过揭示其具体类型，将人类发展中的这些新的状况普遍化，通过把看来尚处于混沌的、或——与人相关的——尚未充分表达出来的东西转化为自身同质媒介的新的表现手段，从而使他们的发现成为人类永久的占有物。

由此，在每一种艺术中形成了一种“语言”，它具有第2信号系统的两种重要特征；它基本上具有普遍的可理解性，但是必须通过学习掌握，它不像某些无条件反射那样是与生俱在的，也不像大多数条件反射那样——至少部分地——是通过生活实践自发形成的，而是就词义所说习得的。但是，这种可习得性在两种高级信号系统中表现出很大差别。从精确的词义说来，语言可以而且必须习得。尽管有不少词汇可能具有多义性，然而每一个词都使人记住，作为信号的信号所表现的那个对象复合体。在第 1′信号系统中，在符号和对象之间并不存在这种明确的关系，因为这里所反映的是在生活中以及在艺术中集中在新异性、不可重复性、独特性中的特殊的典型。在每一个符号中还具有与主体的相关性及激发的倾向，因此只有通过学习掌握了创作与感受的准备与熟练性，才能习得这里可能运用的符号及其联系的词汇和句法。这里需要更多的作为学习一词本义上的训练或练习。同时重要的是，在此要强调生活与艺术之间的质的区别。艺术中的信号是有意使之产生激发作用的，而在生活中引起激发反应的事件对人往往是突然袭来的，这种激发意图愈不易察觉，那么这种反应的激发作用往往就愈大。尽管如此，还必须特别强调可习得性的这一方面，因为第一，由此重新突出了这种系统作为信号之信号的特性，第二，——与许多固有的和主要的新见解相反——强调了这种符号以其自身方式被独特地客观化了的精确意义。

这种学习的复杂性在于，审美的信号的信号——就其原理说来——始终是一种新的构成，它可以激发由它唤起的情感复合体，所以目前所习得的东西，依情况的不同可能促进或阻碍创作能力和感受能力，因此在这一领域，本来在这里必不可少的技术概念只能极其慎重地、有保留地使用。因为在技术最固有的领域，在生产中，技术的本质正是在于，将每一必要的操作尽可能合理化，使它们发挥自身的功能。它所产生的心理学倾向是，将尽可能的大部分劳动过程在主观上以条件反射的形式固定下来。当然，在工具性活动中，对干扰因素的观察、控制和即刻反应的能力，也属于真正功能性技术。在这些情况下，当然也需要高级信号系统。同时不要忘记，还存在某些往往多次重复出现的失误和不规则性，因此可以用条件反射对其作出反应。属于实际形成的技术，还有劳动者本身熟练的“由自身”发挥作用的条件反射。将这种技术概念直接用于艺术创作，虽然有一定的类似之处，但基本上是错误的。这里并不需要列举这两种技术所有共同的那些要素，或许只要指出，狄德罗在考察表演艺术时所反复引证的例子就够了，这——只要足够留意——在每一种艺术实践中，都能找到许多类似之点。

与此相反，对于我们重要的是，至少要考察一下创作的整个过程。其中本质的东西是不可重复性。尽管一位艺术家的技巧能力如此之大(并且必然如此)，审美的本质却要迫使艺术家在每一部作品中，重新开始由自身来感受现实并再现现实，好像他从来没有见过或描述过的那样。这里明显地表现出审美领域中丰富的、实际运动着的矛盾性：一个艺术家的"能力"，不可能足够大，足够熟练和富有准备，只有始终准备彻底学习每一种实质上新的现象，才是真实的。如果这种充满矛盾的统一解体了，那么这种逐渐扩大和熟练的技巧，反而会成为真正创作的一种障碍，从贬义说来艺术家成了一位能手，他的表现方式变成一种矫揉造作的格调。这在心理学范畴中很容易描述：只要艺术家对现实的态度和他模仿的方法，不再保持"新陈代谢"，只要由某种反映的艺术表现形式变为固定下来的条件反射系统，这一系统在每个显得相似的对象面前"自动地"做出反应，那么作品就不再是现实的真正而本质的映象，而成为特定主体的某种偏见、习惯的单纯表现。(如果我这里谈到条件反射的作用，那么不要把以前对于狄德罗的理论所谈到的观点与此相混淆。其中关系到，演员借助第1′信号系统所发现的某些最佳表达方式，必须作为条件反射固定下来，以便能在人物塑造的同一高度上随意地进行重演。这是那些以人的生理—心理存在来发挥同质媒介功能的艺术，所具有的特殊问题。这一过程——一般说来——类似于诗歌或音乐在文字上的固定化，而与上面所谈的问题毫无共同之处。因为在后一种情况下涉及，对现实的感受和模仿表达并非总是重新由第1′信号系统来完成，而是在以前固有的、类似的行为方式中，以条件反射的形式将主体的反应方式固定下来，这种形式取代了对现实和作品的不断更新的艺术态度。)

在艺术的感受性中也存在类似的问题，当然有很大不同。我们已经指出了那些情况，其中内容的、首先是阶级的动机，阻碍了社会对艺术作品的普遍理解性以及对它的"语言"的一般理解。然而相对艺术的感受说来，也可能直接出现这类问题，在此当然绝不可忘记，这两个领域虽然在方法论上最好是能分别加以处理，但它们相互不可分割地联系着。某些艺术作品在内容上或社会方面遭到拒绝，在此背后很明显地隐含着对艺术作品形式语言的一种反感。与此相反，在对构成方式的过多的否定判断中——往往无意识地——包含了对在这些艺术作品中得到审美表达的那种社会内容的一种抵抗。所有这些困难都算在内，人们也会理智地特别提到，在感受和理解构成艺术的新的语言时的障碍。正是因为每一种真正的艺术，不是单纯而直接地表现新的现象，而是去创造新的表现手段以便将其素材艺术地再现出来，这很容易产生如下情况，使其阻力集中在由此形成的艺术的、新的“语言上”。在长期过程中——这里我们必须涉及与创作风格相对应的感受方式——某些对现实的反映形式作为习惯而僵化，完全凝固为一种固定的条件反射，以致这些感受者本能地、激烈地反对将形式“语言”作另外一种理解。我们当初已经——按照维克霍夫的观点——说明了，对事物固有色的发现，在对现实的绘画反映中引起了怎样的革命。当经过长期的准备之后，法国印象派在光造型的名义下彻底与固有色相决裂。这在公众中产生了一种防御性的敌意，这一点我们今天只能作为历史事实来认识，却无法在内心加以重新体验。近几十年来，人们学会了把这种新的“语言”看作模仿的合理形式，它不仅扩大和提高了我们对于艺术的感受能力，而且也扩大和提高了对现实的感受能力。要做到这一点，必须学会这种语言。一种新的艺术“语言”的习得，往往是一个长期的充满矛盾的过程，正是因为那种牢牢固定的条件反射，阻塞了学会这种“语言”的道路，特别是阻塞了用这种语言反映变化了的现实的道路。要排除这种条件反射，以利于形成一种新的、世界的开放性，这并非轻而易举。

这一点更形象地表现在贝拉·巴拉兹在他的一本电影书籍中所记述的两件逸事上。我们把它详细地摘引出来，因为在其中这种“语言”问题取得了格外纯粹的形式，由于在这种场合对“语言”的不理解只是一种形式上的特性，并非具有社会—内容上的支撑。巴拉兹首先讲述了一个受过普通教育的殖民地官员，他在第一次世界大战期间由于特殊情况而远离城市的生活，在许多年间都没有看电影。他最初是和很多儿童一起坐在放映厅中看电影的，显然他们可能只是观赏一部简单的影片。放映完毕后一个朋友想听听他的意见，他踌躇不决地说：“很有意思。但是请你告诉我电影里演的是什么。”由于对“语言”的不理解，因此他不能看懂一部简单影片所表现的意思。也许第二件逸事更清楚些。很多年前在莫斯科有一位小保姆，她是由西伯利亚的集体农庄来的，虽然读完了她的学业，但从未看过电影。有一次她与主人一起去正在上映魔术片的影院看电影。这女孩子回家后很激动，如此表达了她的惊讶之情：在莫斯科人们竟允许公开地表现出这样的残酷。别人问女孩子是怎么回事，她回答说："居然把人大卸八块，把脑袋和手脚都分了家。"巴拉兹补充说，在霍里伍德，当格里菲特第一次演出他首场表演的大型纪录片，同样在观众中引起了一场混乱。[①]这里极其清楚地表明，电影——像每一种艺术一样——有它特殊的"语言"，只有经过"学习"，人们才能取得对作品体验的通道。同时可以看出，这种"学习"与其说是对在艺术中远少于语言本身的有关"词汇"的把握，不如说是对具有鉴赏力的感受性的培养，按其特性对作品的接受能力以及充分理解对作品线索跟踪能力的形成。这就是说，形成对相关艺术门类的同质媒介所诱发的那种特殊的第1′信号反射作用的感受能力。这里很清楚地表现出审美领域的多样性：每一种艺术具有其独特的必须单独"学习"的"语言"。这也可以通过练习来掌握，尽管此处比上面所举例证的情况更多，这些例证都是以可习得性为必不可少的前提。

三、创作中的意识性和无意识性的相互关联

由上述内容顺便涉及一个问题，它在艺术史和美学史上一直起着极大的作用，由此必然产生错误的心理学途径，而阻碍了正确解决问题的道路。我们所指的是艺术创作中意识性或无意识性的问题。要阐明这一问题，必须克服两个难点：第一，在人的精神生活中意识性与无意识性之间实际的相互关系还很少被研究。因此，心理学在构成独立科学的过程中，它的这种独立化往往产生形而上学的僵化，由此而出现言过其实的地方。这对心理学会造成严重的后果。一方面在研究中往往忽视了心理现象与构成其物质基础的生理现象的联系，把宣称心理现象对生理现象的独立性作为方法论的中心点，这是屡见不鲜的。另一方面，明显地忽视了个人——从而他的心理——与他的社会存在的不可分割性。考虑到这些构成要素，那么心理学或者集中在这种普遍的、因而极度含混的社会概念上，由此而不可能取得在科学上

---

① 巴拉兹：《(电影文化)》(*Filmkultura*)，布达佩斯，1948年，第24页。

丰富的个体心理学的成果，或者形成大众心理学的、社会心理学的研究，这种研究或许在概念上可以把握某种平均倾向，并通过迂回的途径——很少被应用——能对这种问题提供间接的提示，然而往往不着要领。第二，近几十年来所谓深层心理学把无意识无限度地偶像化和神秘化了。它好像是一个具有威胁性或诱惑性的人的自身宇宙（有时物化为一种自律的宇宙力量），以致对无意识的发现和清理并没有促进，却相反地阻碍了对人的心理中意识性与无意识性的实际关系的正确认识。

对整个这一复杂问题的研究不是我们的课题。我们必须限定在对以下问题的简要阐述上。它将——直接或间接地——有助于理解在艺术态度中的特殊的意识性。然而为了能清晰地通观这一领域，有必要首先打破那种偏见，好像在人的精神生活中，意识和无意识是两种形而上学地独立地、相互间只是作为对单独的、被分隔的整体起作用的力量而发生关系。这种形而上学性质的分隔，在思想史上是由极其不同的方面形成的，既有以纯粹否定的方式把无意识描述为完全缺乏意识性，也有把无意识看作谜一样，好像是决定一切的立量；而相反地把意识看成无能为力，仅仅是对由它所产生的东西的单纯记录。在这里，康德可以作为前者的代表，谢林可以看作后者的代表。康德在描述天才时是从自然出发的，这种观点的形而上学不仅表现在，他只是强调了“天才”的“与生俱在”，完全忽略了文化、天才的劳作本身。而且特别表现在，这种“与生俱在”在他的眼中只是一种素质，“通过这种素质自然赋予艺术以规则。”即使自然这一概念在受卢梭精神影响的时期所包含的意义远大于现代，由此而正为意识性—无意识性问题在艺术家的天才活动与人的其余——有意识的——实践之间树立了一种形而上学的障碍。在内容的意义上，康德是站在 18 世纪进步美学的基础上，他非常重视独创性。作为其具体化，就是天才创作所具有的范例性质。这种见解证明了他的自然概念的时代局限性。尽管这样，如此深深地扎根自然中的天才性，对他在美学领域中意识性与无意识性关系的理解，产生了极其重要的后果。康德这样概括了这种观点：“它[天才]是怎样创造出它的作品来的，它自身却不能描述出来或科学地加以说明，而是它作为自然赋予它以法规，因此它是一个作品的创作者，这作品有赖于作者的天才，作者自己并不知晓诸观念是怎样在他内心里成立的，也不受他自己的控制，以便可以由他随意或按照规划想出来，并且在规范形式里传达给别人，使他们能够创造出同样的作品来。”[①]康德的这个极其矛盾的论题，不仅与上述自然的概念有关，而且关系到他的美学的普遍基础，把美规定为“是不依赖概念而作为一个普遍愉快的对象被表象出来的”，对此康德还补充道，这种对审美客体的统觉，尽管就其本质而言具有主观的性质，往往表现在一种形式中“好像美是对象的一种性质，而他的判断是逻辑的”。[②]

这种在许多方面——在康德那里经常如此——直觉上能正确发现而被歪曲地说明的根本错误在于，他把意识性完全与概念的、甚至科学的可表达性等同起来了。尽管不考虑历史上多次被证明的这一事实，即有大批艺术家能够准确地解释“这些构想是怎样产生的”以及“他们的作品是怎样产生的”，如果在某些情况下未能做到这一点，这也并不是艺术创作无意识性的标志。如果这样来看，甚至在科学生活、在日常实践中也根本谈不到许多事情可以说是作为无意识的、“自然的”天才性的标志，因为就其本质说来肯定是有意识地完成的。在艺术实践中根本没有什么规则是可以适用的，这是康德的一种正确见解，但是这与意识或无意识的问题毫不相干。在康德的思想中所有这些矛盾的根源在于，一方面无限度地过高估价了意识性的规范（科学的精确的说明），另一方面而且主要在于，他把天才创作过程的无意识性归结为自然，所以由此延长了必然的无意识经历的自然过程。尽可能明确地区分开自然和人的意识之间的这种界限，而不考虑任何具体的过渡现象，这对认识论是如此重要，如果人类文化的对象被简单地归结为自然性的本质，那么将引起混乱。就其哲学观点的本质而言，康德与那种把无意识看作非人的自然产生的统一的宇宙力的现代理论毫无共同之处，但是康德错误地提出问题的方式使他与这种现代理论很接近。

这种矛盾在谢林美学中更明显，至少在他主要依据《判断力批判》所提出的构成其基础的问题上。这种矛盾在青年谢林那里，由于在他当时的思想中有两种——在他的思辨的水平上——基本上不可统一的倾向的袭扰而尖锐化。第一种倾向表现为对唯物主义的某种接近，这反映在当他脱离费希特之后，特别清晰地表现在《伊壁鸠鲁信仰告白》中。这种倾向也表现在他当时的、深受歌德影响的自然哲学之中。

---

① 康德：《判断力的批判》上卷，第46节。

② 同上书，上卷（第6节），第48页。

在有关自然对象性的文章中，这一倾向发展到了顶点："由意识产生某种客体这是绝对不可能的……客体只是非意识所形成的东西……"[①]其中无疑包含了青年谢林的唯物主义从属倾向的各种要素。然而他在这里也反对对"万物有灵论"（即对唯物论）让步，在他那里形成了一种堕入诡辩的混乱的术语，其中自然过程的非意识包含了对心理学无意识性的强调，各种——有意识或无意识的——人的心理要素的缺乏都具有由自然力"无意识"生产的特性。只有这样这种唯物主义的从属倾向才能组合在主客观同一的客观唯心论中。对于谢林说来，艺术首先是哲学的官能，因为在艺术中——据说——这种意识和无意识的统一才存在和起作用。艺术的产生和存在应该用与哲学相反的符号来表达这一过程，由此而使它为整个哲学所理解："……自然非意识性地开始，有意识地终结，生产不是合目的的，而产品却是合目的的。在这里所言的活动中自我必然是有意识地（主观地）开始，而非意识性地或客观地终结，就生产而言自我是有意识的，然而对产品的观照却是非意识的。"[②]在最后的规定中非意识性又包含了二重的意义。当然艺术品很少像任何人工制品那样具有一种意识，在这方面它与其他人的实践产物没有什么不同。谢林的令人捉摸不定而又复杂的概念设置，在客观上并没有根本超出康德的东西，然而他把非意识性与客观性联系起来作为自然的本质特征反倒加剧了把无意识看成由先人阶段产生的单一的、整体潜力这样一种错误的结构。

并非直接由谢林和浪漫主义出发，现代的所谓深层心理学把这种倾向推向了极端。如果人们不是把这种心理学与神秘的"科学"神话所创造的赞美酒神的和冥府的倾向联系起来考察时，它在历史上广泛而多方面地传播是根本不可理解的。在所有这些理论中，人的有意识的生活成了一种狭隘、脆弱的表面，它以极其疑难的方式隐蔽着无意识的深渊和根源。在大多数作者那里——以各种不同的理由——似乎严重的是，都不能实现这种无意识对意识性的完全支配。（在克拉格斯那里，无意识心灵与有意识精神之间的对立是这种评价的最明显的例子。）在古典主义和浪漫主义的开端，那种只是简单地看作一方面

---

① 谢林：《先验唯心论体系》(*System des transzendentalen Idealismun*)，见《谢林全集》，第 3 卷，第 613 页。

② 同上书，第 617 页。

是自然界中存在和生成之间的对立的东西，另一方面是人的思维和行动的对立的东西，现在变成了每个人的存在的统一和必然的宇宙基础。在弗洛伊德那里，性的里比多是意识与无意识关系的这种结构的最初的、相对说来最简单的形式。在比较清醒的——至少按照他的有意识的意图——趋向科学性的弗洛伊德那里，里比多已经具有这样一种倾向，即把人的所有可能的表达方式看作这种宇宙力的一种从属的“上层建筑”。例如人们可以设想，弗洛伊德把劳动、职业活动的价值看作是，它们明显地或许成为使里比多升华的有效手段。[①] 在深层心理学的后期代表那里，对意识性的形而上学的过低估价或多或少地产生了公开的反科学的态度，更明显地表现出形成神话的倾向。即使概括地描述由此对精神的歪曲，也不能是我们这里的课题。在此只能指出，抑制这一心理学范畴(在弗洛伊德那里叫压抑)具有多么强烈的消极价值倾向，由此破坏了在现实中基于刺激与抑制的各种具体平衡的心理学过程的整个结构和动态，而被神话愿望的图像所取代(关于抑制问题我们还将提到)。

现在试图至少简单地列举在人的内心生活中意识或无意识过程的具体而真实的相互关系，以便通过对其多样性和差异性的考察，使我们能够具体地提出在第 1′信号系统中出现的精神现象——适应于艺术创作过程——的意识性或无意识性问题。首先应该指出，生理过程本身及其向心理过程的转化，对人说来，总是而且必然是无意识的。例如，我们的眼睛所看到的光波是怎样在我们的意识中表现成红色的，我们根本不可能意识到。在大量的这类过程中，对意识说来，只是一种内在或外在的干扰作为痛苦而被意识、被记录，在大多数情况下甚至对事件本身连一个正确的归纳推论也不能完成。无意识的这一特殊部分，实际上可以说是自然状态的遗产，因为各种生理过程及在其中所扬弃的物理、化学过程是在意识尚未以任何形式存在的发展阶段就已经形成了。甚至对它完全科学的解释也不会改变这一事实，因为这种解释虽然揭示了普遍的客观联系，但这种联系不可能对于体验主体转化为意识所统觉的联系。无条件反射同样也是无意识作用的，尽管对无条件反射不再从一开始就能肯定，它们是否无例外地属于自然的范围。对于许多无条件反射肯定是符合这一点的，然而在人的社

① 弗洛伊德：《文明及其不满》(*Das Unbehagen in der Kultur*)，维也纳，1930 年，第 91 页。

会生活中，几百年甚至几千年长期总是以基本相似的方式重复地刺激诱发了无条件反射，这是完全可能的。至少从发生学的角度看，它涉及心理学现象，这一般是作为本能看待的。

牢牢固定下来的条件反射就完全是另外一种情况了。这里在意识性和无意识性之间彼此不断相互作用的事实，第一次出现在我们面前，——在这种情况下这是主导的因素——人们往往可以将许多具有充分意识性的活动转化为无意识的功能。当然，在高等动物那里也可以见到大量条件反射，人们甚至可以说，上述过程在一定程度上也出现。在高等动物那里，人们可以设想许多幼小动物的游戏，例如燕子在它们迁徙之前，教授它们幼仔飞行。这里重要的是，动物的一系列运动、行为方式等作为条件反射被固定下来。在人那里，也经常出现类似的现象。我们在这里所要注意的却是，处于在质上更发达阶段的现象。第一，其出发点往往是完全有意识的，或许甚至通过教学研究而达到具体的最优化，如在现代劳动方式中，在系统训练的体育中。第二——在这里本质的东西是——将一系列运动、操作等有意地无意识化，以便在形成、扩大和发展具有高度意识的行为中，取得一个精神的活动空间。当一个网球运动员或短跑运动员研究了符合目的性运动的一切可能性，并通过训练将其转化为牢牢固定的条件反射，那么他首先要做的是，在紧张的竞赛中将他的全部意识能够集中在实施的战术上。只有确信他的手脚在特定情况下会“自动地”完成符合目的的动作，才能使他把全部注意力集中在最佳战术上，以便战胜对手。当然达到最佳身体状况也属于训练的内容，但丝毫不会降低我们这里所强调因素的决定性意义。同时对于我们重要的是确认，这一过程可以引起参与者心理中有意识和无意识因素的共同增长。也就是说，无意识的东西完全是文化的产物，是人有意识指向的活动，绝不是作为自然本质的、人的特性。此外，自由决定的有意识行为至少大部分是依靠第1′信号系统进行的。在上述活动的场合，只是因为决断往往不是用语言或概念表达的，而把它说成是本能行为，这是对时髦术语的一种曲意逢迎的让步。尽管这种行为方式的新异性不可能形成本能，它的本质却正是在于，对新的状况的不断适应和在新的状况下迅速作出明智的决断，它的本质也是在于，就其本身方面对一种状况的准备。在这里也可以明显地看出第1′信号系统与本能的质的差别。

这种由人本身对外部世界无意识作出的反应方式的非本能性质，

也表现在其应用所必然和不断地引起的冲突中。本能是在极其长期的、基本不变的环境中形成的，而这里人为产生的无意识性，对人来说，却是有目的地适应环境中不可避免的变化和新异性的一种手段。因此这样固定下来的条件反射必然无条件地服从主导的意识性（不论它作为第1′信号系统或第2信号系统起作用都一样）。这种理想情况在现实中很少出现。在现实中往往产生的是在意识性及其创造的无意识行为之间下述极端的不合目的的关系：一方面是那种生手或业余爱好者的类型，他们不能形成足够数量和质量的条件反射，不得不以完全的意识性来进行许多在客观上很容易成为条件反射的动作，另一方面是过于迂腐或熟练的人，在他们那里固定下来的条件反射系统达到一定的自动化作用，这对各种新的具体情况有意识地作出估计及其相应的行动会产生阻碍，因此而引起错误的反应。因此对于人的实践来说，条件反射的固定只有达到这一程度才是有利的，即在特定情况下取决于行动者的意识，看他是否需要利用这种条件反射。但是这要靠与条件反射的形成同时习得并同时起作用的抑制系统，它在许多方面还规定了在人的生活中有意识和无意识（无意识化）构成要素之间独特的相互作用。

这里我们涉及生活中有意识要素与无意识要素之间有意识产生的相互作用。但是这种相互作用的领域远大于我们所谈到的条件反射的固定。许多这样的过程，至少是绝大部分，都转移为无意识。这里只要指出记忆现象就足够了。如果在特定情况下，他可以记起的东西全都不断显现在他的意识中，那么人就不能思考和行动了。因此，在每个正常人那里形成了一种在生活上和实践中相互作用的倾向，在这种相互作用中，记忆只把人在特定时刻由他过去经验宝库中所提取的有用的东西意识化。在这里，我们故意用了倾向一词，因为这涉及——不论是积极意义上还是消极意义上——记忆的机械的无误差的功能。一方面各种记忆经常以干扰的、引起痛苦的方式出现在意识中，另一方面人在决定性的时刻又往往不能显现出所需的过去经验。这两种情况表明，即使在这里与意识的“世界”相对应的并非是一个无意识的“世界”，而是涉及两者之间相互作用的不断过程。当然，对其规律性我们到目前还知之甚少。尽管这一过程本身肯定地基本上是自发进行的，但低估其中有意识因素的意义是错误的。记忆是可以“训练”出来的，这是众所周知的事实，如果说这种训练的可能性绝非可以无限度的，那么在个人素质、所用方法的正确性对其成败起决定作用的地方，记忆与意识性与无意识之间的其他相互关系就无法区别开来了。记忆术成功的应用表明，由一定的记忆形成固定的条件反射是完全可能的。这种记忆术的特性也表现在，它在连续的应用中往往是最成功的，如果长期不用也常常会失效。属于这一类的还有我们在别处谈到的偶然想到或直觉的现象。为了不重复已有的论述，这里只简略地指出，这现象是有意识思维过程的无意识持续，它的“突发性”只是在心理学意义上作为特定时刻由无意识中非预期地出现，在事实一内容上，在有意识的思维努力与直觉之间存在一种明显的连续性。尽管科学还不能揭示这种连续性的生理学和心理学机制，它的可以证明的存在，正是意识性和无意识之间这种相互作用存在和不断起作用的可靠证明。

这里关于意识性的各种形式的补充说明，当然在内容上只是极其简略的，然而是必要的，因为人与艺术的关系一直是培育无意识神话的巢穴。我们已经看到甚至康德也屈从于这种研究。为了能够清除这些神话并使问题本身以其真实形态显现出来，必须把意识性与无意识性之间极其不同的，但总是可以具体而合理地理解的相互作用，在一系列事例中加以简略地说明。

如果到目前我们已经考察了第 1′信号系统的各种不同表现方式，那么必须由确定事实的整体性中得出它的本质，这是意识性的一种独特形式。作为信号的信号，这一本质使第 1′信号系统与第 2 信号系统处于完全并列的位置，并与无条件反射和条件反射区别开来。第 1′信号系统在生活中的作用表明，如我们已经描述的各种类型，显然它是意识性的一种特殊形式，由于特殊的条件和状态所规定的行为方式使通常和习惯的意识性形式失效时，它却能发挥作用。在我们补充引用的各种例子中，也证明了这一真理：在几种家畜中，第 1′信号系统偶尔地出现，肯定是动物意识性最初的表现，它们的发展条件使家畜不再能发展其他的意识形式。另一方面，我们在各种精神病患者那里观察到，利用第 1′信号系统对现实进行反映并试图对所把握的事实进行理解，这是病人的意识性最后的绝望的闪光，否则他的有意识的生活必然陷入不再能支配无意识的、完全无意义的黑暗之中。

在生活现象中，我们已经可以看到第 1′信号系统的一种巨大的不稳定性，一方面它与条件反射之间，另一方面它与第 2 信号系统之间存在着平滑的过渡。同时我们当然可以看到，这种现象的不稳定特性使得它的独立性比第2信号系统的要难于把握得多，但这种独创性是绝不可能完全消失的，我们可以设想在体育运动中，战术（第1′信号系统）与技巧熟练性（固定的条件反射）之间的关系。与艺术的关系在这里产生了一种质的变化，也就是说，每种艺术品的同质媒介的创造，正是为了使感受者产生一种对创作形象的连续的体验，并使他的体验按作品所规定的方向产生预定的高涨和延缓。这一点是这样实现的，即将感受者置于一个反映的世界里，其中所有要表现的东西都是这样安排的，使人对创作的感受完全是通过第1′信号系统完成的。感受者——暂时地——割断了他与现实本身的关系，并试图对他在现实中所知觉到的东西，在思想上加以整理。他完全——按照感受性的理想——沉浸在创作的形象之中，生活在由作品所创造的“世界”里。显而易见——且也并非罕为鲜见——这种关系是被称作无意识的。但是我们首先不该忘记，即使是最幼稚的感受者也始终知道，他所面对的不是现实本身，而是现实的映象。如果缺乏这种意识，那么就中断了与作品的审美关系，当然也会产生一种意识性，但完全是另一回事了，如唐·吉诃德读骑士小说或看木偶戏。这样形成的感受者的审美意识性，即使首先不是用语言—思维表达的，甚至不允许这样来表达，也处于高度清醒的状态。这种意识性对作品激发引导力的强弱具有高度的敏感性，对——在同质媒介及其唤起体验的特殊性质的效力范围内——关联及因果关系以及艺术发展的“逻辑”提出了严格的要求。这种特殊的审美意识性，它在心理上是支配第1′信号系统的，由在这方面相混合的日常生活中出现并且又回归其中，我们在讨论感受性的前导和后续过程时已经谈到。在这一过程中并不涉及无意识的意识化，而涉及人——在其他生活表现中也经常出现——由一种意识性形式向另一种的转化。暂时我们可以满足于对这一事实的单纯确认。对于这种意识性的特点及其在人的生活的整体性中的意义，下面我们还要谈到。

关于无意识性乐园传说的实际支配地位存在于艺术创作过程的领域中。追溯到最初的开端，作为神话，关于神的灵感是它最初的形态。但是，它以世俗化的形式一直留存到我们的时代（有时在艺术的反对者那里把神的灵感解释为魔鬼的灵感，这在心理学的本质上没有什么不同）。为了尽可能快地从心理学童话图像的基础上转移到现实的基础上来，应该强调指出，艺术创作过程是一种具有明确目的特征的极其独特的、极其复杂的活动。抽象地来看，艺术创作过程在这方面几乎与其他人的行为方式特别是劳动基本上没有什么不同。长期以来手工艺和艺术之间的界限是变动不居、充满过渡的，这在历史上是众所周知的。意识性是具有目的性的指向活动，首先是劳动的一种普遍的心理特征。劳动的一系列有规则地重复的因素、甚至所经历的整体都可以借助于练习(条件反射的固定化)逐段地以至完全地无意识化地完成。艺术创作在这方面与其他生产活动的区别，不是——像无意识创作的传说所要求的——一种提高，而是相反地由于不断批判性地审视并由此而降低了无意识因素的作用。因为劳动的某种“技艺的”部分以条件反射的形式固定化，这在艺术实践中很容易形成一种模仿的格调，它会严重地损害作品的审美价值。每一个认真的创作者都会以清醒而敏锐的意识不断监督着自己的创作，是否有关要素(词、笔触等)适应于每一作品的独一无二的具体要求以及它的构图上的每一位置，或者它只是以前掌握的技巧惯例的结果。当然在每一种艺术中必须有一种“自身的东西”，也就是说由无意识起作用的装置，即通过作家来支配语法和句法以及他的语汇。但是，在这里也不断介入意识的控制，以便不会由正确的、但用惯了的陈词习语使风格降低到平庸之流。与在其他生产活动中通常情况相比，因此必须进一步加强和发展艺术意识的觉醒和第1′信号系统对被固定化无意识作用的条件反射的支配。

我们在这里谈到了第1′信号系统的主导作用，我们这样做，是因为在极其多样化的创作过程的其余部分中，无疑至少部分地存在着通常由第2信号系统占优势的阶段或领域。因为首先作为一个极端，艺术家对艺术，艺术类型和门类的最终问题的自我理解，关系到各种具体的作品或自己作品的前景，这个问题对他变得很重要。这些问题当然是由艺术作品产生的，都经常向思维普遍化的一个巨大高度推进。不论这种思维考虑是以直接的、甚至纯粹抽象理论的形式表达的，像通常在歌德和席勒那里，还是开辟了一种间接的方法，通过对其他艺术作品理论的一美学的分析帮助艺术家，达到对自身创作问题的必要的明了性，像在托马斯·曼的许多文章中那样，无论如何在这里占支配地位的是通常思维的意识性，即第2信号系统。但是同时一刻也不要忽视，经过这种途径形成的思维甚至思维体系，总是在实际和可能的经验中具有现实的基础，其真理标准以及它的证明，而这种经验是通过第 1′信号系统的媒介作用并被提高到一种普遍化的高度，以便有更大的把握，将被意识化了的东西返回到有意识的艺术创作中，返回到第 1′信号系统中去。（同时这种思想对可能的感受者也起类似的作用，这只是加强了这一论断的普遍适用性。）

第 2 信号系统的这种特殊的辅助作用，也可以从另外相反的一端来说明。经常出现这种情况，持学究态度的创作者，某种艺术潮流的狂热参与者或追随者、朴素的业余爱好者，有时甚至那些对其创作并不明确的、真正的艺术家，对艺术的一般问题极为确信，特别会发展那种常常与逻辑相关的、富有才气或极为平庸的一般艺术理论，以及与其自身艺术相关的理论。沿这条道路形成的意识性对艺术创作绝不会产生很大作用。我们完全不想谈哥特什德之类理论家，但是像奥托·路德维希这样天才的、在美学上深入思考过的作家的戏剧片段表明，有关一般艺术问题、甚至有关具体作品对自己创作过的审美价值根据的普遍明了性，只有当它能够转化为内在引导的具体的第 1′信号系统时才是有效的。路德维希的舍尔本贝尔格戏剧片段，它对同一题材完全相反的变型之间的不断摇摆表明——在这里是悲剧的——单纯一般的理论意识性，对于那种在创作过程中才实际起作用的决定性艺术意识是没有多大实际效果的。

创作过程的目的性本质在于，将这样一种对世界激发性反映的潜在可能性转化为构成“世界”的艺术作品的显在现实。如果从我们目前的心理学观点来考察如此形成的这一过程——对其艺术哲学的分析只能在本书以后部分进行——那么立刻就会清楚。对现实的反映，它同时应该是其本质的真实映象，其目的是通过同质媒介，在新的直接性中使现象和本质相吻合，这种对现实的反映只能是有意识、有目的的创造成果。忠实于现实，与激发力不可分割的、有机的、直接表现出来的统一，既不可能在现实本身中，又不可能在对现实的自发反映中直接获得。这种统一的萌芽，或许会直觉地为创作者所获得——直觉和意识性的联系在这里已经讨论过——这种萌芽的显现只能由具有目标意识和自觉地创造所形成。这种意识性甚至在主观方面表现得更清楚些。如果我们注意去研究著名艺术家们的自白，那么我们在他们那里会连续地看到一种显示出充满矛盾的双重斗争，即同时对自身主观性的高度展开与排除。如果我们正确地把握了这里涉及的是哪一种主观性，那么其中这种矛盾性的假象就会消除。第一——这在心理学上是不可避免的——作者的独特人格（正如福楼拜嘲弄地称作"先生"）混入创作过程中。因此在创作主观性中必然形成极其明显的意识性，以便能在创作的每一步中准确地控制，是否灵感产生于事物本身有机进程的内在必然性中，或只是特定气氛的表达中。第二，这一过程意味着直接感知和艺术再现的各种现象的不断普遍化。但是这种普遍化具有单纯思维的性质，其中现象与本质是直接相互分开的，并且只是事后又总结性地结合起来。它也是第1′信号系统意义上的普遍化，其中本质是现象所固有的，是在一种新的直接性中直接内含的：这种普遍化可以从萌芽中引出虽然是逻辑的、然而作为现实的再现是确实可信的结论，而不会具有那种艺术的、有机一激发的、由萌芽形成的必然性。这里所产生的对立性，扩大到形成艺术作品的全部内容、全部对象性和关系上。显而易见，对作品审美本质的这种危害，只有通过始终清醒的和批判的意识性才能够摆脱。这种意识性在创作者那里通常只是逐渐地、经过严重的斗争和转折之后才形成的。艺术家们，和我们通常所说的艺术家的成熟，首先在于这种不断的自我批判的完善化和深化，这种自我批判也可以表现为对他人创作的同样尖锐的批判。

但是这种意识性是否必须要取得一种思维的、语言的表达呢？它可以是这样，并且在很多情况下可以清楚地表明，这里并不涉及非理性的问题，它也不一定以语言来表达，而不会完全丧失它的意识性。巴尔扎克描述了画家弗伦霍佛如何拜访他的同事波尔布斯的。弗伦霍佛发现在他同事的绘画中，有一幅非常美，但他还指出了在许多地方缺乏应有的生气，并动手修改这些地方。"小伙子，你看，"他对当时在场的波赛因说，"你看，我们怎样用三四笔和一点淡青色的釉勾画出这个可怜圣女头部周围的气氛，原来是令人窒息的，好像处于死气沉沉的气氛中。瞧，这些褶纹现在飘动起来了，人们看起来好像风在吹动它们！原来它看起来像是一块能插住针的、上了浆的油画布。你感觉到了吗？像我在胸部加的上釉的光泽，描绘出了一个年轻姑娘皮肤的丰满和柔嫩，像由红褐色和燃烧的赭石色混合成的色调，温暖了阴影的灰冷色，这种灰冷使血液凝冻而不流通了。"如果要把这个例子的教益正确地用于我们这一问题，那么就得承认，巴尔扎克是怎样成功地把我们所谈意识性问题中艺术本质的东西，由绘画转化为语言和思维。由此再次证明了，在这里涉及极高度的理性联系，可以看出在巴尔扎克那里，不仅创作过程本身而且其思维转换，都同时必然地被描述了出来。在这里不仅涉及巴尔扎克所具有的作家的意图，在我们前面援引凡·高对于自己的一幅绘画作品所做的描述时，也存在同样的情况。因为在画家本来的、独创的意识性中，不仅涉及抽象的色彩——这种色彩即使用最佳的语言转换也是抽象的——而且涉及色彩本身最具体的微差，在每一种颜色那里，即使它形成多大的色斑，不论把它置于画中的何处(不论是二维意义上的，还是三维意义上的)直到无限，都是具体的。艺术家本来的、独创的意识性，正是在于对这种复合体的所有方面可靠的、精确的意识。作为对这里形成的各种联系的精确契合，艺术活动是一种有意识的活动。在这种意义上，一首好的十四行诗，就像数学推导那样精确，因此同样是有意识产生的。

这里所说的事实，在生活中是不难证明的。当在人体素描中，老师站在学生的习作面前，并用一笔把含糊零乱的线条变得合乎秩序；当一个音乐听众立刻感觉到何时演奏者或乐队指挥与他自己的"理解"有偏差，他并不用彻底思考或即席演奏。显而易见，这里有一种独特的意识性支配着，它与思维的语言的转换虽然不完全相似，但确仍然是第二位的东西。一个二流的艺术家甚至完全有可能对其创作的所有步骤都能精确地向自己和别人做出说明，然而——正是在艺术的意义上——没有产生实际的意识性，也就是说不能将他的——有时甚至不错的或有价值的——抽象构想所隐含的具体可能性展开来。与此相反，高度发达的艺术家的意识性，可能在艺术活动本身之外，却没有表达这种构想的需要、甚至能力。这里清楚地说明，第1′信号系统像第2信号系统一样，是由信号的信号构成的。人们往往片面地仅仅把第2信号系统看作意识性，由此而使真实的事态被曲解。这种片面的理性主义不仅导致对艺术本质的误解，而且——正是由于这种片面性——在艺术心理学中，并由此而在美学中，大大助长了非理性主义。

四、艺术的象征与不可言传性

歌德由艺术作品的客观方面，对我们这里试图描述的事实做了极其精确的规定。他试图将寓意和象征完全明确地相互区别开来。关于象征，他指出："象征将现象转化为观念，将观念转化为形象。因此形象中的观念总是有无限的作用并且不可企及，甚至用所有的语言也表达不清。"[①]这里对于我们来说在理论上最重要的是，按照歌德的观点，真正艺术作品所表达的东西是"甚至用所有的语言也表达不清"。因为就歌德而论，强调指出其不可言传性并不是指的非理性主义之类的东西，这或许是多余的，但是由于从西梅尔至克拉格斯，以至其后许多人都把歌德完全地"非理性主义"化了。在这里利用歌德的一些言论至少要说明不造成误解的界限，这对我们似乎会有益处。对于抒情诗（这对考德维尔和其他人说来是一个内向的非理性主义领域），歌德指出，"所有的抒情诗在总体上必须是完全理智的，而在细节上却有些非理性，"[②]并且更明确地补充道，"对于知性毫无所予的差别，不是差别。"[③]歌德所说的不可言传性作为本质的现象形式不仅——在消极的意义上——与任何非理性主义毫不相干，而且——现在已经完全是在积极的意义上——如同每一种真正的科学那样，表现了目的在于把握客观现实的态度。这种态度具有内在的可能性并有责任揭示现实的新侧面和新契机，这是用其他方法无法为人的精神所把握的。歌德提出："美是隐藏的自然规律的表现，若没有这种显现，这些规律就永久对我们隐匿着。"[④]只有在这里，这种不可言传性才获得了其真实的、同时客观上恰当的、真正歌德所说的意义。

显然，这种意义存在于意识性范围的扩大之中。哲学和心理学把一般的意识性与有意识的思维—语言表达看作一回事，它们把在此描述的形式则看成一种独特的——往往是神秘化的——无意识的东西，与人的心灵的意识性范围"相邻"的或在意识性范围"之下"的东西。由这种不牢靠的前提只能产生畸形的结构。歌德天才的创见是与上述方向完全相反的。由此可以根本上扫除从上述错误前提所形成的虚假问题——其中如我们所看到的，也包括康德关于艺术天才的理论。由于赋予艺术创作的"不可言传性"一种朴实的，但真正合理的意

---

① 歌德：《格言与感想》，(JA35)，第 326 页。对于许多现代读者来说值得注意的是，歌德大概把象征理解为这里所说的模仿—激发形态。19 世纪后半叶在文学艺术中流行的"象征主义"他大部分将其划归寓意。——作者注

② 歌德：《格言与感想》，第 255 页。

③ 同上书，第 254 页。

④ 同上书，第 305 页。

义，即使在语言和概念表达得都很准确时，仍然可以看出艺术创作的效力可以是无限的，它的观念是不可穷尽的，并且仍无法排除不可言传的东西。由此而清楚地感知到艺术创作的对象，这就是我们反复说的，通过艺术所唤起的现实及其模仿一激发映象的内涵无限性。我们力图说明第 1′信号系统具有独立性的这一努力，正是从这一点出发的，即在作为社会一历史发展产物的人的生理一心理特性中，去寻找适应于在艺术中感受现实并再现现实的特殊官能。当描述这种信号系统在日常生活中如何起作用时，我们已经遇到了内涵无限性的问题，如在关于举止和对人的认识等现象中。当然，在这里就歌德所说的不可言传性来说，是极其相对的。我们在上面已经指出，在此所完成的作用，其语言一思维的可表达性是次要的和附带的，也就是说，这种作用本身在什么程度上是有意识的或无意识的问题，必然在这里还不能解决。正如我们所力图指出的，这种结构表明在艺术产品的创作和感受中有了质的提高。我们还试图阐明——特别是在创作中——对于对象内涵整体的把握和摹写，除非通过调动独特的意识性，否则是不可能实现的。因为将所把握的现实，在模仿反映中进行艺术转换，对于主体提出了要求，只有通过对"原型"(其特性往往是极其复杂的，绝不总是被看作一个精确规定了的个别客体)与其映象进行不断的比较，对表现手段的分量和比例进行不断的权衡，对各部分与整体之间进行不断的协调才能实现。我们也已经指出，尽管在技巧操作中的意识性，比本来意义的艺术活动中的意识性更成问题，而在这种创造活动中只看到技巧操作，对它的意识性往往表示怀疑，这是一种简单的庸俗化。与此相反，我们确信——并且确信已经阐明——这种——有意识的——艺术活动的意图必然是为了适当把握和适当反映现实的内涵整体。

因此，我们回到歌德的"不可言传性"。其正确意义是：那些利用不同于恰好适用的表达手段所不可言传的东西，却可以用这种适用的表达手段获得清晰而明确的意义。这在我们由日常生活所援引的事例中就是如此。在日常生活中，应用第 1′信号系统对现实的统觉往往只具有一种过渡的性质。也就是说，由此获得的知识，一方面成为经常重复的实践对象，成为习惯(若在一个过渡时期中，要求一种特殊节奏的某种行为方式成为风俗或良好时尚的要素，那么第 1′信号就固定为条件反射)或者这种统觉的语言一思维的、原有次要的意义就固定在这一水平上，归入劳动或科学的一般思想财富（以此方式实现的医学上的诊断——在思想上被合理化——成为科学的共同财富）。在日常生活中，由第1′信号系统所完成的统觉的路线一般是，向上达到第2信号系统，或向下达到条件反射。当然只是一般来说如此。肯定在许多情况下，这样获得的体验，以其原有的方式成为人的内心占有物。在这种情况下在人的内心——在第1′信号系统的水准上——对世界无限性的体验反映被固定下来，这种体验的记忆与其自身及其最独特的人格的关系，被格外地加以强调。因此这是对人的认识的体验，特别是与各种实践所达到的目标没有直接联系的体验，是各种自然的印象。文明程度愈高，闲暇时间愈多，艺术对日常生活的影响愈大，那么这种体验产生得就愈经常、愈强烈。这是艺术对人的日常生活产生最重大的影响之一：提高人们的人格教养，即提高由个人发展而使人类丰富起来的生活所提供的、各种扩大了的和深化了的感受性。

上述以第1′信号系统为媒介的这种生活经验的构成因素，说明了歌德艺术形象"不可言传性"的最重要的内容。如果我们将第1′信号系统与第2信号系统相比较，那么马上就会发现，第1′信号系统无法辨认第2信号系统毫无例外完成的抽象的特殊形式，即使在最简单的词中包含的这种抽象，也具有其必然的、内在的非拟人化倾向，这种倾向首先是在劳动中，并且特别是在科学中获得了充分的展开。这种抽象成为词的形成（概念形成）的本质。当我说桌子或狗时，那么是指其存在不依赖于主观知觉的一个客体。借助第1′信号系统对于各种对象和关系的把握与此相反，是与体验到它们的主体不可分割的，尽管在这里客体本身当然并不依赖于主体而存在。这里所完成的独特的普遍化，不仅把某些客观上本质的东西由对象世界中突出了出来，而且这种抽象在完成这一过程的方式上，不仅在客体中包含有与主体的相关性——这里基本上保持了它的不可重复性和具体性——而且把主体提高到他的直接的个性上。生活中的第1′信号系统的功能，往往只是萌芽状态地、趋向性地包含着这一切。当把它嵌入艺术作品的同质媒介，就可以达到对精神生活的瞬间的全部占有，在这方面形成一种质的飞跃，使这种成为人的现实和为人的现实的支撑者的趋向得以发展：所有这一切以前在其他地方所提到的关于艺术的属人性质、关于艺术的使命、关于艺术是人类的自我意识和记忆，在这里才取得它的心理学基础。

由此使歌德的"不可言传性"又显示出一个新的方面。我们知道，歌德对于各种纯粹自省的、纯粹观念上的或观念道德化的"认识你自己"是非常嫌恶的。这当然并不是说人不能认识自己，同样不是说艺术的不可言传性是由无意识的莫测深渊涌流出的非理性。相反，歌德反对各种抽象自我认识的真正意义在于，他号召通过实践，通过在实践中人的自我表现和自我确证来达到认识自己。艺术的"不可言传性"是用普遍可以理解的语言表达的，即我们把艺术看作是，通过形象永恒化的和清晰的人类本质活动的编年史作者。如果要实现这种真正的自我认识、这种人类的自我意识，那么就必须保持这些活动及其活动者的特殊的具体性，但是这种真正的方式只有在极端的具体性中才存在。只有当实践、作为具体性基础的、产生了具体性并由具体性引起的内在性被具体化时，这种具体化在其生活的直接具体性的普遍化中不受到损害时，而相反地正是通过这种普遍化而被提高，那么自我意识、自我认识才能以其真实的形态出现。这种具体的普遍化只有靠艺术来完成，也就是通过——从美学上讲来——并非存在一般的艺术，而只有具体的特定的各种艺术、不可重复的作品的个性来完成。一座米开朗基罗的雕塑、一幅伦勃朗的绘画，只有作为雕塑或者绘画，才实现其真正的内涵无限性，并且——一般说来——只有以这种形式才能被统觉，人们可以并且应该试图使这种内容在思维—语言上意识化。但是人们一方面应该明确，在这里始终只能涉及对一种不可穷尽的无限性单纯接近的尝试；另一方面还应该明确，这种思维转换的基础仍然是事物本身（雕塑、绘画），并且这种思维转换只有由原来同质媒介和原有形象的充分体验中，才能取得它的真实性。关于语言艺术作品（如关于但丁、莎士比亚或歌德）的大量文本——直接说来——尽管在语言转换中仍是同质媒介，在这里实际上也只是涉及对无限性的一种近似把握，是对不可言传性的表达。在此还应强调指出，这里不仅涉及，正如对自然现象进行科学把握那样，对具有其无限规定的现实现象的接近。而且每个时代，每一代人，甚至每一个接受者本身——作为一定文化的子孙——若要能把握这种不可言传的东西并表达出有关这种不可言传性的某些正确的和本质的东西，那么他就必须重新与该艺术作品建立一种关系。但是，因为在每一部作品中都存在一种有意识完成的被反映现实的塑造，思维的转换不是将"无意识的东西”、非意识的存在物、尚未形成意识的东西提高到意识的水准。这种转换是词的语汇意义上的转换:由意识性的一种形式转换为另一种形式。在其中,总是同时存在增益和损失。所谓增益,就是某些在第1′信号系统水准上虽然清晰但只是隐含地感知到的东西,被概念的意识化所明确。正如在艺术作品中所有与人类历史发展具有的复杂关系,都在艺术作品中——以可确证的方式——形象地(也就是“不可言传地”)存在着和起作用,然而在这种关系中包含着自身完整的作品个性,这种关系只有在意识性的概念转换中才被分离出来,分解为它的各种客观联系。因此在生活中,在人的认识、行为举止中,伦理体系中,任何不可重复的、独特行动的地位和意义都可以显示出来。然而,同时也产生一种损失,即失去了在艺术作品中呈现的人与客观世界通常所不可能达到的统一,这种统一是由——有意识地——第1′信号系统的作用所产生,并通过这种作用而被感受,它只有在通常的世界体验的范畴中才能表现出来。离开这种可转换性的二重性,即它同时适应又不适应的特点,就不可能理解歌德所描述的这一心理学事实。(我们以前在不同的地方,一方面谈到了较狭义的审美意识,另一方面谈到了真正审美事实的概念阐释的问题。这些分析表明,这里不存在截然的对立,而存在丰富的矛盾性。更详细地只能在审美态度的具体类型中再讨论。)

拙劣作家和业余作家的作品与真正艺术大师的作品的区别不仅在于,在前者那里缺乏这种意识性(必须再次指出,前者在日常生活或者甚至科学的意义上可能有意识地工作,而不具有审美意识,即应用第1′信号系统的意识性)。不仅各种感受的体验按照这同一原理来区别,而且这种意识性在历史发展的进程中不断地以其连续性、以其不断高涨的把握世界的艺术倾向表现出来。有些事实我们已经指出过,特别是艺术的发展从整体来看,为人类揭示了有关外部世界以及人的内心生活的大量事实和观点。对于我们现在的目的来说,是否涉及新的事实或对早已存在的事实做出新的考察方式,这并不是决定性的。但是正如我们所看到的,所有这些事实和观点始终只能以各种特殊的艺术“语言”记录下来,以致它们即使在数百年或数千年之后,仍然可以被理解,并且这种语言——这又从另一个方面说明了上述情况——要被理解就特别要“被习得”。许多真正的或所谓的艺术作品,也可能成为日常生活或科学的单纯记录,这并不会改变这一事实。因为这种

"记录性",并不涉及这里提到的那种内容,而只涉及各种艺术作品——真正的或非真正的——与日常生活的客观化的直接占有。在真正的艺术作品中,形式语言的明确性是这种特殊意识性的明证,是作为人类的自我意识和记忆的艺术的明证,正如我们以前在其他地方所指出的,是艺术在人类的生活中不变的、不断重新再生产的功能的明证,没有这种意识性这将是不可想象的。

美感、快感与日常生活美学：从卢卡奇说开去

邓军海

摘要 现代美学话语之中，审美与日常生活被生硬割裂。近年兴起的日常生活美学，旨在反拨或对抗这一割裂。遗憾的是，近年很是热闹的日常生活美学讨论中，对审美与日常生活、美感与快感之类问题的哲学探讨，基本处于缺席状态。卢卡奇的《审美特性》一书，乃有感于现代哲学对日常生活的遗忘而作。翻检20世纪60年代写就的这部著作，便不难照见，作为"热点"问题的日常生活美学，要成为名副其实的"前沿"问题，就需要向深处更深处追溯。否则，学术热点，难免流于时髦。

关键词 日常生活美学　卢卡奇　《审美特性》

一、引言

进入新千年来，日常生活美学成为学术热点。一时间，"日常生活审美化"及"审美日常生活化"之类套语(slogan)频频见诸报端，甚至成了许多人的口头禅。

虽然曾掀起很大争论，且不乏尖锐批判。但是争论非但未使热点变冷，反而使之成为"前沿"问题。甚至有论者声称，此乃美学研究之制高点，亦为美学研究指出一条明路。

学术"热点"往往并不"前沿"。因为热点问题往往给人一种错觉，仿佛一切基础问题都显得落伍显得老套。然而，忽略了哲学基本问题的热点争论，永远只是热点，不会是前沿。因为学术前沿之为前沿，恰是向深处更深处追溯，而不是向新处更新处进发。而哲学基本问题，往往是老问题，甚至是越基本越古老。

就日常生活美学这一热点来说，一个绕不开的老问题就是：日常生活与审美是何关系？假如生活与审美原本同一，何须“化”？假如二者原本异质，又如何“化”？美感与快感的问题，同样也绕不过去。假如美感从根本上就是快感，那么，所谓日常生活审美化与声色犬马之类逐乐有何区别？在这个“娱乐至死”的时代，这一问题显得尤为紧要。

准此，学界对日常生活美学的批评质疑，仅仅触及其外围，只是在质问“谁的日常生活”、“谁的审美化”之类的外围问题，并未撼动其根基。事实上，假如不重新翻检生活与审美、美感与快感之类老问题，争论再热观点再新，即便不会流为学术时髦，也只会变成一种立场表白。

翻检理论基本问题，就需要我们向前追溯，甚至要悬搁时新文字向前追溯。本文拟以卢卡奇之《审美特性》为中心，梳理其思想，以期为学界思考日常生活美学，提供一点参考。让我们首先从生活与审美这一老问题说起。

二、审美与生活：现代美学的老问题

美学之独立，乃一现代事件。古代，无论中国还是西方，都无独立之美学，当然更无专门之美学家。

美学之现代诞生，自有许多契机。[①] 就其知识谱系而言，则与区分知情意三种心理机能密切相关。[②] 正是在将认知、意志与情感分别对

---

① 李建盛将现代美学之诞生契机归结为四：“美的艺术概念的形成、审美经验的凸显、感性认识合法地位的确立、趣味问题的普遍关注，标志着作为一个具有自身独立性的、自律性的审美领域的逐步形成。”（李建盛：《美学：为什么与是什么》，北京：中国人民大学出版社，2008年，第53页）。张法说：“西方美学，源于三个基础：对事物的本质追求；对心理知情意的明晰划分；对各艺术门类的统一定义。”（张法：《美学导论》，北京：中国人民大学出版社，1999年，第4页）。

② 关于这一点，俄国文学理论家哈利泽夫说得很明白：“称之为价值圈的价值世界，是丰富的、具有不同种类的。构成价值圈中心的，是那些本体性的、抑或最高的价值，以那些价值为目标的定位构成人们的精神生活。这样的价值首先有：作为认识之绝对目标的真，作为道德之轴心的善，作为第一性的（亘古以来就有的）审美范畴的美。”（[俄]哈利泽夫：《文学学导论》，周启超等译，北京：北京大学出版社，2006，第30页。）三分之奠定，当然功归康德。康德三分法之影响在于，“不只是他的追随者，甚至连他的反对者也同样在使用他那三分的规格。”（[波]塔塔尔凯维奇：《西方六大美学观念史》，刘文潭译，上海：上海译文出版社，2006年，第3页。）

应于真善美这三种最高价值,使得美学获得了知识论合法性。瑞恰兹(I. A. Richards)指出,整个现代美学背后都有一个未经证明的预设:“假定存在着一种类别明确的精神活动,它出现于大家所说的审美经验。”[①]这一假定意味着,审美经验成为一个自律(autonomous)领域。借此自律,现代美学才得以独立。

问题是,生活中是否真有这么一个类别明确的名为“审美”经验的精神活动?这一问题很是根本,因为它触及现代美学的立身之基。

现代美学史上对此争论不休。一方面是哲学唯心主义的传统,它“把美及作为其实现者的艺术与生活毫无过渡地对立了起来”;另一方面,则以机械唯物主义和实证主义为代表,“把审美完全消融在生活中,消融在人们的日常生活中”。前者使二者对立,后者使二者同一。前者之危险在于,将会导致对生活的歧视,生活充其量只是有待艺术加工修止的素材;后者之危险在于,“艺术是一种社会现象的真理,通过这一夸张,变成了这一错误。”[②]

近年热议之生活美学,究其实,则是调和这二者的一种努力。所谓“日常生活审美化”,叙述的是一个“审美泛化”的故事:

> 所谓“日常生活审美化”,就是直接将审美的态度引进现实生活,大众的日常生活被越来越多的艺术品所充满。在大众日常生活的衣、食、住、行、用之中,“美的幽灵”无所不在——外套和内衣、桌椅和床具、电话和电视、手机和计算机、住宅和汽车、霓虹灯和广告牌,无不显示出审美泛化的力量,而当代设计在其中充当了急先锋。就连人的身体也难逃大众化审美设计的捕捉,从美发、美容、美甲再到美体都是如此。可见,在当代文化中,审美消费可以实现在任何地方,任何事物都可以成为美的消费品。[③]

这一叙述从根本上系现代美学的唯心论传统。因为这一叙述假定,原来审美态度与日常生活原为二事,所谓审美泛化,就是审美这一“旧时

---

① [英]艾·阿·瑞恰慈:《文学批评原理》,杨自伍译,南昌:百花洲文艺出版社,1997年,第6页。

② [匈]卢卡奇:《审美特性》(下册),徐恒醇译,北京:社科文献出版社,2014年即出,第14章第6节第2段。

③ 刘悦笛:《日常生活审美化与审美日常生活化》,《哲学研究》2005年第1期,第107页。

王谢堂前燕”“飞入寻常百姓家”的过程。

所谓的审美日常生活化，则基于实证主义传统，叙述的是审美与生活本当没有界限，现代艺术在百年迷途之后，终于意识到应当消弭艺术与日常生活之分界：

> “日常生活审美化”的另一面，则是“审美日常生活化”。如果说，“日常生活审美化”更多关注于“美向生活播撒”，关注美学问题在日常现实领域的延伸的话，那么，“审美日常生活化”则聚焦于“审美方式转向生活”，并力图消抹艺术与日常生活的边界。①

蹊跷的是，生活美学之倡导者如何将“日常生活审美化”与“审美日常生活化”看成一体之两面。用更形象的话来说，前者描述的是文化工业带来的审美或艺术向生活之“下嫁”，后者则描述的是前卫艺术所掀起的审美或艺术的向生活的“回归”。二者背后的预设，很不相同：前者预设二者之对立，后者预设二者之同一。

更蹊跷的是，这一叙述不分事实与价值、描述（descriptive）与规范（normative），表面上在描述“实然”（to be）骨子里却在暗示“应然”（ought to be），仿佛这一趋势才是审美文化发展之方向，仿佛顺应这一发展方向才是美学研究之正路。虽然应然与实然之分，在哲学上臭名昭著，但毕竟还是一个值得注意的区分。否则，“食色，性也”这一事实，完全可以隐含（imply）纵欲之合法。

就“日常生活审美化”名下的审美泛化而言，我们承认这是事实。但是正视事实并非意味着要顺应时势。因为文化工业导致的人的异化，比起马克思所描述的异化，更为精致更为复杂。“以美之名”所带来的压迫和创伤，比起经济压迫，更为无形；至于娱乐至死或“傻乐”，也似乎是审美泛化的一个组成部分。同样，“审美日常生活化”名下的“走向观念（conceptual art，即观念艺术），走向行为（performing in art），走向装置（installation，即装置艺术）”②等等，是否就是艺术发展的正确方向，似乎有待商榷。

这种种蹊跷，无疑与日常生活美学倡导者小看了审美与生活这一

---

① 刘悦笛：《日常生活审美化与审美日常生活化》，《哲学研究》2005 年第 1 期，第 107 页。

② 同上。

问题之分量有关。康德所奠定的现代美学传统，固然有这样那样的不是，固然让生活与审美分为两极，但是并非任何消弭二者之界限的努力都代表着进步，并非只要反对康德就代表着美学正确。

重建生活与艺术之间的连续性的问题，远没有日常生活美学所叙述的那么简单。

三、审美无利害(disinterestedness)

无论围绕“现代美学之父”的问题有多少争论，康德还是奠定了现代美学的基本品格。也无论把“无利害性”这一概念追溯得有多远，正是康德让其成为现代美学的中心概念。

郑昕先生曾这样评价康德：“超过康德，可能有新哲学，掠过康德，只能有坏哲学。”①康德的这一地位意味着，任何美学思考都绕不过他，美学上的任何突破，都必须从反思康德开始。

值得一提的是，反思康德并不等于反康德，恰如反思传统并不等于反传统。反思意味着尊重对方，而“反”则只是反其道而行。的确，诚如阿诺德·伯林特(Arnold Berleant)所说，“康德留给我们的人类世界，是一个分割的世界。他分割出的知识(理论的)、道德(实践的)和判断(审美的和目的论的)领域，鼓励了丰富而更少约制的研究。”②正是这种研究导致了理论话语领域生活与审美的割裂。然而如何沟通生活与审美，并不是简单地反对康德就能做到的，而是必须从康德入思之处开始。

在卢卡奇看来，康德为了区分美感与快感，设定了两条标准。一是审美无利害(disinterestedness)，二是审美不牵涉现实性。这两个标准都不足以区分美感与快感。

关于康德所谓快感关涉现实性而审美排除现实性。卢卡奇举了两个反例，建筑作为一种真正的艺术，审美欣赏必须基于其实体而非外观。记忆、白日梦或想象中的快感，也说明客体的现实性并非快感的基础。

---

① 郑昕：《康德学述》，北京：商务印书馆，1984 年，第 1 页。

② Arnold Berleant, *Rethinking Aesthetics*: *Rogue Essays on Aesthetics and the Arts*, Burlington: Ashgate Publishhing Company, 2004, p. vii.

是否关涉现实性这一标准，从根本上讲，基于有无利害这一标准。卢卡奇反对审美无利害的理由主要有三：

1. 无利害性绝非审美之特性。虽然审美态度要求搁置实际利益，但卢卡奇指出，“这种搁置也构成了日常思维的不可或缺的组成部分”①。卢卡奇的经典例证就是下棋。下棋时，越是心静，“好像他根本没有参与其中”，越能找到正确棋步。但这不是完全的无利害，因为这里“涉及的是对利益的搁置，而不是对利益的排除”。②

2. 审美体验所涉及的只是利益的“搁置”，而不是利益的“排除”。这是因为人不可能长久地处于审美状态。审美只是瞬间，只是生活中利益的暂时消失，“人与艺术的关系不可能局限在这一活动中，尽管这一环节是不可或缺的。”③

3. 审美有其前导和后续过程。审美既为瞬间，那么讨论快感与美感、审美与生活之关系，就不应当局限于静态的抽象思辨，而应当回到人的生命过程中去，动态地观察。动态地看，审美与生活之关系，究其本质，乃一“流动过程”，即“从生活到审美态度和从审美态度返回到生活”。前者为审美之前导过程，后者乃其后续过程。假如以河流为喻，前者可称之为“流出”，后者“流入”。

准此，无利害性非但不足以区分美感与快感，相反，恰恰证明审美与生活的连续性。连续性意味着，艺术与生活既非截然对立，也非绝对同一。这一连续性可从动态和静态两个角度去看。静态地想象艺术与生活，可以将生活整体比作一片山景。其中艺术作品是一座座耸立之山峰，而日常生活则是其底部绵延不绝的山丘：

> 在这一景观中艺术作品作为顶峰或一系列顶峰而耸立。在山丘与顶峰之间可以看到有无数的过渡，这不会改变其质的间距，两者在所有中间成员之间是相互分割开的。④

把艺术与生活视为截然对立，那么，“就窜改了它的内在本质以及

---

① [匈]卢卡奇：《审美特性》(下册)，徐恒醇译，北京：社科文献出版社，2014 年即出，第 14 章第 6 节第 4 段。

② 同上。

③ 同上，第 14 章第 6 节第 6 段。

④ 同上，第 14 章第 6 节第 12 段。

它的真正伟大之处”。[1]

在卢卡奇看来,艺术与生活之连续性,真实存在。然而,静态地比作一片山景,只是为了论述方便,不可当真。假如当真,就有歪曲之嫌。因为,其连续性就其本质而言,乃动态的,比作“河流”则更为探本。

四、历史唯物论视域里的审美与日常生活

卢卡奇在《前言》里明确交待,他发心撰述《审美特性》,乃是有感于现代哲学,尤其是认识论,对于日常生活的遗忘。诚如卢卡奇所说,“人们的日常态度既是每个人活动的起点,也是每个人活动的终点”。[2]假如哲学思考遗忘了日常生活,只津津乐道于对于美感与快感、艺术与生活的静态区分,那么,哲学研讨有可能忘本。

现代以来大行其道的审美态度理论,往往基于人的心理机能知情意三分,将人对世界的态度分为科学态度、实用态度和审美态度三种,并将之分别对应于真善美三种最高价值,然后展开静态分辨。一旦遵此理路入思,那么势必津津乐道于艺术、科学与生活三者之不同,从而不但忽略甚至遗忘三者之连续性,而且遗忘了客观现实。

唯物主义的启示在于,艺术、科学与日常生活思维三者,反映的是同一个客观现实。当唯物主义说存在先于意识,社会存在先于社会意识,并不是说,意识隶属于存在,意识与存在之间有等级之分。唯物主义强调存在第一性,其首要之义在于确定这样一个事实:“有无意识的存在,但没有无存在的意识。”[3]

历史唯物主义的启示在于,艺术态度、科学态度与日常态度虽然都是客观现实的反映,但是三者并非如形形色色的审美态度理论所预设的那样,是并列关系,而是有源流之别:

如果把日常生活看作是一条长河,那么由这条长河中分流出

---

① [匈]卢卡奇:《审美特性》(下册),徐恒醇译,北京:社科文献出版社,2014年即出,第14章第6节第12段。

② [匈]乔治·卢卡奇:《审美特性》第一卷,徐恒醇译,北京:中国社会科学出版社,1986年,前言第1页。

③ 同上,前言第8页。

> 了科学和艺术这样两种对现实更高的感受形式和再现形式。它们互相区别并相应地构成了它们特定的目标，取得了具有纯粹形式的——源于社会生活需要的——特性，通过它们对人们生活的作用和影响而重新注入日常生活的长河。”①

这也就是说，对客观现实的反映有三种：科学反映和审美反映构成其两极，日常生活反映则处于两极之中点。两极单纯，中点混杂；两极后发，是流；中点原发，是源。两极与中点之关系，既非唯心主义所理解的对立，也非机械唯物主义所理解的同一，而是辩证统一：

> 现实——以及对它的思想反映及再现——是连续性和间断性的辩证统一，是传统和革命的辩证统一，是渐进过渡和飞跃的辩证统一。②

这也就意味着，探讨审美特性，不能像“只是抽象地强调审美与生活和科学之间的不同”，而是要研究“认识的变动不居的过渡”：“不论在生活中还是首先在艺术的社会一历史起源的阶段中，我们正是把遇到的这些过渡作为要解决的问题。”③

卢卡奇在《前言》里明确地说：“本书全部论战的锋芒是指向哲学唯心主义的。”④之所以将全部论战锋芒指向唯心主义，是因为在卢卡奇看来，方法论问题就是世界观的问题。遵循现代美学的唯心主义，就会“形而上学地分解出各种‘心意能力’的学说”，这种学说至少会对世界观产生如下三种影响：

1. 将艺术和审美态度抬升到理念高度，将其“看成是超越历史的理念或至少是从本体论或人类学来说从属于人的观念的东西”。从而忘记了一个基本事实：“正如劳动、科学和一切人的社会活动一样，艺

---

① [匈]乔治·卢卡奇：《审美特性》第一卷，徐恒醇译，北京：中国社会科会出版社，1986年，前言第1—2页。

② 同上，前言第6页。

③ 同上，第1—2页。

④ 同上，前言第8页。

术也是社会发展的一种产物，是通过他的劳动而形成的人们的产物。”①

2. 把资本主义时期的人的异化，不加批判不加分析地绝对化为人的精神生活本身。日常生活中的人，是整体的人，而不是仅仅发挥某种心意能力的人。但是，“资本主义分工破坏了人的这种直接的整体性，在资本主义制度下劳动的基本倾向是使人与白身和他的活动相异化……各种心意能力之间——虚假的——独立性，其相互之间的矛盾性是资本主义日常生活的一个重要事实”。② 现代美学据以立身的“心意能力”学说，究其实，所反映的正是特定历史阶段的人的特定境况，而且是应当加以批判加以改变的人类境况。

3. 导致对日常生活的悲观主义态度。假如我们细读审美态度理论的叙述套路，也许不难发现，其中或隐或现地包含着对实用态度和科学态度的排斥甚至歧视。日常生活美学论家，往往援引海德格尔的《存在与时间》作为理论资源。他们忘记了这样的一个事实，海德格尔对日常生活的哲学思考，仍然基于浪漫主义哲学所生造的诗歌与散文的对立。③ 海德格尔笔下的日常生活，如卢卡奇所说，是一个“毫无希望的没落领域”。这一浪漫主义套路，不只歪曲日常生活，而且使其变得贫乏：

> 如果日常实践失去了与认识和科学的——现象学—本体论的——动态联系，如果认识和科学不是由实践提出的问题中产生的，如果实践不是始终由认识和科学的成果所丰富并通过认识和科学而扩大和加深，那么，日常生活就失去作为人的行动中认识的源泉和归宿的真正本质特征。④

---

① [匈]乔治·卢卡奇：《审美特性》第一卷，徐恒醇译，北京：中国社会科会出版社，1986年，前言第12页。

② [匈]乔治·卢卡奇：《审美特性》第一卷，徐恒醇译，北京：中国社会科会出版社，1986年，第31页。

③ 斯达尔夫人说：“在这个世界上，诗歌和散文之间存在着永无休止的竞争。”([法]史达尔：《论德国》，伍蠡甫编：《西方文论选》下卷，上海：上海译文出版社，1979，第137页)这里，她不是在说两种文体，而是在说两种生活方式或生活境界。浪漫主义生造了诗歌与散文的对立，现代美学秉承了这一浪漫主义传统。很遗憾，多数论者对此缺乏自觉。

④ [匈]乔治·卢卡奇：《审美特性》第一卷，徐恒醇译，北京：中国社会科会出版社，1986年，第35页。

卢卡奇对日常生活美学的理论启示在于，日常生活既是审美之源泉，也是其归宿；既是起点，也是终点。相反，假如我们遵循浪漫主义传统，以诗歌与散文之对立来看待审美与日常生活，高唱诗意栖居，这无疑是对日常生活的莫大嘲讽。

五、历史唯物论视域里的美感与快感

将美的本质还原为(reduced)人的快感(pleasure)，认为我们所谓的美，其实是快感的投射(projection)，这是主观论美学之核心要义。休谟(David Hume)就明确地说："快乐和痛苦不但是美和丑的必然伴随物，而且还构成它们的本质。"①这一美学思路更为经典的表述，则是美国哲学家桑塔耶纳(George Santayana)对美的定义："美是客观化了的快感。"②后来之美学家，即便不大认同主观论"美即美感"的界定，但在美感即快感这一点上，却与主观论毫无二致。可以说，以快感言说美感，是主观论所奠定的一个美学传统。

问题是，就审美实际而言，美感与快感确实有别。因为美感并不排除负面情感。李白有言："每登高而望远，咸痛骨而伤心。"(李白《愁阳春赋》)假如我们以为古人之登高临远，算是审美体验而且比现代旅游观光客有所不同的话，那么，我们就必须承认美感不但伴随着快感，还可能有痛感相随。甚至可以说，是否有痛感相随，决定审美体验之深度。毕竟，审美是浅者自浅深者自深之事。爱伦坡(Edgar Allen Poe)说："至美之类，皆能使敏感者下泪。"(Beauty of whatever kind, in its supreme development, invariably excites the sensitive soul to tears.)雪莱亦言："最谐美之音乐必有忧郁与偕"(the melancholy which is inseparable from the sweetest melody)。③ 没有痛苦的愉悦，总会流于浅薄。这一点，恰为日常生活美学论家所忽视。

既然美感不能还原为快感，那么接下来的问题就是，美感与快感

---

① [英]休谟：《人性论》，关文运译，北京：商务印书馆，1997年，第334页。

② [美]乔治·桑塔耶纳：《美感》，缪灵珠译，北京：中国社会科学出版社，1982年，第35页。

③ 转引自钱钟书《管锥编》第三册二六《全汉文·卷四二》，北京：三联书店，2008年。

何以异?为什么美感并不排除痛感甚至需要痛感?这关系到人之为人的根本规定。

卢卡奇指出,人的生活的一个基本事实就是,人有其个体性,然而他又必然超越这一个体性:"个体性及其超越的极性是日常生活的一种基本的到处均能证明的事实。"①换言之,个体性与人性或类属性的矛盾统一,乃人的生活的必不可少的规定:

> 人一方面是通过他的存在的自然的社会的条件成为一个单独的个人,另一方面他的社会生活又不断引导他超越这种个体性。社会生活的基本事实表明,这两者的矛盾统一对于人的生活成为必不可少的规定。②

这是因为,根本没有抽象的人,只有具体的"社会—历史"的人。正是人的社会性决定了,快感既有无可辩驳的个体性,又具有其社会历史规定性。一方面,快感看起来是"萝卜白菜各有所爱",完全是"趣味无争辩":

> 对于个体来说它们却没有强制特性。我们可以带有一定夸张地说:一切都可能令人愉快,但同一个东西,对一个人引发快感,对另一个人就可能产生不快,甚至讨厌。成语"关于趣味无可争辩"在这里是没有限制地适用的。没有任何人的生活领域像这里如此强烈地受偶然性所支配。③

但另一方面,"在习惯的形式中,在传统、习俗或时尚的依随性中,人由客观世界取得快感的反应方式可能以一定的一致性被固定下来"④。换言之,"在日常生活中单独的个人的这种最自发的、最非可控的和最无法调节的现象在内容和形式上都是由社会—历史所规定的"。⑤

---

① [匈]卢卡奇:《审美特性》(下册),徐恒醇译,北京:社科文献出版社,2014年即出,第14章第6节第30段。

② 同上,第14章第6节第25段。

③ 同上,第14章第6节第19段。

④ 同上,第14章第6节第20段。

⑤ 同上,第14章第6节第21段。

单纯快感与审美的区别在于，虽然快感具有此二重性，但决未超越“直接给出的个体性”，快感依然是偶然性、瞬间性的领地。而审美，体现的则是“特殊性”，是个体性和类属性之融合：

> 正是特殊性构成了审美的中心范畴，它最直接的表现方式就是典型，仅从立场方面来看它指向这里所说的各种矛盾的统一。在典型中所完成的综合方式，由彻底对立的力量全部无余地发挥作用，却把我们引回到出发点：个别的东西审美地在特殊性中被扬弃，在典型的情况下正是这一个体，通过扬弃创造了一种与人性的统一（它在这里也以特殊性表现出来），在其中个体性与这种人性不可分割地联系着，在其中它们的交互方面对立的张力成为典型的生活赋予的原则。①

概而言之，在审美中，人的个体性与类属性的永恒矛盾，得到了暂时解决，而且是不需要引进任何超验力量的解决：“正是在审美意义上说来，人性的、类属性的绝不能看作是与个别的、单独的人相矛盾的对立物。”②

美感与快感的联系在于，快感影响审美感受的前导过程：“在开始时影响到艺术的产生和发展，以后会不断起作用，另一方面在日常生活中从内容到形式会渗透到艺术感受的扩散中”；审美感受的后续过程则会影响快感：“哪些东西人作为快感来感受和它怎样起作用”。③简言之，快感的社会历史规定性，会影响到审美；而审美对个体性和类属性的矛盾的解决，反过来会影响快感。用卢卡奇一再援用的“河流”隐喻来说，从快感中“流出”美感，而美感又会重新“流入”快感。

美感之所以并不排斥痛感，或者说人的生活之所以不能纯由快感支配，不但是因为：“在人的日常生活中都会出现那种人们用否定的、疑问的、矛盾的甚至凄惨的语言来描述的客观事件，这不仅在客观上不能由每个人的发展中排除掉”，而且更是因为这类负面生活现象“对主体本身也构成了他的存在的一种组成部分，即使有可能，它也绝不

---

① [匈]卢卡奇：《审美特性》（下册），徐恒醇译，北京：社科文献出版社，2014年即出，第14章第6节第35段。

② 同上，第14章第6节第38段。

③ 同上，第14章第6节第17段。

会从人的生活历程中抹掉”。假如我们能够而且确实将这类负面现象从生活中排除掉,那只能意味着我们不是在解决个体性与类属性的矛盾,而是将其抹杀;只能意味着我们决意不超越自己的“直接狭隘的个体性”。[①]

既然个体性与人性或类属性的矛盾统一乃是人的生活的必不可少的规定,既然审美意味矛盾的暂时解决,那么,痛感将必然是美感中的一个伴随成分。原因很简单,矛盾统一的前提就是,正视矛盾。假如排除痛感,那么,就意味着人在矛盾面前拼命闭上自己的眼睛。

六、简短结语

杜威认为,艺术哲学写作的一个任务就是恢复艺术与日常生活的联系。[②] 可以说,自现代美学诞生以来,如何弥合审美与日常生活、如何区分美感与快感,就成了现代美学领域里的一个老问题。之所以是现代美学的一个老问题,是因为现代美学之诞生,建基于人的心理机能的知情意三分。这一知识谱系决定了,在现代美学话语之中,势必斤斤于审美态度与非审美态度之分界,从而使得审美与日常生活俨然分为两极。

近年所兴起的日常生活美学热,可以说是对现代美学这一传统的一个反拨。卢卡奇的理论启示在于,假如不从根本上厘清现代美学的知识谱系,不思考审美与日常生活这类哲学根本问题,那么,颇为热闹的日常生活美学讨论即便再热闹,也不过是一些时髦文字,根本无助于现代美学反省自身。是为不是结论的结论。

(作者单位:天津师范大学文学院)

① [匈]卢卡奇:《审美特性》(下册),徐恒醇译,北京:社科文献出版社,2014年即出,第14章第6节第30段。

② [美]杜威:《艺术即经验》,高建平译,北京:商务印书馆,2005年,第2页。

真实意识与批评的政治[1]

——从总体性到寓言

周志强

内容提要 卢卡奇提出真实意识问题的命题，并将这一命题的意义规定为一种解放性意识的确立。在卢卡奇的理论中，革命性（阶级意识）与科学性（真实性）从来就不是两个可以分开的问题。只有通过革命性的理解，真实性才能呈现出来。这也就构成了卢卡奇的总体性批判原则。而正是通过这种总体性原则的强调，中国文化批评才会重新确立一种政治批评，构造其“干预”现实的批评原则。

关键词 卢卡奇 真实 文化批评 政治批评

尽管后期卢卡奇的思想发生了巨大的变化，但是，他对待艺术的真实性问题的思考，依然延续了自己辩证唯物主义思想建构的诉求。尤其是在他的《美学》的写作计划中，艺术如何才能有效地表达现实、“真实”怎样才能达到等问题，也就与此前卢卡奇强调总体性问题紧密连接在一起。因为对于卢卡奇来说，“艺术的真实”不仅仅是所谓反映了真实生活和进行了适当的艺术修辞的问题，还有一个特定时代里面，“真实”的一般性实现的问题。

简单地说，对于卢卡奇来说，科学的进步并不能带来艺术的真实性程度的提升，也就是说，并不是说符合客观真实，就会达到艺术的真实；反之，也不能因此认为艺术的真实就是一种为了达到艺术效果而追求的真实，不是“为艺术而艺术”的真实。

“真实性”问题的复杂化，乃在于卢卡奇坚持艺术的真实，首先是一种真实意识的问题。他认为：“艺术的真实性是人类自我意识的真

① 本文为2013国家哲学社会科学基金一般项目“批判理论视野下的当代中国文化批评研究”（13BZW006）成果。

实性，必定总是并到处在形式和内容上与历史的此时此地不可分割地联系着。[①]"在这里，卢卡奇所强调的"真实意识"，归根到底乃是其总体性地理解现实所生成的自我意识，而在资本主义时代，这种自我意识，只有构成典型的阶级意识（无产阶级意识）的时候，才能达到对现实的真实意识。

总体性视野中的"真实性"

人们熟悉的总体性思想的提出，事实上对马克思主义理论的认同产生了一个非常有意义的视角，即卢卡奇不以科学性来描述马克思主义。他认为，马克思主义不是一种科学，而是一种导向实践的阶级意识。这与后来阿尔都塞的态度完全不同。卢卡奇死后不到一年，阿尔都塞提出，要首先承认马克思主义是一种科学，承认它是科学主义的，承认它的内部包含了历史本体性的思想，是一个历史本体性的哲学。因此，它不仅是对当下的历史阶段的一种阐释，而且是对整个历史进程的一个科学的解释。而卢卡奇认为，马克思主义只是资本主义社会的产物，只是在反抗资本主义时所提出来的一种阶级意识的法则，而不是可以放之四海而皆准、恒久有道理的科学。在这里，当卢卡奇提出马克思主义并不是一种科学，而是一种意识形态，是资本主义条件下的一个产物的时候，这就告诉我们，马克思主义其实是非常历史化的，其科学性不在于是否符合物理客观历史事实，而在于可以通过一种阐释性的法则发现或者建构对于历史的认识，推动历史朝向更好的未来发展。在这里，马克思主义的科学性就不是自然科学意义上的科学性，而是一种认识和理解方式的科学性，其意义不仅仅在于它可以提供历史的阐释，更在于它提供了真实性地推动历史的变革模型。也就是说，马克思主义确立了斗争的、对立的，即矛盾地认识和改造历史的模式；这种模式的价值在于，它总是以一种辩证性的方式敞开被历史遮蔽的生活处境——至少在迄今为止的历史中，人类生活的基本秘密乃在于，社会中的一部分人总是被另一部分人压迫、剥削，而各种各

① ［匈］卢卡奇：《审美特性》（下册），徐恒醇译，北京：社科文献出版社，2014 年即出，第 16 章。

样的历史哲学及其附属品都在掩盖这个秘密。

在这里，卢卡奇把科学性(真实性)和革命性(阶级意识)巧妙地结合在了一起。在卢卡奇那里，资本主义呈现出整个社会体制管理的更加合理化和秩序化。韦伯的理性化理论直接影响了卢卡奇对资本主义外在现象的理解。而这种理性化，恰恰呈现为人类生活的内在物化。在资本主义的时代，人们失去了不按照理性化安排自己生活的能力，也就是说，人们没有任何可能性逃脱物化体系的自我意识和认识困境。由此，“真实”变成了符合物化的现实体感的后果，越是所谓真实的，就往往越是建立在虚假的经验和理解的基础之上，成为人们“理所当然”认为的“真实”。这就使得作为经验的“真实”，日益陷入“常识”的围困之中，而“常识”也就成了不证自明不可追问的理解世界的起点。这恰恰是资本主义意识形态的典型症候：将日常生活的知识作为恒久具有历史和人类价值的知识来使用，从而彻底隔绝历史一当下一未来的关联。一旦未来视角消失，乌托邦政治在常识知识系统面前变成虚无缥缈的可笑故事的时候，“解放”也就变成了值得同情的“革命歇斯底里症”患者的口头语了。所以，卢卡奇所强调的“真实”，就不是静如湖水的常识真实，而是波澜起伏、勾连着革命、解放和未来欲望的现实经验的再发现和再阐释的历史意识。在这样的意义上，卢卡奇始终坚持真实性必须建立在自我意识从物化的逻辑中解放出来的前提；而艺术的真实，必然同时是一种意识到总体资本主义图景的令人沮丧的那一面的真实认识。

所以，在卢卡奇的理论中，革命性(阶级意识)与科学性(真实性)从来就不是两个可以分开的问题。只有通过革命性的理解，真实性才能呈现出来。这也就构成了卢卡奇的总体性批判原则。也就是说，所谓总体性，正是建立在革命性与科学性的重新结合的基础之上的。在资本主义历史时期，“常识”、“日常生活”变成了控制和笼罩人们社会生活的体系性的知识，用以掩盖、遮蔽主导这种社会生活的资本主义的生产方式和牟利方式。所以，解放的主体，也就不仅仅指现实生活中受到经济和政治压迫的人们，还包含在文化生活领域受到压制和扭曲的自我意识。在这里，卢卡奇的艺术与解放命题的提出，乃是将革命和斗争从经济和政治领域扩大到文化和日常生活领域的一种行动。在这样的前提条件下，我们才可以重新思考卢卡奇的总体性命题，并将这种总体性意识只放到艺术和文化批评领域中去。

总体性批判

由上可知，艺术和文化的批评，作为一种总体性的批判，乃是建立在充满解放意识的对于真实性的再把握的基础之上的。作为一种“批判”，它体现为必须把任何单独的文本，镶嵌到社会的总体性视野中才能凸显其意义的文本。这事实上为文化批评的政治品格和批判原则提供了基础。毋宁说，在今天文化消费主义的时代，艺术的真实已经被现实意识形态的总体虚假生产体系暗中操控，不再成为有自我澄明能力的历史叙事；而只有借助于艺术文化的批评，才能通过对艺术文本的重组实现对现实真实处境的“重讲”和“拯救”。

要实现这一目的，文化批评总是要面对一个个单独的事件，而也总是能够透过每一个事件的不同细节，把一个文本置放在一个更加宏大的总体的历史进程当中去，以此来凸现文本中原本被压抑、被隐藏的、看不到的东西。在前几年的一次“五一”节期间，天津卫视组织了四位嘉宾就“高薪还自由”一题进行辩论。论辩期间，我的对手举证广告歌曲 MTV《多好啊》来证明现代人应该更多地享受自由和自然，而不应该过度地投入加班加点的工作。有趣的是，这个 MTV 的内容仅仅在表面上支持举证者的观点，却在文化批评的总体性上丧失了其本身的合理性。画面上，我们可以看到几个家庭的人员，坐车到郊外野餐、假日里面给孩子买气球、夫妻两个相拥打车回家等等场景；阳光、森林、田野和天伦之乐，构成了这个 MTV 浪漫温馨的情调。有趣的是，一旦将这个 MTV 置放到中国社会面临的双重叙事危机的总体性图景中，其内部的含义就发生了逆转：阐释者在解读“多好啊”这个主题的时候，忘记了其中“不好”的元素——出租汽车司机、卖气球的人、公共汽车司机，野餐的草坪上那些没有出现的打扫卫生的人、整理草坪的人、公路上那些铺路修路的人；大家突然就明白了，原来浪漫的“多好啊”里面隐含了多少的“不好”，才能塑造一个阶层的人们的“多好”，而这些“不好”总是不被意识到，我们也就总是被“多好”的场景所征服。显然，从单个的文本里面找到单个的细节的感情，而不把它放在一个总体的资本体制贫富分化的框架里面的话，这个 MTV 是非常美好的，其感染力是非常强大的；而一旦文化批评调动了总体性的想象去观察里面的场景的时候，就立刻造成了现实世界的戏剧性的颠覆。在这里，如果没有明确的阶级意识的思想，也就必然丧失对这个本文所掩盖的社会真实的发现和阐释。

在这里，批评不再建构对世界的体系化的解释，而是置身于具体的历史境遇之中，致力于对现实问题的揭示和阐释，致力于在历史世界中搅动革命的波澜。这正是20世纪以来运行于大众媒介之上的文化批评所确立起来的品格。在这里，批判的形式致力于"文化"，这才是文化批评的主旨所在——而不是人们习惯性认为的，文化批评是运用文化理论进行的批评。正是现代资本主义运用文化来组织其社会管制和体制认同，文化批评才会纠缠于文化领域的批判与解析。简言之，文化批评的文体自觉，恰恰是建立对现代社会叙事危机的充分理解和把握的基础之上的。

文化批评这种文体显示了对"知识"的新的理解。作为一种批判(critic)的知识，文化批评(cultural criticism)并不致力于对于世界的全知，而是致力于对"能知"的世界的分析和区别。这种文体政治的根源来自康德对知识生产的限定性的理解。

在康德的理解中，我们面临永远不可见的所谓物自体，这个"物自体"无法被任何知识描述和捕捉。在这里，人是归属于自然的一个组成部分的，人对自然的观察本身就是对人自己的观察，而这种观察永远不能最终实现。也就是说，我们除了在镜子里面看到我们自己，可以看到别人，但永远看不到我们自身，相应地，也永远无法超越对自我的观察来"客观理解"世界。对康德来说，这个"物"就像永远湮没在黑暗之中的黑洞一样，任何对它的探索都是不可能的。由此，康德遭遇到了这样的矛盾：我们对世界的知识，是建立在一个被遮蔽的层面上；人类对自然世界的观察和对人的世界的观察是分裂的，并且是永远分裂的。

从这个角度来说，文化批评的文体，不仅仅是依托现代公共领域确立起来的一种说话行文的方式，还是统治世界的传统理性主义知识观念倒台之后哲学理论化的产物。康德意识到，知识的限定也就意味着宗教领域和认识领域发生了彻底决裂，德行和幸福并不能相辅相成。批判几乎成了理论唯一的存在方式。不管你相信什么理论，你都要清楚的是，理论只不过是一种意识形态形式，你要通过反思的形式告诉我们，你的理论为什么会在这一时刻这样发生。也正是在这里确立了知识理论的基本使命：与任何想象性地弥合这种决裂的意识形态做斗争。这种斗争的使命，恰恰是当前去政治化的学院派知识生产场域所匮乏的。

显然，文化批评与学院派知识生产体系的矛盾，归根到底乃是是否敢于承认知识乃是一种被内在限定的观念，也就是敢于承认任何对世界的解释，无论打着怎样的普适性和真理性的旗号，都必然是对世界的一种暗含政治性的阐释。所以，恰恰是康德让我们可以重新阐释“意识形态”：意识形态就是使你想当然地认为某种观念天然正确的观念体系，即不愿意承认知识乃是被仅仅限定在特定世界活动之内的那些“常识”。

当我们首先承认知识乃是一种实践性和革命性的政治形式的时候，文化批评就跟中国当前的学院派学术政治决裂了——尽管在学院派看来，文化批评与学术的决裂主要在于它是轰动效应指导下的大众传媒写作形式，不属于规范的学术论文文体。

在第一次世界大战之后，现代社会中的人们面对的主要问题就是资本主义的合法化问题：资本主义总是用非常美好的承诺来叙述这个世界；而作为一种经济体制和政治体制，它能够带给人们的实际利益却远远地小于甚至背离了它作为美学和文化的美好叙事。资本主义社会叙事说，天赋人权，人人生而平等，可是另一方面，他们又鼓吹进化论，鼓吹某些种族总是比另外一些种族更加文明。从这个角度讲，资本主义作为一种权力的组织形式，它采用了一种美学统治。也就是说，资本主义更多的是要制造认同，制造人们美学上的同化，制造人们对国家的自豪感、热爱感然后来完成对政府和国家的认同。正是在这样的意义上，1931 年霍克海默才重提“批判”，并使用了“批判理论”这一概念。这个概念让现代社会的人们理解到，我们将要面对一个现代人的宿命般的矛盾，国家、政权或者是经济体制永远在讲述一个美好的世界图景，而实际的现实生活中，这个美好的图景却永远不能到来。按照马克思的理论逻辑，“在资本主义社会里面，宗教和政治信仰宣称个人有权拥有土地或资本；他们有权使用生产资料为自己谋利，而不是为集体谋利。他强调指出，每个人都接受这些价值，但是，只有少数几个人，诸如地主和资本家，可以行使这个权利。”[①]这恰恰体现了资本主义内在危机的叙事性逻辑：总是用全人类的文化主张来掩盖这种主

---

① [英]乔纳森·特纳等：《社会学理论的兴起》，侯均生等译，天津：天津人民出版社，2006 年，第 119 页。

张里面隐含的利益关系；总是要想象的平等、公正来替代实际生活中的不平等和不公正。

有趣的是，当前中国社会的叙事危机同样面临吊诡的局面：主流意识形态框架内的叙事危机与资本体制话语框架内的叙事危机处于双重交织的状态。21世纪的头十年，是中国市场经济快速发展的十年。与这种经济形式相联系的，则是国家主义意识形态政治的转型或消解。经济、政治和文化三大领域，开始从国家主义时代的整体统一状态向全球化时代的各自分立状态转化。政治领域与经济领域开始由传统的权力控制下的协调一致的关系，转变为社会管理的秩序化与资本逐利的无序化的基本矛盾。国家权力控制方式的稳定性与大型资本剥夺的无序性，形成了中国人生存所面临的基本矛盾。前者趋向于社会政治与经济秩序的安定，后者则趋向于利润追求的简单粗暴。前者依赖后者而获得发展动力；后者依赖前者形成威力。这就有了中国独特的一种社会政治文化景观：自由资本的权力化与地方维权的资本化；前者倾向于制造社会生活的整齐、有序形象，后者则制造出令人惶惶不安的生存体验。

一方面，资本体制令社会主义意识形态处在一种“空壳化”的状态，但是，意识形态的国家机器依旧可以发挥强大的感染力；另一方面，社会主义的体制形态不仅没有成为资本体制的抵制力量，反而因为国家体制可以预防资本主义而没有有效消除资本体制的种种弊端——也就是说经济体制和政治体制发生了分裂，而资本经济所承诺的美好现实也没有完全实现。

正是这种双重危机导致了中国社会文化境况的复杂性。于是，文化批评作为一种社会实践的力量，其政治含义乃在于它可以充分利用各种媒体，充分调动社会人员，积极思考习以为常的事件中蕴含的颠覆性的含义，最终达到对社会总体性图景的重构的目的。

换言之，一方面是批判资本体制的物化逻辑，另一方面是批判管理体制的威权逻辑，这构成了文化批评的文体政治的总体性视野。

从这个角度说，对于当前社会的批判，必须是一种“总体性的批判”，文化批评作为一种知识形态，也就不再是学院派的那种局部的、领域的、专业的和职业的知识形态，而必须是建立在对当前中国社会乃至全球化景观的“历史星空”的认识和把握的基础之上的。

也就是说，文化批评致力于在局部的合理性层面上，通过辩证地发现整体的社会悖谬局面而进行的一种批判——而许多文化批评的学者喜欢置身于具体的事件之中，通过与事件的参与者进行争论的文体斗争方式，并不是文化批评的文体政治之题中之意。

“寓言批评”的政治

卢卡奇的总体性理论，凸显了真实性问题的复杂辩证思路，也同时养育了文化批评的政治向度。但是，一个关键的问题却在于，卢卡奇的真实性建立在总体性（阶级意识）的基础之上的思想，很容易落入粗暴的革命美学陷阱之中。总体性的原则，乃在于抗争“伪经验”的生产，而它可能同时导致人们总是从宿命的批判角度，将各种文化和艺术讲述为关于压迫的同类型故事。正是在这个意义上，有必要引入本雅明的寓言概念来对卢卡奇的真实性追求进行改造性运用。

在本雅明那里，“寓言”（allegory）是与象征（symbol）相对立的思辨概念。刘象愚总结说，本雅明理解的寓言不仅仅是一个修辞或者诗学概念，而是一个审美概念，是一种“绝对的、普遍性的表达方式”；他从自然和历史的关系来看待寓言和象征，象征可以将死亡和毁灭处理得理想化，而寓言则能够在整饬和完美的途径中向人们揭示世界的黑暗、自然的衰败与人类的堕落。[①]

本雅明将人类的文化历史看作是一种文明不断堕落的历史。他提出，艺术史逐渐地由一个和人的经验与身体紧密相关的状态，向一个野蛮的、暴力的、掠夺的、和人的经验相隔很远的状态发展。在这个意义上，本雅明试图去找到艺术所体现的衰败景象或溃败景象所具有的特殊意义。不妨把本雅明的这种艺术美学称之为“毁灭美学”。毁灭、坍塌、消逝，这些意象暗含着救赎，一种要在坍塌之后重新回望和构建的渴望。在本雅明看来，艺术的整个景象都以一种寓言的形式与坍塌的世界联系在一起。本雅明在观察这个世界的时候，他可以把整个世界的空间形式都看成要么是逐渐秩序化，要么是逐渐坍塌化的两

---

① 可参考刘象愚：《前言：本雅明学术思想述略》，载《本雅明文选》，陈永国、马海良编，北京：中国社会科学出版社，1999 年 8 月，第 25—26 页。

类意象。

他拱廊街的分析显示这种寓言批评的内在逻辑:一种玻璃和钢铁的混合物。一方面是钢铁,一方面是玻璃,本雅明发现了玻璃对于私人空间与公共空间的特殊隐喻。这是一个既能区隔私人空间和公共空间的地方,又是一个视觉开放的,可以把公共空间带入到私人空间去的地方。整个长廊内部的结构整体上既是封闭的,又是开放的,形成了本雅明所说的"多孔式结构"。人们从任何一个孔都可以到达外部的世界,而任何一个孔又内分成主体欲望塑造的出口。在那不勒斯,本雅明发现私人空间和公共空间这种敞开交流的状况构成了那不勒斯拱廊街的一个秘密;可是在柏林,本雅明认为,这个秘密却没有了——柏林通过严格的街道区分,把人规划到不同的领域当中,私人生活的空间和人的脚步的领地是紧密联系在一起的,就是你走到哪里,哪里就是你生活的空间。

事实上,正是森严壁垒的现代都市造就了本雅明所讲述的这样一个拱廊街的景象和本雅明所说的毁灭美学之间有趣的关联:越是森严壁垒,这个世界就越显示出它的冷漠,越显示出它对坍塌的抑制力——玻璃这个易碎的意象无形当中让我们从光怪陆离、美丽灿烂中同时感受到瞬间毁灭的可能性的世界图景。玻璃所区隔的世界既是一个虚假的又是一个真实的世界。玻璃把人分成两个领域,并激发起人们浪漫的想象。但这个想象又是虚幻的、不稳定的、是瞬间破坏的,而且是很容易被动摇的。

本雅明的毁灭美学和他对拱廊街的理解混杂在一起。这构成了一个妙趣横生的"政治的寓言"。在巴黎,本雅明发现,拱廊街里面游弋着一些不稳定的元素。而香榭丽舍大街的建筑者带着对大革命中街垒战的恐惧建设了这条著名的街道——他想把这种堡垒式的革命在巴黎彻底地根除。可是本雅明在拱廊街里面进一步发现了革命的因素,他称之为流浪汉、波西米亚人、阴谋家、小偷、游手好闲者,正是这些人构成了一个内在的蠢动的对于这个世界具有毁灭和颠覆性意义的元素。

在这个意义上,本雅明在森严壁垒的、整饬的资本主义图景里面找到了毁灭美学的入口。流浪者、无产阶级的暴徒、阴谋家、小偷、吸毒者,这些人总是作为一个资本主义体系之外的颠覆不安的东西,令资本主义的世界图景变得不稳定,甚至走向它的反面。

于是，经验的批评，最终导致了救赎的渴望，也就相应造就了本雅明用文学的政治批评对抗资本主义世界的冲动。本雅明通过依靠其生命经验来呈现资本主义社会中毁灭与拯救的相互辩证依存的关系。这就构成了典型的寓言式政治批评。

这种批评的逻辑，用本雅明的话说，就是牺牲外表层面上的感情来破开内在的内核。所以，在本雅明那里，寓言式批评要做的第一件工作就是外壳的剥离。在本雅明看来，如果你能够被一个作品的艺术震撼力完全地捕捉住，完全地给笼罩住，那么你就很难剥离附着在作品身上的情感的外壳；反之，如果这个作品无法打动你，无法感染你，那么你同样不能达到作品经验的贯通。本雅明非常有意思地提出了一种艺术连续体观念：在寓言批评的眼中，一切艺术的类型都可以消除，没有什么一流艺术和二流艺术，没有什么绘画、小说、戏剧的区隔，艺术最根本的东西在本雅明那里被简化成了这样一个问题：它如何层层包裹经验？

那么，作为读者，人们如何去打开这个包裹呢？

事实上，本雅明的“经验批评”对世界和艺术的把握是一个外向度的视角，是观察的、观看的、第三者的视角。在本雅明看来，一些现代主义作品是叙事者同时是作品世界内部的流浪者，一个对于时间、空间纪律的打破者，一个穿梭于文化的缝隙之中，一个不断地和作品中的人物纠缠、交结、融合、矛盾、对立和冲突的隐藏着的流浪者。流浪者的视角可以打开这个世界所隐含着的内部的经验，就像本雅明能够在玻璃和钢铁的组合里面来发现资本主义的多孔性，来发现私密空间被严格区分之后要有的那种亲密力的焦虑。

显然，本雅明的寓言式批评，其实质就是把艺术的情感外壳给剥离，把艺术作为另外一个世界，另外一种经验呈现出来。本雅明在比较古希腊悲剧之后，重点分析了莎士比亚的《哈姆莱特》。他认为，《哈姆莱特》的布景像一个坟墓，整个舞台的装饰就像是棺材内发生的故事；而哈姆雷特的行动和内心的盘算，是与故事情节内在分离的。《哈姆莱特》可以把复仇的故事演绎得很悲壮，但是，它把它做得很悲苦。从悲壮到悲苦，这个过程在本雅明看来就是作品内在的意义发生分裂的一个过程，你无法用一个作品内部全部的细节缝合在一起去阐释这个文本的全部的意义——在这里，“任何物体、任何关系都可以绝对指别的东西”[①]，这正是“寓言批评”的之能成立的根本性原则。

当一个作品，不是从其内部的经验，而是从一种整体性的历史、社会的活生生的生命处境的经验进行寓言式解读的时候，文学的政治批评就获得了崭新的意义。

显然，本雅明的寓言批评的核心乃是所谓的“现实的绝对相关性”。而这种现实的绝对相关性，恰恰是卢卡奇所谓的总体性视野下的真实性意识。如果在阐释策略上要走出文本，用文本外部的东西来阐释文本内部的东西，那么外部的东西是什么？我们对文本的阐释要达到外部的哪个疆域才能够彻底地实现呢？这就有了“当下”这个问题。即任何有效的救赎性的批评，乃是对当下问题困境的回答。按照本雅明的逻辑，当下就是一切过去和一切未来都融合到一起的瞬间，是过去和未来共同发生的偶然的瞬间。所以任何当下里面都包含着一个历史历程，而这个历程在哪里爆破？在当下。本雅明既打破了历史连续性，同时又让历史连续性在一个瞬间灿烂辉煌地爆发出来。

正因如此，寓言式批评的特性显现了出来，当下性，就是现实相关性，或者叫当下相关性，就是它所有的文本阐释都是一个途中的阐释，而不是各归其位的，一个终极化的阐释。也就是说，对本雅明而言，这样的判断是没有意义的：作品就是什么什么，尽管可以使用这样的语句，但这样的语句毫无真实的意义，永远不能把一个文本看成是恒定不动的东西——人的经验逐渐在变化，换作当下，未来和过去都因此发生新的爆破，于是读者对这个文本的阐释就有可能是一个新的当下的阐释。

于是，任何阐释都是不稳定的。只要把文本当下的未来、现实、此刻、过去，把这些融会到一个文本当中，让它当下像一个爆炸物一样爆开，铺在人们面前，整个意义就会溃散。

这种寓言式批评，相应确立了我们今天从事文学批评的政治视野。我把寓言式批评总结为这样三个方面：“轰动效应”、“震撼效果”与“多重立场”。

轰动效应。用马克思的话说，重要的不是对这个世界进行哲学的解释，而是用哲学去改变这个世界。文学批评恰恰是在这个意义上来

---

① [德]本雅明：《德国悲剧的起源》，陈永国译，北京：文化艺术出版社，2001年，第143页。

确立文体政治学的基本主张。文学批评要做的就是将其力量达到最普通的民众中，要参与那种革命性力量的拯救。所以本雅明鼓吹以暴力美学的形式来反暴力美学，他鼓吹艺术家、批评家像革命者一样吹响号角，用简约的、简略的、粗犷的这种思考来代替那种复杂的、学院派的、论证的、分析的思考，这恰恰是文学的政治批评所要的东西。文学的政治批评的使命就是鼓动大众，而要想鼓动大众，就要产生轰动效应，就要把自己观察的目光、选题的目光落到那些公共领域里面，抓住有轰动效应的问题来打进现实。

震撼效果。本雅明非常擅长的寓言式批评的特点是把本不相关的事物关联在一起。文本内部的细节无法对文本形成一个解读，看起来很不相关的事情有可能经过寓言式批评而关联在一起，形成特有的震撼。本雅明成功地做过一些这方面的分析，比如说他认为现代艺术的舞台布景就是一口棺材，他从中找到了很多与死亡仪式有关的元素从而把整个舞台看成资本主义世界的灾难笼罩、棺材里面人的生活的一个象征。这是震撼效果。

多重立场。本雅明的文化批评和文学批评有多种变化的角度，并总是在拯救与颠覆的游动中，把自己的思想融入各种立场的政治主张中去。

简言之，文学的政治批评，应该是一种本雅明式的寓言批评，至少是一种用寓言的批评视野来看待世界的范式，是摆脱了反映论的、审美论的，学科化的和学院派的批评的模式。

晚年的本雅明对于乌托邦有一种特殊的感受。布洛赫的乌托邦的历史主张鼓动着本雅明，这令本雅明在看不到希望的时候用他的文学批评去创造希望，去创造获得希望的希望。他不让我们在一片废墟之中丧失意义，所以他才有理由把整个现代世界阐释为一个废墟，一个亟待拯救，在溃落的过程中不断地感受到溃落对于人的这种损耗，对于美好世界的遗落的过程，溃落本身恰恰是一种救赎，只有在堕落的途中你才可以自省，你才可以领悟，你才可以瞬间地用你的想象力去建构天堂的美丽的幻景和浪漫的未来。所以按照本雅明的逻辑来说，任何历史学家只有充分地意识到历史可以终结的时候，他才如此认真地看待他的历史，这个逻辑如此朴实，但无形中构成了文学批评的一个总体的东西。所以，文学的政治批评的策略和文化批评的斗争内在是分裂的又是统一的。分裂是指文化批评总是抓住轰动效应，追求震撼效果，统一是指它的目的是让你不要陷入具体的批评，不要陷入具体的世界，最终达成一个总体的历史化的图景。

总之，一方面去除当前中国文化生产的“伪经验”，将文学的经验通过寓言阐释的方式“还原”为现实中生活的真实处境；另一方面，寓言批评以震撼性的效果暴露现实生活的矛盾，唤起公众强烈的政治诉求。这样，文学的政治批评，也就变成了沟通文学与现实的有效途径。只有这种途径的建立，才能让文学的批评和生产回到现实社会地面上，成为历史意义的真正表达。

（作者单位：南开大学文学院）

作为关键词的空间

[美]戴维·哈维 著　阎　嘉 译

倘若雷蒙德·威廉斯(Raymond Williams)今天要为其著名的《关键词》一书思索词条的话,那么,他肯定会把"空间"(Space)这个词语收入其中。他完全有理由把它囊括在一些概念的简略条目之中,诸如"文化"和"自然",并把它列为"我们语言中最为复杂的词语之一"(Williams,1985)。那么,怎么可能厘清附着在"空间"这个词语之上的一系列含义,而又不至于使我们自己迷失在某个复杂性的迷宫(它本身就是一个有趣的空间隐喻)之中呢?

"空间"经常引起变动。复杂性有时产生于各种变动(它们在讲述中或在写作中经常都会被忽略),而不是产生于空间概念本身内在的复杂性。例如,当我们提到"物质的"、"隐喻的"、"阈限的"、"个人的"、"社会的"或"精神的"空间(仅举几个例子)之时,我们表明了各种各样的语境,这些语境由此改变了实质,以至于使空间的含义要取决于语境。相似地,当我们构造恐惧的、戏剧的、宇宙论的、梦想的、愤怒的、粒子物理学的、资本的、地缘政治学张力的、希望的、记忆的、生态学上相互作用的空间(在此只是表明使用这一词语的一些看似无限的场所)这类短语时,应用的领域明确规定了某种特定的东西,致使对空间的一切普遍性的界定成了一项毫无指望的任务。不过,在下文里,我将搁置这些困难,尝试对这个词语的含义进行一般性的厘清。我希望由此驱散一些看来烦扰着使用这个词语时所造成的错误传达的迷雾。

然而,我们为这一探究选择的切入点并不单纯,因为它不可避免地确定了一个特殊的视点,这个视点突显了某些问题,同时又遮蔽了另一些问题。当然,某种特权通常都与哲学上的反思一致,因为哲学志在超越人类实践和局部知识各不相同的领域,以便为我们诉求的各种范畴指派明确的含义。我已经形成这样的印象,即在哲学家们当中存在着有关空间之含义的众多纷争和混淆,而完全没有把它当成一个毫无疑问的出发点。此外，由于我绝无资格从哲学传统内部来反思空间概念，看来最好是从我最为了解的那个点开始。因此，我要从地理学家的立场出发，并非因为这是一个享有特权的立场，它以某种方式具有运用空间概念的所有权（正如某些地理学家有时声称的那样），而是因为这是我恰好进行了大部分研究工作的领域。正是在这个领域中，我最直接地就与“空间”这个词语相关的全部复杂性进行过努力。当然，我经常利用在学术和知识之劳动分工的各个学科中进行工作的其他人的成果，也利用了很多地理学家（人数众多，以至在这类简短的文章里无法答谢）的成果，他们都曾以自己特有的方式积极参与了这些问题的探讨。我在这里并不试图对所有这些成果进行一种综合。我所提供的纯粹是一种个人的说明，即尽可能令人满意的说明，在我寻求那些成果对于我主要关心的理论与实践话题的意义之时，我自己观点的发展。

多年前，我就开始反思这个问题。在出版于 1973 年的《社会正义与城市》（*Social Justice and the City*）一书中，我提出：如果我们要理解资本主义的城市发展进程，至关重要的是要反思空间的性质。我利用了以前从科学哲学的研究中收集来的各种理念，以及一部分在《地理学中的解释》（*Explanation in Geography*）里探讨过的理念，确定了一种理解空间之方式的三重区分：

> 如果我们把空间看成是绝对的，那么，它就成了一种具有独立于物质而存在的“物自体”（thing in itself），它因此就具有一种我们可以用于归类或区分现象的结构。相对的空间观提出：空间被理解为对象之间的一种关系，它的存在仅仅由于对象存在并且彼此关联。还有另外一种理解，即把空间看成是相对的，而我宁愿把这叫做相关的空间——按照莱布尼兹（Leibniz）的方式，空间被认为包含在对象之中，在这种意义上，可以说一个对象的存在仅仅因为它自身内部包含和表现了与其他对象的各种关系。
>
> （哈维，1973a）

我认为，这种三重区分完全值得维持下去。因而，让我从简要阐述这些范畴各自具备一些什么内涵开始。

绝对空间（absolute space）是固定的，我们在其框架内部表明或者规划各种事件。这属于牛顿(Newton)和笛卡尔(Descartes)的空间，它通常被表现为一种预先存在和固定不变的坐标方格，可以用标准化的尺度测量，并且容易计算。从几何学上看，它属于欧几里得(Euclid)的空间，因而也是各种地籍制图(cadastral mapping)和工程实践的空间。它是一种主要的单个形成的空间——如笛卡尔提出的"广延之物"(*res extensa*)——这适用于一切分离的和有界限的现象，包括作为个体之人的你和我。从社会方面看，这是私有财产和其他有界限的领土所指定的空间(诸如国家、行政管理单位、城市规划和城市网络)。当笛卡尔式的工程师带着一种掌控感来看待世界时，它就成了一个绝对空间(和时间)的世界，一切不确定和含糊之物，在原则上都可以从中被排除，人类的算计在其中可以畅通无阻地繁盛起来。

相对空间(relative space)的概念主要与爱因斯坦(Einstein)的名字和19世纪最为系统地开始建构的非欧几里得几何学有联系。空间在双重意义上是相对的：存在着要从中选择的多种几何形，以及空间结构主要取决于被相对化之物以及被谁相对化。当高斯(Gauss)最初为了处理精确测量弯曲的地球表面的问题而确立了非欧几里得球形几何学的各种规则之时，他也肯定了欧拉(Euler)的断言：地球表面任何部分具有完美比例尺的地图是不可能的。爱因斯坦推进了这一论点，指出度量的所有形式都取决于观测者的参照框架。他教导我们说，必须抛弃物质世界中同时性(simultaneity)的理念。受这种构想的影响，不可能理解独立于时间的空间，而这要求语言从空间"与"时间，向时空(space-time)或时空性(spatio-temporality)进行重要转移。当然，在考查按光速运行的时间过程时，正是爱因斯坦的成就，才发现了考查空间的弯曲率这种现象的精确手段[奥瑟曼(Osserman)，1995]。但是，在爱因斯坦的图式中，时间依然是固定的，而正是空间才按照某些可以观察到的规则进行弯曲(与高斯发明的球形几何学大致相似，是一种通过三角测量来测量地球弯曲表面的精确手段)。在地理学工作更为普通的层面上，我们知道，交通往来的空间看上去而且确实非常不同于私有财产的空间。由绝对空间中有界限之领土所确定的场所和个体形成的独特性，让位于场所的多样性，可以说，那些场所与某个重要的城市场所的距离相等。我们通过区分按照成本、时间、交通方式的划分(汽车、自行车或滑板)来衡量的各种距离，可以创制出完全不同的相对场所的地图，甚至可以通过考虑网络、拓扑关系

(邮递员投递邮件的最佳路线)和类似问题来破坏空间的连续性。我们知道,假定在地球表面碰到有差异的阻力,那么,两个点之间最短的距离(根据耗费的时间、成本、能源来衡量),并不一定是由传说中的乌鸦的飞行方式提供的。此外,观测者的立场起着一种关键作用。正如著名的斯坦伯格的动画片使人想到的,当人们回想起通往哈德逊河西岸或长岛东岸的区域时,典型的纽约人对世界的看法就会非常迅速地消失。重要的是要注意到,所有这些相对化,并非必然会减少或者消除算计与掌控的能力,但这的确表明:考虑到各种独特的现象和过程,需要有特殊的规则和律法。不过,当我们寻求把来自不同领域的理解整合到某种更加统一的努力之中时,确实出现了各种困难。例如,为了精确表现能源通过各种生态系统流动所需要的时空性,或许与在全球市场中金融流动的时空性并不一致。理解资本积累的时空节奏,要求一种完全不同于理解全球气候变化所需的框架。这些分离虽然极为难于研究透彻,但如果我们要确认它们是为了什么,却不一定是一个缺点。不同时空框架之间的比较,可以说明政治选择的问题。(例如,我们赞成金融流动的时空性呢,还是赞成这种流动特别要破坏的生态过程的时空性呢?)

相关的空间(relational space)的概念最经常与莱布尼兹的名字相联系,莱布尼兹在著名的克拉克(他实际上是一个拥护牛顿的替身)系列讲座中,极力反对对牛顿的理论来说非常重要的绝对的空间和时间观。[①] 他反对的主要理由是神学上的。牛顿使那种理论看起来就像是连上帝都处于绝对的空间和时间之内,而不在时空性的掌控之中。再者,相关的空间观坚持认为,在限定空间或时间的过程之外,不存在空间或时间这样的东西。(倘若上帝创造了世界,那么,他也要在众多可能性当中进行选择,以创造一种特殊的空间和时间。)过程并非发生"在"空间之中,而是界定了过程自身的空间框架。空间的概念包埋在过程之中,或者说内在于过程。如同相对空间的情况一样,这种阐述本身意味着,不可能使空间摆脱时间。因此,我们必须把焦点放在时空的关系性之上,而不是放在孤立之空间的关系性之上。相关的时空概念暗示了内在关系的理念;外在的影响在特定过程或事物中通过时间被内在化了(几乎就像我的内心吸收了各种外部信息和刺激因素,

---

① 我在1996年的著作里,尤其是在第十章里,对此作了一些评论。

从而产生出包括梦想和幻想在内的奇异思想范式，以及进行理性考虑的企图一样)。空间中某个点上的事件或事物，不可能通过诉诸仅仅存在于那个点上的东西来理解。它要依赖其周围发生的其他一切东西(非常类似于进入房间进行讨论的所有人，全都随身带来了一大堆在世界上积累起来的经验资料)。盘旋在过去、现在和未来空间中的多种多样完全不同的影响，聚集并凝结在某个点上(例如，在一个会议室里)，确定了那个点的性质。在这种论点中，同一性意味着某种全然不同的东西，不同于我们从绝对空间中获得的对它的那种感觉。因此，我们确实得出了莱布尼兹单子概念的一种延伸了的翻版。

我们越接近相关的时空世界，度量就变得越来越有疑问。然而，人们何以要认定：时空只有按照某些传统方式是可度量和可计量之时，它才存在呢？这导致了对实证主义和经验主义之失败(或许最好解释为局限性)的一些有趣的反思，即它们提出了对超越可度量之时空概念的某些勉强的理解。在某种程度上，相关的时空概念把我们带向了数学、诗歌和音乐汇聚的那个点，即使不是合并的那个点。而从科学的观点(与美学的观点相反)来看，这是对实证主义者或拙劣的唯物主义者所偏好的那些概念的诅咒。在这个问题上，把空间看成是真实的但只有凭直觉才能感受到的康德式的折衷，试图通过把空间概念正好合并到审美判断的理论之中，从而在牛顿与莱布尼兹之间架设起一座桥梁。但是，相对于对待心灵的更加辩证的方法而言，莱布尼兹回归到了不仅作为赛博空间之宗师、而且作为基础思想家的声望和重要性——大脑的问题和量子理论的阐述表明了某种迫切要求，即要超越绝对和相对的概念，超越这些概念更容易度量的特质，并且超越康德式的折衷。但是，相关的领域是一个极具挑战性和要产生作用的困难领域。在很多年里，有众多思想家用自己的才华去反思相关思想的可能性。阿尔弗雷德·诺思·怀特海(Alfred North Whitehead)被相关观点之必要性所迷惑，为推进这种必要性做了大量工作。[①] 德勒兹(Deleuze)在反思莱布尼兹(以及反思巴洛克建筑和包含在莱布尼兹著作中的数学)与反思斯宾诺莎(Spinoza)之时，同样也提出了很多这类理念(德勒兹，1992)。

---

① 菲茨杰拉德([Fitzgerald]，1979)；我在1996年的著作中尝试过与怀特海的观点达成一致。

然而,作为一位地理工作者,我为何要发现以及如何去发现处理时空的相关方式很有用处呢?答案完全在于:存在着某些话题,诸如集体记忆在城市进程中的政治作用,它们只能以这种方式来处理。我无法把政治的和集体的记忆限制在某种绝对空间里(清晰地把它们置于坐标方格或地图中),我也不可能按照不管有多么复杂的相对时空的规则去理解它们的循环。如果我要问天安门广场或者世贸大厦遗址(Ground Zero)"意味着"什么的话,那么,我能够寻求答案的唯一方式,就是按照相关的条件来思考。这就是我在写到巴黎的圣心大教堂(the Basilica of Sacré-Caeur,哈维,1979a)时所面对的问题。而且,如我很快将表明的,如果不诉诸相关的观点,就不可能理解马克思的政治经济学。

因而,空间(时空)是绝对的、相对的呢,还是相关的?我完全不知道是否存在着一个对此问题的本体论答案。在我自己的著作中,我是按所有这三个方面来思考空间的。这就是我 30 年前得出的结论,而我找不出任何特殊的理由(也没有听说过任何论点)来使自己改变想法。以下是我那时写下的话:

> 空间本身既不是绝对的、相对的,也不是相关的,但它可以依据境况成为其中一种,或者同时成为全部三种。恰当地使空间概念化的问题,要通过与之相关的人类实践来解决。换言之,不存在由空间性质产生的哲学问题的哲学答案——答案在人类实践之中。因此,"什么是空间"的问题,要由"不同的人类实践如何创造了空间以及怎样利用对空间的不同概念化"的问题来取代。例如,所有权关系创造了垄断控制得以在其中运作的绝对空间。人员、货物、服务和信息的运转发生在一种相对的空间里,因为它要耗费金钱、时间、能源和类似的东西去克服距离的阻力。土地的地块也要攫取利益,因为它们包含了与其他地块的关系……相关空间以租金的形式自我继承,成了人类社会实践的一个重要方面。
>
> (1979a:13)

存在着确定一种空间结构何时、何地比另一种空间结构更好的规则吗?或者说,选择是任意的,还是要服从人类实践的冲动?运用这个或那个概念的决定，肯定要取决于研究中的现象之性质。绝对的概念对所有权分界线和确定边界的问题来说，可能是完全适当的，但它在什么是天安门广场、世贸大厦遗址或圣心大教堂的问题上，对我毫无帮助。我由此发现，有帮助的是——似乎仅仅作为一种内在的标准——要概述选择参照的绝对、相对或相关框架的理由。此外，我经常发现自己在实践中会设想：在相关空间可以包含相对空间和绝对空间、相对空间可以包含绝对空间、而绝对空间只是绝对空间之类的意义上，它们当中存在着某种要产生作用的等级关系。但是，我不会大胆地提出这种观点是一种研究原则，更不用说试图在理论上为它辩护。我发现，使这三个概念彼此保持辩证的张力，经常通过它们之间的相互影响来思考，在原则上要有趣得多。世贸大厦遗址是一种绝对空间，在时空中同时也是相对的和相关的空间。

让我尝试把这一观点放到一个较为直接的语境之中吧。我在一个房间里进行一次谈话。我说话的范围受到那些特定墙壁的绝对空间的限制，受到谈话的绝对时间的限制。为了听我谈话，人们必须在那个绝对时间里处于那个绝对空间之中。那些不能进来的人们被排除在外，迟到的人们听不到我谈话。在场的人们被看成是个体——具有个性——每个人在那时都与绝对空间一致，如占用的座位。但是，相对于我的听众而言，我也在一种相对空间之中。我在这里，他们在那里。我试图通过一种媒介——空气——穿过空间进行交流，空气分别折射出我的话。我温和地谈着，我的话的清晰性在空间中消逝：后排完全无法听见。如果有通往阿伯丁的实况视频的话，那里就能听到我的话，而不是在后排。我的话在相对时空里被分别听到。个性化变得更加有疑问，因为有很多人正好在时空中对我来说同样的相对场所里。所有在第四排的人与我都是等距离。在那些听得见和听不见的人们之间，出现了时空中的一种不连续性。对在房间里进行谈话的绝对空间和时间里所发生的情况进行分析，看上去非常不同于通过相对时空的镜头进行的分析。但是，后来也有了相关的时空。听众中对谈论各种理念与体验的绝对空间和时间恢复了知觉的个人，从自己生活轨迹的时空与房间里共存的各种时空中进行挑选：他不可能不去想早饭时的争论，她无法从心里抹去昨天晚间新闻里死亡和破坏的可怕景象。我谈话方式中的某种东西使某个人想到了失落在有点遥远的过去的一个创伤性事件，我的话使另一个人想起了他们在 20 世纪 70 年代经常去参加的那些政治集会。我的话表达了对世界上发生的事情有点激愤。在谈到我们在这个房间里所做的一切都是愚蠢和微不足道的时，我发现自己正在思索。房间里有一种明显的紧张感。我们为什么不走出那里去推翻政府？我使自己从所有这些关系性中解脱出来，退回到房间绝对的和相对的空间之中，试图以一种朴素的和技术性的方式谈到作为一个关键词的空间这一话题。紧张消散了，前排的某个人在打盹。我知道每个人都在绝对的空间和时间里，但随着谈话的进行，我不知道“人们的头脑想到了哪里”。我感觉得到，有些人跟随着我的思路，有些人却没有，但我确实无法分辨。然而，这肯定是一切之中最重要的因素。那毕竟是变动着的政治主体性之所在。关系性即使不是无法阻止的，也是难以捉摸的，虽然如此，它却依然是极其重要的。

我借这个例子意在表明，必定存在着一种有关空间性本身的阈限性，因为我们都同时被无情地置于所有三种框架之中，尽管不一定是同等地处于其中。我们经常都没有注意到，我们通过自己的实际行动可能终止于喜欢这种或那种界定。我将以一种绝对论的方式做一件事，并得出一系列结论；我将以一种相对的方式，构造出自己不同的解释，做出另一件事；如果一切透过相关的过滤器看上去都不一样，那么，我将以一种完全不同的方式来指引自己的行为。我们所做的和我们所理解的，都必须依赖我们自己处于其中的主要时空框架。思考一下这一点在涉及大多数充满社会政治概念、我们叫做“身份”的时候是如何起作用的吧。绝对空间和时间中的一切都足够清晰，但在涉及相对时空和相关世界中的明显困难时，情况就变得有点棘手。然而，只有在最后这个框架里，我们才可能着手努力对付当代政治的很多方面，因为那是政治主体性和政治意识的世界。杜·波伊斯(Du Bois)很久之前就试图根据他所称的“双重意识”(double consciousness)来提出这一问题——他问道：在自己身上带着作为黑人和作为美国人的体验，意味着什么？我们现在通过追问作为美国人、黑人、女性、女同性恋者和工人阶级意味着什么，使这个问题进一步变得复杂了吗？所有这些关系性是如何进入主体的政治意识的？当我们思考其他方面——移民、流散群体、游客和旅行者、那些注视着当代全球媒体并部分过滤或者吸收其信息中的杂音的人们之时——我们在这时所面临的主要问题是，理解整个这一体验和信息的相关世界是如何在特定政治主体身上被“内在化”的(虽然在绝对空间和时间中是个体化的)，以支撑这种或那种思路，以及这种或那种行动路径。坦白地说，如果不考虑在相关条件下发生的情况，那么，我们就无法理解政治主体性在其中形成、政治行动在其中发生的变动着的领域。

倘若绝对空间、相对空间和相关空间的概念之间的对比是揭开作为关键词的空间之含义的唯一途径的话，那么，问题确实就可以到此为止。无论有幸还是不幸，还有另外的、同样有说服力的方式来提出这个问题。例如，近年来，很多地理学家都已指出了使用空间概念时的一个关键差别，即把空间概念当成据以理解实体地理学的唯物主义规划中的一个实质性要素，与在社会、文学和文化理论中广泛使用空间隐喻之间的差别。此外，这些隐喻经常被用来破坏所谓的元叙事（如马克思的理论），破坏时间维度在其中特别流行的那些论证策略。所有这一切激起了关于空间在社会、文学和文化理论中的作用的巨大论争。我无意卷入对于这种所谓普遍的“空间转向”之意义、尤其是它与后现代主义之关系的详细讨论之中。但是，我自己的立场始终都非常清楚：无疑，对空间和时空的恰当思考，对于如何阐明和发展各种理论与理解，具有至关重要的影响。然而，这绝对没有为厌恶一切致力于元理论的努力提供任何理由（最终结果会把我们带回到 20 世纪 50 年代在学院里成熟起来的地理学，有趣的是，正是在学院里，当代英国地理学的一个重要分支有幸得到了实质性的推进，哪怕是在无意之中）。尽力解决作为关键词之空间问题的要点，因而在于：要确定这个概念怎样能更好地被整合到现有的社会、文学和文化的元理论之中，以及会产生什么效果。

例如，卡西尔（Cassirer）确立了对人类空间体验方式的三重划分，并对“感官的”、“知觉的”和“象征的”空间进行了区分（卡西尔，1944；也可参见哈维，1973a：28）。他从生物学上把特定的空间体验的所有那些形式都放在第一种当中（因而是物质的，要通过我们感官的独特性去获得）。知觉空间是指我们通过神经系统处理对空间的身体和生物体验，把它记录到思想世界中的各种方式。在另一方面，象征空间则是抽象的（并且可能伴随着抽象象征语言的发展，如几何学、建筑或绘画形式的建构）。象征空间通过阅读和阐释产生出特定的含义。审美实践的问题在这里引人瞩目。在这个领域里，就朗格（Langer）而言，她区分了“真实的”和“虚幻的空间”。在她看来，后者相当于一种“根据形式、色彩等等建构的创造性空间”，以至于产生出无形的形象和幻觉,它们构成了所有审美实践的核心。她认为,建筑“是一种塑造的艺术,它首要的成就始终都是一种无意识的、不可避免的幻觉:被转换为视觉印象的、某种纯粹想象性的或概念性的东西”。真实空间里的存在物非常容易描述出来,但为了理解伴随着艺术作品的影响而来的情感,我们就必须探究虚幻空间这个非常不同的世界。她坚持认为,这一点始终都把我们投射到一个独特的异族风格的领域之中(朗格,1953;也可参见哈维,1973a:31)。这些都是我当初在《社会正义与城市》里遇到的各种想法。

正是根据这种空间化思想的传统,列斐伏尔(Lefebvre)(几乎可以肯定,他借助了卡西尔的观点)建构了他自己独特的三重划分,即物质空间(体验的空间,以及容易受到身体触觉和感觉影响的知觉空间);对空间的表现(设想和呈现出来的空间);表现的空间(经历过的、被合并到我们日复一日生活之中的感觉、想象、情感和意义的空间)(列斐伏尔,1991[1974])。

我在这里把焦点集中在列斐伏尔身上,并非像文化和文学理论方面的很多人似乎会料想到的那样,是因为列斐伏尔提供了对空间生产的所有思考从中产生的原初契机(这样一种论点明显是荒谬可笑的),而是因为我发现,列斐伏尔的范畴比卡西尔的范畴使用起来更加方便。对我们人类来说,物质空间完全就是可以触知的、在感觉上与物质交互作用的世界,它是体验的空间。那个世界中的各种要素、瞬间和事件,是按照某些特殊的物质性建构起来的。我们怎样表现这个世界,则是一个完全不同的问题,但在这方面,我们也不是以各种任意的方式来设想或呈现空间的,而要寻求某种适当的、即便不是精确的反思,通过抽象的表现(词语、图示、地图、图表、图画等等)来反思围绕着我们的物质现实。然而,列斐伏尔与本雅明(Benjamin)一样坚持认为:我们并非像在唯物主义的世界里到处飘浮着的物质原子那样生活着;我们还拥有想象、恐惧、情感、心态、幻想和梦想(本雅明,1999)。这些表现的空间是我们在世界上生活之道的重要部分。我们也试图呈现这种空间在情绪和情感方面的状态,以及在物质方面依靠诗歌意象、摄影构图、艺术重构生活的状态。梦境、幻想、隐蔽的渴望、失落的记忆,甚或我们沿街步行时的一阵特殊震颤、恐惧的刺痛感等奇异的时空性,都可以通过艺术作品得到表现,那些作品最终都在绝对空间和时间中有着普通平凡的存在。莱布尼兹也曾发现过交替发生的时空世界,以及大量有趣梦想的所有问题。

就我们思考过的对空间术语的第一种三重划分而言,诱人的是把列斐伏尔的三个范畴当成按等级安排好的,但在这里似乎也最适合使这三个范畴保持辩证的张力。对空间和时间排序的身体与物质体验,在某种程度上要由表现空间和时间的方式来调节。在波浪中游泳的海洋学家和物理学家对空间与时间的体验,不同于迷恋沃尔特·惠特曼(Walt Whitman)的诗人或者喜爱德彪西(Debussy)的钢琴家对空间和时间的体验。阅读一本关于巴塔哥尼亚高原(Patagonia)的书,很可能会在我们去那里旅行时影响到我们对那个地方的体验,即使我们体验到了书面词语产生的期待与对那个场所的实际感受之间引人注目的感知上的不一致。我们在过自己的日常生活时包围着和围绕着我们的表现的空间与时间,同样会影响到我们的直接体验,以及我们解释和理解那些表现的方式。我们甚至没有注意到被整合到日常生活之中的空间排序的物质特质,因为我们遵循着未经检验的常规。然而,正是通过那些日常的物质常规,我们才吸取了空间表现如何起作用的某种感觉,为我们自己建立起了某些表现的空间(例如,内心深处对一个熟悉的邻居的安全感,或者"在家里"的安全感)。我们只注意到某种东西什么时候完全不适当地出现了。我要提出,正是各种范畴之间的辩证关系,才真正具有重要性,即便使每个要素具体化为体验空间和时间的独特契机对于理解的目的来说很有用。

这种思考空间的方式有助于我解释艺术和建筑作品。一幅画作,如蒙克(Munch)的《呐喊》,是一个物质客体,但它是根据一种精神状态(列斐伏尔所谓表现的空间或经历过的空间)的立场创造出来的,并且试图通过一套特殊的表现性代码(对空间的表现或设想出来的空间),呈现出一种物质形式(对我们实际的身体体验开放的绘画的物质空间),这种形式向我们表示有关蒙克生活的那个空间之特质的某种东西。他似乎做了某个可怕的噩梦,我们从那个噩梦中醒来后尖叫。他通过那个物质客体得以传达出对噩梦的某种感受。很多当代艺术家利用多媒体和活动技巧来创造来自体验的空间,其中综合了体验时空的几种方式。例如,在这方面有朱迪思·芭里(Judith Barry)参加"第三届柏林当代艺术双年展"的作品,目录中对其作品的描述是:

在其实验作品里,视频艺术家朱迪思·芭里探究了私人空间

> 与公共空间、媒体、社会和性属的运用、建构以及复杂的交互作用。她的装置作品和理论著作的主题，将它们本身定位于一个观察的领域中，那个领域传达出历史记忆、大众交流和感知。在观众的想象与媒介生成的建筑之间的一个领域里，她创造出了各种想象的空间、对世俗现实疏远的描述……在作品《声音渐变》(*Voice Off*)中……观众进入到展览空间幽闭恐怖的狭窄拥挤之中，深入到作品里，并且被迫穿过装置，不仅体验到电影的印象，而且也体验到电影美学的印象。被分割开的投影空间提供了接触不同声音的可能性。对各种声音的运用和聆听如同一种驱动力，精神紧张的强度——尤其是站在投影的男性一边——传达出这种无形的和短暂的对象内在的力量。各种声音向观众演示了人们如何使得声音发生变化，人们如何试图控制声音，当再也听不到声音时如何使人失去感觉。

目录得出结论说：芭里“展示了变化的审美空间，它们在诱惑与未决定的反思之间留下了矛盾情绪”(第三届柏林当代艺术双年展，2004:48－49)。

但是，要充分把握对芭里作品的这段描述，我们需要把空间和时空的概念用于复杂性的更深层面。这段描述中有很多内容超出了列斐伏尔的范畴，而要回头提及绝对空间和时间(展览狭窄拥挤的物质结构)、相对的时空(观众穿过空间的连续运动)与相关时空(记忆、声音、精神紧张、无形和短暂，以及幽闭恐怖症)之间的差别。然而，我们也无法放弃列斐伏尔的范畴。被建构的空间具有物质的、概念的和经历过的维度。

因此，我要提出一种冒险性的跳跃，在这种跳跃中，我们使绝对时空、相对时空和相关时空的三重划分，面对列斐伏尔所确定的体验到的、概念的和经历过的空间的三重划分。结果是一种三乘三的矩阵，在其中，交集点使人想到理解空间和时空含义的不同属性。有人完全可能反对说，我在其中会限制各种可能性，因为一个表现的矩阵模式被自我限制于一个绝对空间之中。这是一种很有根据的反对意见。就我在这里所涉及的一种表现性实践(概念化)而言，我无法充分评判体验到的空间性领域，也无法充分评判经历过的空间性领域。因此，我所提出的矩阵以及我运用它的方式，明显具有有限的启示力量。但是，就已承认的一切而言，我发现有帮助的是，思考一下出现在矩阵内部不同交集点上的各种结合物。绝对空间里表现的优点在于：它使我们能够极为清楚地使现象个性化。只要一点点想象力，就有可能辩证地思考矩阵内部的所有要素，所以，每个环节都被想象为其他一切的一种内在关系。我在图表 1 和图表 2 中（以一种有点精简的、随意的和示意性的形式）说明了我心里所想到的东西。矩阵内部的条目只不过是提示性的，而非确定性的（读者们可以享受建构自己的条目的乐趣，以便获得对我的意图的某些感受）。

图表 1　作为关键词的空间可能之含义的矩阵

	物质空间（体验到的空间）	对空间的表现（概念化的空间）	表现的空间（经历过的空间）
绝对空间	墙壁，桥梁，门，楼梯，楼层，天花板，街道，楼房，城市，山脉，大陆，水体，领土标记，自然边界和屏障，有门禁的社区……	土地清册和行政管理地图；欧几里得几何学；风景描述；禁闭、开放空间、场所、布置和位置的隐喻；（相对容易掌控）——牛顿和笛卡尔	围着壁炉的满足感；出自被围住的安全感或钳闭感；出自对空间的所有权、掌握和支配的权力感；对“超越界线”的他人的恐惧
相对空间（时间）	能源、水、空气、商品、人员、信息、金钱、资本的循环和流动；距离阻力的加速和减少	主题和拓扑地图（如伦敦的地铁系统）；非欧几里得几何学与拓扑学；透视图；定位知识、运动、移动、替换、加速、时空压缩和距离的隐喻；（掌控困难要求熟练的技巧）——爱因斯坦和黎曼(Riemann)	没有按时达到等级的焦虑；走进未知领域的战栗；交通堵塞中的受挫；对时空压缩、速度、运动的紧张或兴奋
绝对空间（时间）	电磁能量的流动和场域；社会关系；租金和经济潜力的表层；污染浓度；能源潜力；微风中飘荡的声音、气味和感觉	超现实主义；存在主义；心理地理学；赛博空间；力量和权力内在化的隐喻（极度艰难的掌控——混沌理论，辩证法，内在关系，量子数学）——莱布尼兹，怀特海，德勒兹，本雅明	幻象，幻想，欲望，挫败，记忆，梦想，幻觉，精神状态（如陌生环境恐怖症，眩晕，幽闭恐怖症）

图表 2 马克思理论的时空矩阵

	物质空间（体验到的空间）	对空间的表现（概念化的空间）	表现的空间（经历过的空间）
绝对空间	实用商品，具体劳动过程，纸币与硬币（地方货币?），私有财产/国家边界，固定资本，工厂，构筑的环境，消费空间，警戒线，被占据的空间（嵌入物）；巴士底狱或冬宫风暴	使用价值和具体劳动，劳动过程中的剥削（马克思）与作为创造性游戏的工作（傅立叶）；私有财产和阶级排他性；地理上不平衡发展的马赛克	异化与创造性的满足；孤立的个人主义与社会团结；对地方、阶级、身份等的忠诚；相对的剥夺；非正义；缺乏尊严；愤怒与满意
相对空间（时间）	市场交换；贸易；商品的循环和流通，能源，劳动力，货币，信贷与资本；交换与迁移；贬值与衰退；信息流动与外来鼓动	交换价值（运动中的价值）；积累计划；商品链条；移民和散居模式；输入——输出模式。时空"调整"理论，通过时间消灭空间，资本通过构筑的环境流通；世界市场、网络的形成；地缘政治关系与革命策略	金钱与商品拜物教（永远无法满足的欲望）；对时空压缩的焦虑/兴奋；不稳定性；不安全感；行动和运动的强度与休憩；"一切坚固的东西都烟消云散……"
相关空间（时间）	抽象劳动过程；虚拟资本；抵抗运动；突发的示威与政治运动表达的激增（反战，1968年，西雅图……）；"革命精神的鼓动"	货币价值，作为社会必要劳动时间的价值；与世界市场有关的凝结的人类劳动；运动中的价值规律与金钱的社会力量（全球化）；革命的希望与恐惧；改变的策略	价值，资本主义的霸权（"别无选择"）；无产阶级觉悟；国际团结；普遍权利；乌托邦梦想；多数人；对他人的同情；"来世是可能的"

我觉得，有益的是通读或浏览这些范畴矩阵，想象一下结合物的复杂情况。例如，想象一下新泽西海岸富人们有门禁的社区的绝对空间吧。有些居民每天都在相对空间里活动，出入曼哈顿的金融区，他们在那里进行影响到全球社会生活的信贷与货币投资活动，由此挣得了极大的金钱力量，使他们可以反过来给他们有门禁的社区的绝对空

间输入各种能源、异国食品和奇异的商品，他们需要以此来确保自己有特权的生活方式。不过，这些居民隐约觉得有威胁，因为他们感到世界上对美国出现的一切东西都有一种发自内心、无法确定、无法探明的仇恨，它的名字叫做“恐怖主义”。他们拥护保证使他们不受这种朦胧威胁的政府。但是，他们对于自己感到在世界上围绕着他们的敌意日渐变得偏执起来，日渐指望建立自己的绝对空间以保护他们自己，把围墙修得越来越高，甚至雇用武装警卫守护边界。同时，他们肆意挥霍地消耗能源，为他们的防弹悍马车提供动力，每天开车进城，考验打破全球气候变化之支撑的最后那根稻草。大气循环的模式引人注目地改变了。接着，在非常有说服力却相当不准确的对混沌理论的通俗化描述中，一只蝴蝶在香港拍打翅膀，于是就有一阵破坏性的飓风袭击新泽西海岸，抹掉有门禁的社区。很多居民死了，因为他们对外界非常害怕，以至忽视了疏散的警告。如果这是一部好莱坞的电影，那么，孤独的科学家则会看出危险所在，去营救他所爱慕却一直不理睬他的那个女人，而她现在则满怀感激地爱上了他……

在讲述这类天真的故事时，证明了不可能只限于空间和时空思维的唯一一种心态。在绝对空间里采取的各种行动，只有在相关条件下才有意义。因此，甚至更为有趣的是这种情形，即矩阵中的各个环节都处在更加显而易见的辩证张力之中。让我对其加以说明。

在重新设计曼哈顿著名的“世贸大厦遗址”时，应当采取怎样的空间和时空原则？从物质上可以重建的是一种绝对空间，为此目的，必须进行工程计算（根据牛顿力学形成的）和建筑设计。有很多关于遗址的挡土墙和承载能力的讨论。空间一旦变成某种人工物质制品，可能会经受关于它的审美判断，对它的概念化和体验也会变得很重要（康德会赞成）。问题在于，安排物质空间要造成一种情感上的效果，同时要使某些期待（商业上的、情感上的和美学上的）与空间如何被经历过相配合。曾经建构起来的对空间的体验，也许要由各种表现性的形式（如指南和计划）来调节，它们有助于我们解释重建遗址所设计的含义。但是，与求助于其他时空框架得来的洞见相比，只在绝对空间这个方面辩证地活动，并不怎么值得。资本主义的开发者们敏锐地意识到了遗址的相对位置，根据交换关系的逻辑来判断其商业开发的前景。它相对于华尔街的掌控功能的中心性和邻近性，是很重要的属性，如果在重建过程中能够改善交通道路的话，那么情况就会好得多，因为这只会使土地和资产增值。对开发者来说，遗址不仅仅存在于相对的时空之中：遗址的改建提供了改变相对时空的前景，这样将提高绝对空间的商业价值（例如，通过改善去机场的道路）。时间视野会受到考虑分期偿还率、利率和折扣率的支配，它们都要用于构筑的环境中的固定资本投资。

然而，几乎可以肯定会出现普遍的反对意见，它们由那些遗址死难者的家属领头，要求只根据这些绝对时空或相对时空的条件来思考和修建。无论在这个遗址上修建什么，都必须就历史和记忆表达出某种东西。也很有可能有压力，要就社群和国家的意义表达些什么，也要就未来的可能性表达些什么（甚或还有追寻永恒的真相）。遗址也不可能忽视与世界其他地方相关空间的连通性问题。就连资本主义的开发者们也不会反对把自己世俗的商业考虑与激发灵感的象征性陈述结合起来（强调在 9 月 11 日遭到如此巨大打击的全球资本主义政治经济体系无法破坏的力量），比如说，竖立一座高耸的性器表征来表示蔑视。他们也会寻求相关时空中的表现力量。但是，存在着要探究的各种各样的关系性。我们对那些发起攻击的人了解一些什么，我们的关系有多遥远？遗址是并将具有在世界上的一种相关性存在，无论在那里修建什么，它对于反思这种现存物如何起作用则很重要：它会像美国的傲慢自大的象征一样被经历过吗，或者像全球同情和理解的符号那样被经历过？提出这样的问题，需要我们利用一种相关的时空概念。

正如本雅明认为的，如果历史（一个相对的时间概念）与记忆（一个相关的时间概念）不一样的话，那么，我们就要选择，是把“9・11”事件历史化呢，还是试图把它们作为记忆。如果遗址仅仅在相对时空中被历史化（通过某种纪念物），那么，这会把一种固定的叙事强加于空间。结果将是把未来的可能性和解释排除在外。这样的封闭性有可能把原动力限制于建设一个不同的未来。在另一方面，按照本雅明的看法，记忆是一种潜力，它可能不时在危机时刻无法控制地“闪现”出来，揭示出新的可能性（本雅明，1968）。遗址因那些遭遇到它的人们而被经历过的方式，由此变得不可预知和不确定。集体记忆是一种弥漫性的但仍然强有力的感觉，渗透了很多城市景象，它在推动政治和社会运动方面可以起到一种重要作用。世贸大厦遗址不可能仅仅是一个集体记忆的遗址，设计师们的问题是要把那种弥漫性的感觉转变成砖块、混凝土、钢铁和玻璃的绝对空间。正如巴尔扎克曾经指出的那样，如果说“希望是一种所欲求的记忆”的话，那么，在那个地点创造一个“希望的空间”就要求：记忆在那里被内在化的同时，道路就要为欲求的表现敞开（哈维，2003a：第一章）。

世贸大厦遗址所表现的关系性本身，提出了一些迷人的问题。向空间汇聚的、造成“9·11”事件的各种势力是复杂的。因而，怎样对那些势力做出清算？某种被体验为地方和个人悲剧的东西，可以与对国际势力的理解达成一致吗，而那些势力如此强有力地在一个特定地点被浓缩进了那些粉碎性的瞬间？我们在那个空间里开始感觉到了世界其他地方对整个20世纪80年代和90年代期间美国霸权如此自私地得以实现的普遍怨恨吗？我们开始了解里根政府为了破坏苏联占领而在创建和支持阿富汗的塔利班方面起了关键作用，我们了解奥萨马·本·拉登由于美国支持沙特阿拉伯的腐败政权而从美国的盟友变成敌人吗？或者说，我们只是胆怯地得知，那些异己和邪恶的“他者”憎恨美国，力图摧毁世贸大厦，是因为它象征着自由的价值吗？事件和遗址的相关时空性可以靠极为专注的挖掘来发现。但是，对它的表现方式和使它物质化的方式，都是不确定的。结果显然要取决于政治斗争。而最猛烈的战斗，必定是为了重建将要借助的相关时空而进行的。这些都是我在试图背靠巴黎公社的历史记忆来解释巴黎圣心大教堂之意义时所碰到的各种问题。

这把我带向了对这种争论的政治学的观察。把空间和时空用作关键词的不同方式想透彻，有助于确定批判性交锋之可能性的某些条件。这也为确定相互矛盾的主张和政治选择的可能性开辟了道路。这引起我们去思考我们从物质上塑造自己环境的方式，思考我们用以表现和在其中生活的方式。我认为，公正地说，马克思主义的传统尚未深入地触及这些问题，这种普遍的失败（当然，虽然也有许多例外）经常意味着丧失某些有变革能力之政治的可能性。例如，如果社会主义现实主义艺术无法唤起想象力，如果在过去的共产主义统治下所完成的纪念物在灵感方面非常缺乏，如果经过规划的公社和共产主义的城市经常都显得对世界如此呆滞，那么，批判性地介入这个问题的一种方式，就是要思考空间和时空的方式，并要考虑毫无必要地限制和束缚它们在社会主义计划实践中可能起到的作用。

在马克思主义传统内部,对这些问题还没有非常明确的争论。然而,马克思本人是一位相关的思想家。在1848年那样的革命形势中,马克思担心过去会像噩梦一样影响到活人的头脑,并直接提出了在当时如何创建未来的革命诗歌的问题(马克思,1963)。那时,他也恳求过卡贝(Cabet),不要把他那些有共产主义思想的追随者带到新大陆去。马克思断言,在那里,冒险家们只会按内在化了的对过去的体验来重新培植看法和信念。马克思建议,他们应该留在欧洲成为很好的共产主义者,通过那个空间中革命性的变革进行战斗,即使始终都有危险,那就是在"世界上我们很小的角落"里进行的革命,都要成为围绕着它的全球力量的牺牲品(引自马林[Marin],1984)。

列宁对马赫(Mach)的唯心主义表达方式明显感到忧虑,力图把与牛顿有联系的、绝对的和机械论的空间与时间观强化为科学探究唯一正确的唯物主义的基础。他在这么做时,正值爱因斯坦将要提出相对的但同样是唯物主义的时空观。列宁严格的思路,在某种程度上因卢卡契转向较为温和的历史与时间观而得到软化。然而,卢卡契对于自然的构成主义观点,遭到了魏特夫(Wittfogel)的彻底反对,魏特夫主张一种演变成环境决定论的无情的唯物主义。另一方面,在汤普森(Thompson)、威廉斯和其他人的著作里,我们看到了不同层次的正确评价,尤其是对时间维度的正确评价,虽然空间和场所也无所不在。在威廉斯的小说《黑山人》(*People of the Black Mountains*)里,时空的关系性成了核心。威廉斯用它来把叙事连接在一起,直接强调了伴随着对时空之不同感觉的不同认识方式:

> 如果要认真地追寻生活与处所,就要求把生活与处所强有力地完全连接起来。聚苯乙烯模型,及其文本上和理论上的对等物,仍然不同于它们重构和仿造的物质……在图书馆里他的书籍和地图上,或者在山谷的房子里,有一段在任何地方都可以进行转化的共同历史,被转化成一种实证和理性之探究的共同体。然而,他不得不只在山上前行,为了一种不同的想法,即坚持本身;顽强的当地人,却要翻越,以达到一条更加宽广的共同河流,在那里,联系与宽阔取代了记录和分析;历史与叙事不同,但故事却与生活一样。
>
> (威廉斯,1989:10—12)

对威廉斯来说,在山上行走时,关系性活跃了起来。它集中在一种完全不同的敏感与感受上,而不是根据档案建构的东西之上。有趣的是,仅仅是在其小说里,威廉斯似乎才能触及这个问题。在马克思主义传统内部,除了列斐伏尔和地理学家之外,缺乏对空间和时间之疑问的一种广阔理解。因而,这些有关空间和时空的观点,如何更加紧密地被整合到我们对马克思的理论的阅读、解释和运用之中?让我把对于各种告诫和细微差别的所有关注都放在一边,以便用尽可能直白的词语提出一个论点。

在《资本论》第一章里,马克思提出了使用价值、交换价值和价值这三个关键概念。一切属于使用价值的东西都存在于绝对空间和时间的领域中。个体劳动者、机器、商品、工厂、道路、房屋、实际劳动过程、能源消耗等等,全都可以在牛顿的绝对空间和时间的框架内部被个性化、描述与理解。一切属于交换价值的东西都存在于相对时空之中,因为交换需要商品、货币、资本、劳动力和人员在时间和空间中运动。正是流通、永恒运动,才具有价值。如马克思评论所说,交换因此突破了空间和时间的一切障碍(马克思,1976b:209)。它不断地重新塑造我们度过日常生活的坐标。由于货币的出现,这种"突破"确定了交换关系在世界市场的相对时空中更大范围和更快流动的领域(不是理解为某种事物,而是理解为持续的运动和相互作用)。资本的循环和积累发生在相对时空之中。然而,价值是一个相关概念。因此,它的所指是相关时空。马克思(有点令人惊讶地)宣称,价值是非实体性的,却是客观的。"不是一种物质的原子进入到价值之商品的客观性之中。"因而,价值并不"寻求以一个标签来描述它是什么",而是将其关系性隐藏在商品拜物教之中(马克思,1976b:167)。我们得以接近它的唯一途径,就是通过那个特殊的世界,即在其中建立人们之间的物质关系(我们通过我们生产和交易的东西相互联系)、确立事物之间的社会关系(为我们生产和交易的东西确定价格)的那个世界。简言之,价值是一种社会关系。同样,除了通过其效益外,价值是不可能度量的(试图直接度量任何社会关系,始终都会失败)。价值使无数劳动过程的全部历史地理学内在化了,那些劳动过程是在世界市场的时空中、在资本积累的条件下或关系中产生的。很多人都吃惊地发现,倘若通常要把马克思描述为唯物主义者,对他来说,一切非实体性的东西都是可诅咒的话,那么,他的最根本的概念就是"非实体性却客观的”。我要顺便提到,如果没有错误地进行所有这些努力去提出价值的某种直接和实在论的尺度,那么,对价值的这种相关界定就没有实际意义。社会关系只能根据其效益来衡量。

倘若我对马克思之范畴的特征描述是正确的话,那么这就表明,任何一种时空框架都不可能获得优先权。这三种时空框架彼此都必须保持着辩证的张力,正如使用价值、交换价值和价值在马克思的理论中辩证地交织在一起那样。例如,如果没有在绝对空间和时间中的无数场所建构起来的具体劳动的话,就没有相关时空中的任何价值。如果没有在相对时空中把全球市场紧密结合在一起的无数交换行为、持续流通的过程的话,价值也不会形成一种非实体性的、却是客观的力量。因而,价值成了一种社会关系,它使世界市场上的具体劳动的这种历史和地理学内在化了。它表现了在世界舞台上建构起来的资本主义的社会(主要是但并非只是阶级)关系。至关重要的是,它标志着相关的短暂性,不仅是因为过去“呆滞的”劳动(包括内在于构筑起来的一切环境中的固定资本)的重要性,而且也因为无产阶级化的历史、内化于价值形式之中的技术发展之原始积累的所有踪迹。最重要的是,我们必须承认那些始终都会成为决定劳动力价值之一部分的“历史的和道德的要素”(马克思,1976b:275)。因而,我们会看到,马克思的理论在以一种特殊的方式起作用。纺织工人通过在绝对空间和时间里所进行的具体劳动,使价值(如作为一种相关决定因素的抽象劳动)体现在布匹之中。由于世界市场的状况变得很糟,致使在那种特殊的绝对空间和时间里进行的这种活动变得毫无价值,纺织工人被迫放弃织布,工厂沉寂下来,这时,价值关系的客观力量就显现了出来。虽然所有这一切看起来都很明显,但不承认马克思理论中不同时空框架之间所具有的相互影响,经常都会造成概念上的混淆。例如,对所谓“全球与地方关系”的很多讨论,由于无法理解所涉及的不同的时空性,已经变成一种概念上的混乱状态。我们不可能认为价值关系引起了工厂倒闭,似乎这种关系是某种外在的抽象力量。在经过了相对时空中的交换过程的调节、以这样一种方式把价值变成一种社会关系以至造成了墨西哥的具体劳动过程终止之时,价值关系在中国就成了变化着的具体条件。

到现在为止,我把注意力主要限定在按照矩阵左边的栏目辩证地解读马克思的理论。而当我开始解读整个矩阵时,会发生什么情况呢？使用价值和具体劳动的物质性十分明显。但是，怎样表现和设想这一点？很容易做出物质性的描述，但马克思坚持认为：在其中进行劳动的各种社会关系也很重要。在资本主义制度之下，雇佣劳动者被概念化（第二栏），成了为资本家创造剩余价值的人，而这被表现为一种剥削关系。这意味着：劳动过程作为异化而被经历过了（第三栏）。在不同的社会关系下（如社会主义的社会关系），劳动可以作为创造性的满足而被经历过，被概念化为通过集体努力的自我实现。为了以一种完全不同的方式使劳动再次概念化和被经历过，它甚至不必在物质性上发生变化。说到底，当列宁提出在苏联的工厂里采用“福特主义”（Fordism）之时，这就是他的希望所在。对他来说，傅立叶认为劳动应当与游戏有关、是欲望的表现、由于象征着乐趣而被经历过、为此发现了劳动的物质特性，这种观点必须从根本上进行重构。在这个问题上，我们必须承认各种竞争性的可能性。例如，布若维（Burawoy）在其著作《制造共识》（*Manufacturing Consent*）中认为，他所研究的工厂里的工人普遍都没有把劳动体验成异化（布若维，1982）。这种情况的出现，是因为他们通过把劳动场所变成（傅立叶式的）游戏场所而扼制了剥削的理念。由工人进行的劳动过程就这样使他们以一种非异化的方式去经历那一过程。这里有一些对资本有利的条件，因为未被异化的工人的劳动经常都更有效率。资本家因此都同意采取各种措施，如健美操和质量管理小组等，试图减少异化并强调合作。他们也提出了强调奖励努力劳动的选择性概念化，并提出了否定剥削理论的意识形态。因而，虽然马克思有关剥削的理论在形式上也许是正确的，但剥削并非始终，或者并非必然会变成异化和政治上的反抗。大多数都要取决于它如何被概念化。政治觉悟和工人阶级行动的结果是广泛的。因而，阶级斗争的一部分与使人理解剥削的意义有关，因为如何恰当地使具体劳动概念化，在资本主义社会关系之下是不容置疑的。此外，真正要紧的是，物质、构想与经历之间的辩证张力。如果我们以一种机械的方式来对待各种张力的话，那么，我们就会迷路。

虽然以这种方式通过各种问题来进行研究很有助益，但我早前就提出过，“矩阵思维”提供的机会有限，除非我们准备好了不受限制地、辩证地同时涉及矩阵的所有力矩。让我举一个例子。价值表现的主要形式是通过货币。这也是一个具有客观力量的非实体性概念，但它也必须具有作为一种真实使用价值的物质形式。它最初通过货币商品(如黄金)出现时的确是如此。然而,它是通过相对时空中的交换行为出现的,正是这一点,才使真实货币形式成了绝对空间和时间中的一种能动的存在。这造成了一种悖论,即一种特殊的物质性使用价值(如黄金或美钞),不得不表现出价值、抽象劳动的普遍性。它进一步暗示了:社会力量有可能被个人盗用,由此,作为资本之货币的可能性本身,出现了被置于相对时空里的流通之中。正如马克思指出的,在如何创造货币、使之概念化、流通、用作世界市场上流通的有形手段和价值之表现的方面,存在着众多二律背反、对立和矛盾。正因为价值是非物质性的和客观的,所以,货币始终都使虚拟的特质与实体的形式结合在一起。它从属于马克思在商品拜物教中描述的那种反面,因而,出现在人们与社会关系之间的物质关系,在事物之间表达了出来。作为欲望之对象和神经质凝视之对象的货币,把我们囚禁在拜物教之中,而货币形式固有的矛盾,不可避免地不仅会产生可能性,而且也会产生资本主义危机的必然性。对金钱的渴望经常伴随着我们,并且具有它们自身的时空场所(穷困的孩子在大量资本主义商品的缤纷华丽面前踌躇,永远触不到商店的橱窗)。使绝对空间和时间中的景象变得杂乱的消费奇观,会产生相对被剥夺的感受。我们到处都被在世界市场上作为价值表现而显示出来的对金钱力量的拜物欲望包围着。

对那些不熟悉马克思理论的人们来说,这一点无疑会显得相当神秘。然而,要点在于要阐明:理论著作怎样始终如一和必然地伴随着辩证地跨越矩阵内部所有点的最小移动,然后超越它们(而我要提出,这对所有社会的、文学的和文化的理论都适用)。我们越移动,我们的理解就越深刻,范围就越大。在这个系统中,不存在任何离散的和封闭的匣子。辩证的张力不一定是唯一保持完整无缺的。它们必定会不断地扩张。

不过,我要以一些告诫性的评论来结束本文。近年来,很多学者,包括地理学家,都利用了相关概念和各种思维方式(虽然不是非常明确地与时空的相关概念有关)。这种动向既很重要,也值得赞扬,在某种程度上与文化和后现代的转向有联系。但同样,传统的和实证主义的地理学,由于只把注意力集中在绝对和相对时空之上,集中在时空的物质方面和概念方面之上(避开了经历过的和相关的方面),从而限制了其眼界,因而,也存在着只把注意力集中在相关的和经历过的方面之上的严重危险，似乎物质的和绝对的方面没有关系。只停留在矩阵的右下部分，与把眼界限定在左上部分一样，都有可能是容易误解、受到限制和徒劳无效的。真正起作用的唯一策略，是要使张力辩证地跨越矩阵中的所有位置。正是这一点，才使我们能够更好地理解相关的意义（如价值），是如何被内在化于在绝对空间和时间里建构起来的物质事物、事件和实践（如具体劳动过程）之中的。举另一个例子来说，我们可以无限制地争论表现世贸大厦遗址之关系性的各种各样的理念和设计，但在某个点上，某种东西必须在绝对空间和时间里被物质化。一旦建成，那个场所就获得了一种物质形式的“永久性”（怀特海语）。虽然人们总是容易把那种物质形式的意义重新概念化，以便人们可以学会以不同方式去经历它，但建筑在绝对空间和时间中的纯粹物质性，传递出它自身的重要性和权威性。由于同样的原因，渴望在世界上行使某种权力的各种政治运动，在它们坚持一种物质存在之前，都不会获得成功。例如，非常好的是唤起各种相关的概念，如运动中的无产阶级或者起来反抗的大多数人。但是，没有任何人知道，在真正的实体在绝对时间中的某个特定时刻变成西雅图、魁北克城和热那亚街道上的绝对空间之前，它们当中的任何一个到底意味着什么。唐·米切尔（Don Mitchell）敏锐地评论说，如果没有使各种权利在绝对空间和时间中具体化的能力，那么，权利就没有任何意义：

> 如果城市的权利就是一种呐喊和一种要求的话，那么，它仅仅是一种被听见的呐喊和一种具有力量的要求，但只是在有一个可以从中看见这种呐喊和要求的空间的程度之内。在公共空间里——在街角处或在公园里，在骚乱和示威期间的街头——各种政治组织可以向更大的人群表现自己，通过这种表现，为它们的呐喊和要求提供某种力量。通过要求公共场所的空间，通过创造公共空间，社会群体本身就成了公共的。

米切尔（2003：129—135）正确地坚持认为，公共空间“是物质性的”，它“构成了一个真实的场所、地点、范围，政治活动在其中涌动，并从中产生出来”。只有当关系性与社会生活和物质生活的绝对空间及时间联系起来之时，政治才会活跃起来。忽视这种联系性，就会招致政治上的不相干性。

获得对于空间的某种感受，获得对于不同的空间性与时空性如何起作用的某种感受，对建构独特的地理想象来说至关重要。然而，空间被证明是一个格外复杂难解的关键词。它起着一个复合词的作用，具有多种定义，以致不可能脱离其他一切含义来恰当地理解它的任何一种特定含义。但是，这恰恰就是使这个词语的可能性变得如此丰富的原因，尤其是在与时间结合起来的时候，更是如此。

（作者单位：纽约市立大学）

（译者单位：四川大学文学与新闻学院）

参考文献：

① Williams, R. (1985) *Keywords: A Vocabulary of Culture and Society* (rev. edn.). Oxford: Oxford University Press.

② Harvey, D. (1973a) *Social Justice and the City*. London: Edward Arnold and Baltimore, MD: John Hopkins University Press.

③ Osserman, R. (1995) *The Poetry of the Universe*. New York: Doubleday.

④ Deleuze, G. (1992) *The Fold: Leibniz and the Baroque*. Minneapolis, MI: Minnesota University Press.

⑤ Harvey, D. (1979a) "Monument and myth", *Annals of the Association of American Geographers* 69,3:362 - 81.

⑥ Cassirer, E. (1944) *An Essay on Man*. New Haven, CT: Yale University Press.

⑦ Langer, S. (1953) *Feeling and Form: A Theory of Art*. New York: Prentice Hall.

⑧ Lefebvre, H. (1991[1974]) *The Production of Space* D. Nicholson-Smith (trans.). Oxford: Blackwell.

⑨ Benjamin, W. (1999) *The Arcades Project* H. Eiland and K. McLaughlin (eds.). Cambridge, MA: Belknap Press.

⑩ Benjamin, W. (1968) *Illuminations*. New York: Schocken.

⑪ Harvey, D. (2003a) *Paris, Capital of Modernity*. New York: Routledge.

⑫ Marx, K. (1964) *Economic and Philosophical Manuscripts of 1844* Drik Struik (trans.). New York: International Publishers.

⑬ Marin, L. (1984) *Utopics: A Spatial Play*. Atlantic Heights, NJ: Humanities Press.

⑭ Williams, R. (1989) *People of the Black Mountains: The Beginnings*. London: Chatto and Windus.

⑮ Marx, K. (1976b) *Capital*, vol 1. New York: Viking Press.

⑯ Burawoy, M. (1982) *Manufacturing Consent: Changes in the Labor Process under Monopoly Capitalism*. Chicago, IL: University of Chicago Press.
⑰ Mitchell, D. (2003) *The Right to the City: Social Justice and the Fight for Public Space*. New York: Guilford Press.

柯提斯·卡特

安静 译

卡特自传

自有记忆以来，我一直对艺术以及它们在人类经验中的位置感到好奇。美学，是我主要的学术兴趣所在，它让我把对艺术的兴趣与对哲学同样浓厚的兴趣联系了起来。在这些哲学家中，让我特别感兴趣的是柏拉图、黑格尔和纳尔逊·古德曼，我与古德曼在比利时根特市一次会议上的邂逅，使我多年沉浸在彼此的友谊之中。另外引领我的研究发展的是我与鲁道夫·阿恩海姆的友谊，阿恩海姆关于艺术形式心理学的著作对 20 世纪的美学研究作出了重要贡献。在波士顿大学，我在马克斯·沃特夫斯基先生(Marx Wartofsky)的引导下获得了哲学博士学位，波士顿为我提供了跨越哲学史、分析哲学与美学的契机。在校期间，我深入学习了实用主义，特别是约翰·杜威与威廉·詹姆斯的论著的著作。

刚开始的时候，我的工作主要集中在美学在生活各个方面的应用，既包括个人的发展，也包括社会结构的发展。美学不仅遍及各个艺术门类，而且包括环境、政治、经济、体育以及宗教等文化的其他领域。这个主题我在 2013 年第 19 届世界美学大会的主题演讲中谈到过，而且也贯穿了我整个学术生涯中的各个研究之中。我将艺术带入社会服务之中的兴趣，让密尔沃基艺术研究中心得以成立，这是一个将艺术带入社会服务的机构，并为艺术家提供工作岗位。后来(1984—2007)，我精心筹备，成立了马奎特大学校园海格蒂博物馆，并担任了创馆馆长，为研究和学习艺术提供了一个实验室，在这里允许学生将艺术与他们的学术研究融合成有机整体，并为来自世界各地的视觉艺术展览提供免费进入的场所。为现代和当代艺术事件进行策划和组织,极大地拓展了我关于视觉艺术和表演艺术的认知,特别是舞蹈和行为艺术。

我对知识的兴趣不断扩展,而不是缩小,从先锋派艺术和哲学延伸到历史、文学、社会科学、公共政策和经济学领域。其中特别引起我兴趣的是那些诸如全球化和先锋派艺术运动等推动社会和文化变革的力量。在诸种艺术门类中,我的工作主要延伸到视觉艺术:绘画、雕塑、摄影、电视艺术。在行为艺术方面,我的著述涉及舞蹈和表演审美艺术的作品。1971年,受到国家艺术基金会给予评论家的资助,我得以在康涅狄格州的国家舞蹈中心研究并展开舞蹈评论。与芭蕾、现代、当代舞蹈中代表性舞蹈表演艺术的接触,使我创作了一系列关于舞蹈美学的著作,在威斯康辛大学舞蹈学院举办了讲座,主持了一个在舞蹈教育中具有开创意义的项目。我确乎醉心于舞蹈,但通常不是在舞台上。然而,偶尔地我也会在先锋派剧场创作中一露身手。在北京奥运会(2008)、伦敦奥运会(2012)的开幕周上,我在奥林匹克休战基金会颁奖仪式上就艺术与运动之关系发表了演讲,并有幸参加了激动人心的奥运会开幕式。

作为美学家和策展人,我工作的主要内容是考察展览,与很多艺术家保持的友谊都让我受益匪浅,包括比利时先锋派艺术家让·法布尔(Jan Fabre)、美国摄影艺术家芭芭拉·摩根(Barbara Morgan)、雕塑家理查德·李普德(Richard Lippold)、艺术家基斯·哈林(Keith Haring)等。1980年,与法布尔在比利时的一次会见之后,我邀请法布尔到美国表演他的独角戏和早期的一些戏剧片段。后来,他成为欧洲剧场戏剧表演艺术家和视觉艺术的领袖之一。一些年以后,我邀请哈林为海格蒂艺术博物馆的建筑围栏创作了一组壁画,并于1984年对公众开放。后来,他也成为西方现代艺术家最重要的人物之一。我最为骄傲并且仍然最喜欢的策展经验是,1985年为海格蒂艺术博物馆策划的“现代绘画中的浪漫主义与犬儒主义”。这次展览提升了20世纪80年代早期纽约东部乡村艺术家运动的重要性。

最近,在中国当代艺术蓬勃发展的阶段,我与众多中国当代艺术家在他们工作坊中的相遇,也使我格外受益。与他们的艺术持续的对话和写作契机丰富了我对艺术美学的理解。结果,我全身心地投入到中国当代艺术欣欣向荣的发展之中，并成为北京中国当代艺术博物馆的荣誉馆长和国际策划人。我参与中国美学和中国艺术家的活动已经由《北京周报》的在线文章进行了存档。

2010至2013年，我担任国际美学协会的主席(之前为副主席兼秘书长)，1996年至2006年，担任美国美学协会的执行理事，这些学界领导职位使我拥有了在全球范围内开展学术活动、收获友谊的良机。作为纽约舞蹈展望基金会的主席，我还参与了由牛津大学出版社出版(1998)的涵盖世界舞蹈的6卷本《国际舞蹈百科全书》的编撰工作。

最近数年，我大部分的学术研究聚焦于中国，在那里我应邀在多所大学写作、演讲，包括北京大学、中国社会科学院、中国美术学院、四川美术学院以及其他大学，遍及中国。这些访问带来了一些促进中美文化交流的项目。其中之一，就是2012年在马奎特大学以“不确定的边界:艺术、哲学、伦理”为主题，召开了一次8名西方美学家和8名中国美学家参加的研讨会。

这些经历潜移默化地影响着我的研究和写作，包括关于黑格尔美学、纳尔逊·古德曼美学、绘画风格的符号学理论、舞蹈美学和现代派艺术的大量文章。我最近的写作涉及诸如以下的主题:“哲学家与艺术家”、“影像艺术”、“园林，自然一城市”、“全球化与当代中国艺术”、“黑格尔和丹托:关于艺术之终结”、“艺术作品的文化身份”、“1966年以来的20世纪美学史”、“杜尚与美国先锋派”。其他出版物还有大量的展览编目，包括法国先锋派艺术家让·弗特里埃(2002)，古巴艺术家维夫里多·拉姆(Wifredo Lam)(2008)，美国艺术家基斯·哈林(2007)和芭芭拉·摩根(1988,2004)，还有一些当代中国艺术家，包括徐冰、潘公凯和忻峰。同时，我主要重返艺术批评，现在偶尔也在关注视觉艺术展览。

我对大学教育的主要方法所依据的基础是探索美学的相关性以及艺术对广义的人类认知理解的作用，而且我研究的范围涉及生活的各个方面，因而超越了大学的范围。在我给研究生与本科生开设的所有课程，除了阅读古典和当代的美学理论文本之外，还包括参观博物馆，观看剧场表演，欣赏社区的音乐、舞蹈。艺术家对课堂的造访也成为每个学期必备的一部分内容。然后，这些经历在课堂讨论以及与之相关的哲学美学概念的文章中进行检查。在一节关于民主社会中的艺术的课堂上，课堂位于华盛顿的莱斯·阿斯平中心政府，当天主要听众是政治学的学生，他们都是未来的政治领导人，主要的关注点在于，艺术在一个全面发展的社会中作为基本社会结构的重要角色。我给其他的学生灌输的重点则是，在全球化世界的纷繁事物语境中去理解古典的和现代的美学理论，我们除了在经济和政治的变化中解释这些问题之外，还要在不同的文化中，在多样化的生活方式中，在变化的技术影响中解释这些问题。简言之，我的目标是，使未来的社会公民具备这样的知识，即它能够帮助他们以意义深远的方式拥有形成他们生活和世界的能力，使他们在生活各个方面都能够感受到美学的重要性。

美学：飞速前进

这些年来，我的工作主要致力于在艺术界与由哲学家所统治的美学理论之间架设桥梁。我最感兴趣的，是那些对艺术给予深入关注的哲学家。对我的发展而言，这些哲学家是 G. W. F. 黑格尔、鲁道夫·阿恩海姆与纳尔逊·古德曼。这三位美学家在他们的专著与生活中，都体现出对艺术实践的真诚关注，这一点在他们的美学著作中得到反映。我对黑格尔的兴趣始于阅读他的《美学》，继而通过一系列论文，包括一篇谈论黑格尔及其艺术终结观点的论文——在那篇论文中，我试图把黑格尔从他的理论导致艺术之死的指控中解救出来。[①] 黑格尔在他的美学理论构想中，对他所处时代的艺术实践是烂熟于胸的，他经常是指以前的艺术。

鲁道夫·阿恩海姆，我从他敏锐的批评见解与深厚的友谊中受益匪浅，包括他以格式塔为基础而对艺术实践进行的评论，如建筑、视觉艺术与舞蹈。这些从诸如形式、动作与表现手法切入的评论都被记录在《艺术与视知觉》以及其他贯穿阿恩海姆成就斐然的学术生涯的一系列著名论著中。[②] 他关于电影与广播的开创性书系预示着在他生活的柏林以及后来意大利出现的艺术的早期关注。他的《电影作为艺术》[③](1932)与《广播》(1936)[④⑤]是对媒介艺术美学的第一次研究。

---

① Curtis L. Carter, "A Reexamination of the 'Death of Art' Interpretation of Hegel's Aesthetics,"in Warren E Steinkraus and Kenneth L. Schmitz, *Art and Logic in Hegel's Philosophy*, Hegel Society of America, (New Jersey: Humanities Press, 1980), pp. 83 – 102.

② Rudolph Arnheim, *Art and Visual Perception*: *A Psychology of the Creative Eye* (Berkeley: University of California Press, 1954, revised version 1974).

③ Rudolf Arnheim, Film Als Kunst, (Berlin: W. Benary, 1932. See also Rudolf Arnheim, *Film as Art*, (Berkeley: University of California Press, 1957.

④ Curtis L. Carter, "A Reexamination of the 'Death of Art' Interpretation of Hegel's Aesthetics,"in Warren E Steinkraus and Kenneth L. Schmitz, *Art and Logic in Hegel's Philosophy*, Hegel Society of America, (New Jersey: Humanities Press, 1980), pp. 83 – 102.

⑤ Rudolf Arnheim, *Radio*, translated by Margaret Ludwig and Herbert Read, (London: Faber and Faber, 1936.

我与纳尔逊·古德曼的联系始于他在哈佛大学一系列的讲座，这些讲座就是在他富有创意的著作《艺术的语言》[①]出版前举办的。我们对当代舞蹈的共同兴趣、对视觉艺术的共同收藏，以及博物馆应该成为艺术催化剂而不仅仅是艺术储藏室的共同思想方式促成我与古德曼先生悠长而丰硕的私人友谊。古德曼关于美学的著述经常论及他所说的“行动中的艺术”[②]问题。他很愿意对鲜活的艺术和艺术教育进行实验，因此经常与艺术家展开合作，当他与舞蹈指导玛莎·格雷厄姆一起工作时，他们共同创作了舞蹈表演片《观看曲棍球比赛》。[③] 古德曼是零点计划（Project Zero）的创立者，也是这个计划 1967 年到 1977 年的总导演，零点计划是一项对艺术和审美教育的跨学科调查项目。他也在 1971 年到 1977 年担任了哈佛大学夏季舞蹈计划的导演。

一直让我百思不得其解的是，如果一个人不与艺术及他所应该担当的时代角色建立紧密的联系，那么他将如何进行美学的实践。事实上，我选择美学而不是其他学科的主要原因在于，我有机会与实践中的艺术家以及正式负责艺术政策的制定和实施确保公民在一个广阔范围中接触艺术的途径的人进行密切合作。

作为美学教授与博物馆馆长兼策展人，同时在这两个领域中的工作使我得到的教益之一是，一位哲学家对美学的部分兴趣（我们所理解的对艺术理论与批评进行哲学探究）与在艺术实践中的操作知识或兴趣之间是没有必然联系的。类似地，美学家似乎也没有必要努力积极地推动美学或艺术超出学术之外的教育和其他社会作用。这尤其是在当代实验艺术的做法。当然在美学家中也有例外，但是没有普及到足以使国际美学协会所举办的会议中对此进行讨论。

事实上，开始于 20 世纪早期的激进变化对传统美学和在传统理解基础上的艺术观点提出了挑战。我们恰恰处在艺术传统形式的教学在很大程度上被悬置起来的时刻，而且关于教学所依据的基础却并

---

① Nelson Goodman, *Languages of Art*, (Indianapolis and New York: Bobbs Merrill, 1968).

② Nelson Goodman, “Art in Action,” in Nelson Goodman, *On Mind and Other Matters*(Cambridge, MA., Harvard University Press, 1964).

③ 《观看曲棍球比赛》由纳尔逊·古德曼构思（与舞蹈指导玛莎·格雷厄姆、作曲家约翰·亚当斯与艺术家凯瑟琳·斯汀吉斯合作完成），于 1972 年、1973 年在哈佛大学上演，于 1973 年在费城安尼伯格上演，于 1980 年在比利时海斯特与“艺术与文化”会议共同登场。在比利时的这场表演由比利时国家电视台于 1981 年推出了相关视频产品。

没有达成一致。在一个也许是结合神经科学的制作视频劳动中，那些把艺术家武装起来生产艺术作品的课程，它们应该是电子和视频技课，还是素描或绘画呢？事实上，许多让当代艺术家更感兴趣的是建立专业训练的基础，而不是他们的艺术实践，这些人往往是无师自通。例如，视频艺术之父白南准，早年曾研究音乐与哲学，当然也有电子学，他硬是自学如何从电视中创作艺术。不仅在如何讲授艺术中充满困惑，而且关于艺术的边界也没有一致的赞同。这不是一个新问题，但这个问题依然存在并需要继续讨论。

例如，由瓦尔特·本雅明、克莱蒙特·格林伯格以及萨帝厄斯·坎特尔(Thaddeus Kantor)所推动的对当代艺术的别样研究方法仅仅暗示了最近艺术实践中所发现的复杂性，其中很多内容对传统美学的研究方法提出了质疑。因此，从一个哲学家与美学家的视角来看，另辟蹊径，或者视而不见，完全不顾20世纪初以来的全部发展是一个有诱惑力的做法。我自己的策略是，对当代艺术发展的激辩性边缘问题投入大量精力进行研究，以期对美学如何应对变化的艺术实践取得更好的理解。在这里，我从维特根斯坦关于语言是如何被学习的观点中得出一点浅见。在维特根斯坦看来，学习一种语言并不是从先验知识的规则或概念进行下去。相反，维特根斯坦提出，我们是通过观察来学习语言的，这种观察是在延伸或积极的参与中发生的，即把单词与世界中对应的事物关联起来的行动。① 我不是仅仅关注艺术的概念或对艺术仅有理论的兴趣，这样很容易导致关于艺术的错误观念；密切关注艺术本身的发展及其社会角色反而是大有裨益的。这样的努力使我从那些确实有助于理解艺术实践及其在人类经验中位置的美学概念与理论的发展中受益。这种理解的类型不能仅仅从艺术概念的演算和分析中获得。因此，我想提出一个请求，让我们对那些关注艺术实践与当代艺术的美学领域的研究付出更大的努力。我极力主张美学家与艺术家之间也能够发生像在美学家中间的批评对话。如果不能参与进这样的对话，将会使美学孤立起来，变成一种与超出这个小范围毫无联系的自我演算，而且使艺术丧失美学所能提供的深刻洞见。

---

① See Richard Wollheim, *On Art and Mind* (Cambridge: Harvard University Press, 1974), pp. 132,133.

哲学家与艺术家：悬而未决的边界[①]

一

从古至今，哲学家都体现出他们与艺术家、艺术的密切联系。在古希腊，柏拉图的著作反映出他对艺术家及其社会角色的矛盾心理。据说，他是画家和雕塑家工作室中的常客，在诗歌等文学艺术方面也是知识渊博的学者。他用他们最原初的希腊语写成的对话录，我们除了对其文学韵味进行鉴赏之外，还可以对其哲学内涵进行沉思。他在《法律篇》中宣称，一个不会跳舞的人，就不能被认为是受过良好教育的人。但是他发现，艺术家的知识的缺乏是由于依赖情绪而非理性，依赖特殊而非普遍。假如这些被意识到的缺憾能够服从于哲学所圣化的理性，艺术的功能才能最好地发挥出来。柏拉图由于担心诗人会腐蚀公民的灵魂，所以在他的《理想国》中提出，要把诗人从城邦驱逐出去，这时柏拉图是不是“言不由衷”，对学者和读者而言依然是一个需要进行辨别的问题。

在传统的中国文化中，哲学家和艺术家的角色并没有像西方文化那样因其分离的功能而相互隔绝。相反，至少在一些例证中，哲学家与艺术家的角色是相互渗透、合二而一的。一位成功的艺术家需要具备哲学的智慧，诗性的直觉以及形象的想象。这些要素表现在水墨画、书法题字以及其他中国艺术中。这种美学与哲学的意味能够浑然一体地呈现出来。在一些例证中，一幅画可能是对相应的一首诗的视觉阐释。再如，哲学被融入艺术家的形象之中，这样一来哲学家和艺

① 本专栏中的法语翻译得到美国芝加哥大学罗曼语言文学系博士生高冀同学的热情帮助，特此致谢。

术家的两个角色就变得不可分割了。在古老的东方文化中，比如说中国，绘画是在不同层面上发挥功能的。这与西方文化中对绘画的态度不同，在西方文化中，画作按照成功的再现来衡量，通常被理解为摹仿或复制；而一幅上乘的中国画作只有当诗中画或水墨画能够让观者产生一种“栩栩如生的应和”，才算实现了它的目标。这种哲学家与艺术家在共同活动中的联系使人类的精神得以提升，或者说是眼与心的一种“神会”。①

哲学家与艺术家的关系问题反复出现，贯穿了艺术哲学的写作历史。例如，黑格尔在他的《美学》中就提到了这个问题。其实，黑格尔关于哲学与艺术的宏大叙述的部分观点，在柏拉图那里已经预先建立起来。黑格尔认为，在实现真理的层级中哲学家的作用会代替艺术家，至少在这个意义上说，黑格尔坚持了哲学家与艺术家的角色分野。

在黑格尔的哲学殿堂中，人能够通过各种方法获得最高形式的知识，这些知识包括精神、艺术、宗教以及作为理解的最高形式的哲学。艺术以感性形式提供知识，宗教以内在主观感受形式表达知识，而哲学则诉诸理性。根据黑格尔的观点，由于哲学最终能够涵盖它本身、艺术以及宗教对于绝对精神的理解，因此对出于艺术领域绝对精神的洞见就不会被遗漏。就这个方面而言，黑格尔在哲学家与艺术家的工作之间提供了一种联系。但是哲学最终还是占据了优势的位置。然而，在中国美学的一些案例中，由于将哲学融入到诗歌或者一幅优美的山水画中，因此艺术家与哲学家是平等的，或许超越了哲学家。

在当代美学关于艺术与哲学角色这方面话题的讨论中，黑格尔对这个话题的贡献在欧洲和美国变得越来越重要：例如，在当代法国哲学家的著作中，像莫里斯·梅洛-庞蒂、吉尔·德勒兹，以及在美国也是如此，特别是在阿瑟·丹托的著作中。丹托把黑格尔理论中关于艺术家与哲学家各自的角色，作为他解读当代艺术及其功能的关键因素。在丹托看来，艺术在一个贯穿历史叙事的舞台上，从古典、中世纪文艺复兴到现代艺术之后，当代艺术开始承担一个标志着艺术终结的

① 禅僧严羽(公元1250年)在他的《沧浪诗话》中认为，真正的诗歌具备“故其妙处透彻玲珑，不可凑泊，如空中之音，相中之色，水中之月，镜中之象，言有尽而意无穷。”“Chinese Aesthetics,” *Encyclopedia of Aesthetics* Vol. 1. New York, 1968, p. 365.

新的角色。[①] 随着艺术的概念在新实践中变得越来越开放,尽管艺术的这种新角色依然不甚明了,但自从马歇尔·杜尚作为艺术哲学形式的自我阐释之后,艺术的这个角色已经确立起来。

今天,在法国和欧洲其他国家里,黑格尔在关于艺术家和哲学家的论述中所产生的影响经常被当作讨论二者关系的基础。这些理论家,如莫里斯·梅洛-庞蒂、米歇尔·福柯、雅克·德里达、让·鲍德里亚、吉尔·德勒兹都发现,哪怕是为清楚阐释他们各自的观点而建立一个反驳的基础,都有必要提及黑格尔关于艺术和哲学的观点。[②]

二

以上所述,让我们的讨论集中到这里:在现代和当代法国哲学家的著作中所体现的哲学家与艺术家的关系,及其对当代艺术所产生的影响。梅洛-庞蒂关于哲学与绘画的论著,为近年来法国理论家关于我们今天所讨论的主题奠定了一个平台。他的观点是反对笛卡尔的,笛卡尔认为艺术家仅能描绘当下存在的事物,绘画仅能够给思维呈现事物本身给普通视觉所提供的东西。[③] 笛卡尔的观点把绘画限定为传统的再现艺术,而梅洛-庞蒂及其后的理论家都对此提出了反对的意见。

梅洛-庞蒂的文章,包括他那篇著名的讨论塞尚绘画方法的文章《塞尚的疑问》,[④]为我们提供了有关哲学家和艺术家各自角色的现象

---

① See Arthur C. Danto, "Approaching the End of Art," in *the State of The Art* (New York: Prentice Hall Press, 1987), pp. 202 - 218. Also, Arthur C. Danto, *After the End of Art: ContemporaryArt and the Pale of History*, The A. W. Mellon Lectures in the Fine Arts, 1995 (Princeton: Princeton University Press, 1997) pp. 4 - 6, 14 - 17. And, Arthur C. Danto, *The Madonna of the Future: Essays in a Pluralistic Art World* (Berkeley: University of California Press, 2001), pp. 423 - 431.

② Maurice Merleau-Ponty, "Indirect Language and the voices of Silence," eds., Galen A. Johnson and Michael B. Smith, *The Merleau-Ponty Aesthetics Reader: Philosophy and Painting* (Evanston, Illinois: Northwestern University Press, 1993), p. 119.

③ Merleau-Ponty, " Eye and Mind, *The Merleau-Ponty Aesthetics Reader: Philosophy and Painting*, pp. 132 - 136.

④ Maurice Merleau-Ponty, " Cezanne's Doubt," *The Merleau-Ponty Aesthetics Reader: Philosophy and Painting*, pp. 59 - 75.

学解释。在他对塞尚的研究及其他关于绘画的文章中，梅洛-庞蒂为绘画赋予一个本体论的地位，因为绘画可以在理论之前的经验中，以想象性的方法呈现现象的形式。① 他认定哲学与语言捆绑得太紧，以至于不能承担这个任务了。但梅洛-庞蒂看起来并没有等量齐观地分别给哲学和艺术分配任务。例如，他说，“语言有批判哲学和带有普遍性的用法，宣称能够按照事物的本原来还原它——而绘画则仅把它们转换成图像。”②

这是什么意思呢？为了获得一个更加全面的答案，我们有必要查阅一下梅洛-庞蒂的文章《塞尚的疑问》，在这篇文章中，他更深入地阐释了哲学家与艺术家的关系。在这里，他进一步明确了艺术家的任务不是摹仿或再现。“艺术既不是摹仿，也不是根据本能愿望或好的趣味人为制作的东西。它是一个表现的过程。”他把很多词，如“客观化”、“投射”以及“吸引”都归因于艺术家的表现行为。梅洛-庞蒂对塞尚的观点评论道，“对塞尚这样的画家、艺术家或哲学家而言，创造并表现理念是不够的。他们也有必要唤醒使理念根植于其他意识的经验。”③为了简明起见，我们随后再对这个观点作进一步探讨。

三

为了寻求哲学家和艺术家悬而未决边界这一问题的不同解决方法，我现在转向法国艺术家让·弗特里埃(1898—1964)的作品，特别是从他与作家安德烈·马尔罗(André Malraux)和让·波朗(Jean

① Maurice Merleau-Ponty, *The Merleau-Ponty Aesthetics Reader: Philosophy and Painting*, pp. 132 - 135. 也许，思考一下梅洛-庞蒂关于前理论理解的概念与芭芭拉·雷诺相对于梅洛-庞蒂之于自然理解的建议是有所裨益的。芭芭拉认为，“自然的意义是指没有被灌输思想的意义；它是意义的自动生成。”艺术家所发现的人类的自然，已经成为艺术作品中被清晰阐述出来的内容。

② Merleau-Ponty, “Indirect Language and the Voices of Silence,” *The Merleau-Ponty Aesthetics Reader: Philosophy and Painting*, p 117.

③ Maurice Merleau-Ponty, “Cezanne's Doubt,” p. 73.（本段所有的引用均出自此文）。

Paulhan)之间的关系寻找启发。[①] 这里的讨论其实更应该包括弗特里埃与诗人弗朗西斯·彭热(Francis Ponge)的关系,但我在这里仅关注他与安德烈·马尔罗和让·波朗之间的关系。我在这里的陈述,需要对英美分析哲学传统中的"哲学家"这个词作一个宽泛的理解,分析哲学中的哲学家通常被认为沉浸在概念与词项的逻辑问题的分析之中,或多或少都会远离艺术和其他方面的实践。我从梅洛-庞蒂、萨特以及其他被认为是哲学家的例证中得出这个宽泛的理解,这些哲学家在法国当代实践中就没有英美分析哲学传统中那么严格的界限,他们经常撰写美学文章,也拓展到具体的艺术家及学术问题的讨论之中。

弗特里埃的作品包括三种主要的风格分期,分别是早年的黑色时期(1926—1928),以裸体静物画与抽象风景画为特征;人质系列绘画,它参照了临近二战结束对纳粹暴行做出回应的"创伤的内脏"系列作品(1942—1945);《原始倍数》(*Originaux multiples*)的引入,意在通过机械程序代替手工制品而使战后艺术市场民主化(20 世纪 50 年代);后来是抽象和无定形派艺术时期(*artinformel*)(1947—1964)[②]。无定形派艺术是一种战后的图像美学,作为法国几何抽象艺术的对立面而出现,它促成了抽象手势派的正式革新。[③] 弗特里埃的作品经常与无定形派联系在一起。尽管经常与这一派的艺术家如杜布菲(Dubuffet)、沃尔斯(Wols)联系在一起,然而弗特里埃让这种联系保持在似有似无之间。他宁愿与任何运动保持独立。

也许对美国语境中的弗特里埃而言,最重要的参考文献是艺术批

---

① 在让·弗特里埃绘画的发展与阐释过程中,安德烈·马尔罗、让·波朗以及弗朗西斯·彭热都与此有密切关系。反过来,这些文学艺术家兼理论家与批评家,也都从弗特里埃的绘画中发展了他们各自的美学理论。

② 对让·弗特里埃的综合研究可参 Curtis L. Carter and Karen K.. Butler, *Jean Fautrier* 1898 - 1964 with additional essays by Yve-Alain Bois, Benjamin H. Buchloh, Rachel Perry (New Haven and London: Yale University Press, 2002).

③ 无定形派艺术由作家米歇尔·塔皮进行介绍,目的是为战后一种新的国际艺术家联盟确认身份。这个国际联盟的艺术家们包括法国、意大利、美国以及那些有意识对结构主义、几何立体主义、超现实主义进行对抗的美学家。这个词在英语中没有相对等的词汇,而且它的用法也变得模糊(或者说它的用法也变得多义),它从两个相似的法语词汇 *informel*(非正式)and *informe*(缺乏形状)派生出相关用法,当然多少会有些微妙的区别。参见 Yve Alain-Bois and Rosalind E. Kraus, *Formless: A User's Guide* (New York, 1997) p. 138 - 143. 从哲学上来看,无定形派艺术类似于实证主义,因为它直接用第一手的物质材料经验特质而不是抽象概念来反映艺术家的工作实践。

评家克莱蒙特·格林伯格的一篇笔记性小文章。他在给 1953 年的一个专题讨论会的一篇投稿中写道,"法国先锋派被过高评价了吗?"当格林伯格提到弗特里埃时,是把他作为所见过的法国 55 岁以下的画家中最喜欢的四个抽象派画家之一。其他几位是让·杜布菲(Jean Dubuffet)、汉斯·哈尔通(Hans Hartung)与皮埃尔·塔尔-蔻特(Pierre Tal-Coat)。弗特里埃在 1960 年与哈尔通共同获得威尼斯双年展奖,这时对他的认可度达到了高峰,当时还有一个有争议的选择,即没有人保证美国抽象表现主义画家能够被授予威尼斯双年展奖。

在目前的语境中,作家马尔罗、波朗和蓬热都与弗特里埃保持着密切的对话,他们对他的作品所作出的讨论,帮助弗特里埃的艺术在法国哲学论争与美国抽象表现主义的语境中获得一席之地。从回馈的角度来说,弗特里埃在与作家们来往通信,以及在他自己为数不多的、表达他关于绘画理念的文章,也都是针对哲学思考,由此生发了他的绘画方法。弗特里埃也实质性地参与了与文学大师、哲学大师的合作,如保罗·艾吕雅(Paul Eluard)和乔治·巴塔耶(Georges Bataille),他们出版的书籍中就以弗特里埃的蚀刻作为插图。[①] 他们对这些工作的深入研究不可避免地会引起哲学、文学与绘画的交流对话。

现在让我们对马尔罗与弗特里埃始于 1933 年的相互交往关系做进一步的研究,当时马尔罗是当地的一个导演,为弗特里埃在新志法兰西画廊的展览提供担保。随后他又为这个展览写了一篇评论,这成为弗特里埃早期作品最重要的评论文章之一。后来在 1951 年,马尔罗在他的著作《沉默的声音》(*Les Voix du silence*)中,原打算在艺术史宏大的理论体系中把弗特里埃列进去。在谈弗特里埃的文章中,马尔罗把弗特里埃艺术的发展联系从 20 世纪晚期的"表现符号现实主义"延伸到一个叫作"haute pate"[②]过程的抽象肌理绘画,就他自己的

---

① 弗特里埃为保罗·埃鲁瓦德的《尊贵的生活》(*Digne de Vivre*)(摩纳哥版,1944)、乔治·巴塔耶的《埃德瓦德夫人》(*Madame Edwarda*)、《哈利路亚·丹纳斯的问答》(*L'Alleluiah*:*Catéchisme de Dianus*)(巴黎,1947)提供过插图。

② 因为不满足传统的油画绘画方法,弗特里埃发展了一种叫作"*haute pate*"的多阶段绘画方法。这个过程开始用煮熟的鱼皮碎屑制作的黏合剂把胶抹布纸(经常是由弗特里埃配以插图但没有打印的书纸)贴到帆布画布上。弗特里埃把表面涂上厚厚的白色底漆,再用一种轻质油釉做一个初步的描画。他用一层灰浆覆盖住最初的描画,这一图层是 (转下页)

美学理论而言,更关注艺术的发展。在努力展现现代艺术对古典透视理论和幻觉理论的摒弃时,马尔罗区分了作为预期设计作品或其设计的先在的概念化的线条与作为造型性书的绘画。在马尔罗的造型性书写理论中,线条的功能是作为艺术家主观性的图形轨迹,而不是指向主题或作为绘画的原初设计而起作用。这个主题在马尔罗为弗特里埃于1945年雷纳·德芳音(René Drouin)画廊举办人质系列绘画展览总目序言与他的《沉默的声音》一书中,是非常明显的。他把弗特里埃后来在20世纪40年代的人质系列作品归因于弗特里埃绘画方法的改变。那么结果就是这样,人质系列绘画不同于弗特里埃早期那些指向外部世界对象的作品;相反,它们再现了可塑性书写的形式,目标是将艺术家内部主观性的轨迹阐释清楚。①

对我们的议题而言,问题是这样的:是不是马尔罗把他自己并非独立发现的哲学观点,即关于现代艺术家作为个体创作者的神秘观念强加于弗特里埃的作品呢?迪厄多内(Dieudonne)在为1999年《现代快报》一个特殊话题撰写的文章中暗示了这种可能性,这个话题是故意针对马尔罗的吗?② 解决这个问题的方法之一,是把马尔罗的理论与艺术家的观点加以比较。弗特里埃会同意马尔罗关于他作品的解读以及由马尔罗所提出的理论吗?

幸运的是,我们掌握了使这个问题变得清晰的弗特里埃的一些信件、简短的艺术陈述,以及一些有关他的艺术实践中被认可的变化的

(接上页)用来修复墙壁,进而形成 *haute pate* 的结构。他在材料形成恰到好处像晶体组织一样结霜的表面之前,一直用调色板小刀、勺子或者是泥刀在对这种材料进行作业;这种晶体组织柔软但不失牢固,足以承受住艺术家的刻画和动作,在绘画过程中使艺术家享有最大的自由。这时,弗特里埃再用灰浆描画并覆盖这些装饰,这个动作可能还要重复。在用他的画笔对表面进行错误的结束操作而给柔和的笔迹以绘画的质感之后,他再给整个柔和的表面撒上各种形状的粉碎柔和晶体或粉末。(参见 Curtis L. Carter, "Fautrier's Fortunes: A Paradox of Success and Failure," Carter and Butler, p. 20.)这里得到作者允许,haute pate 保持原文,不译。

① 我自己关于弗特里埃文本的理解是由凯伦·巴特勒的分析而得到提高的,她开始关于弗特里埃及其批评的研究集中到艺术家与其批评者之间的关系上来。参见 Karen K. Butler, "Fautrier's First Critics: André Malraux, Jean Paulhan, and Francis Ponge," in Carter and Butler, pp. 36 – 39.

② Dieudonne, Julien, 《Malraux et Paulhan au miroir de Fautrier》 in *Malraux sur les les arts plastiques*, special issue of *Revue des Lettres Modernes*, *André Malraux*, no. 10 (1999), pp. 111 – 129.

信息。首先，我们从相关描述中得知，弗特里埃为了使他自己从油画的局限中解脱出来所进行的抗争，他的作品的确经历了重要的转变。最明显的改变是在 haute pate 技术中的革新，这使得他能够更加自由地控制绘画中的表现。这个过程使绘画在抽象的方向上走得更远，也使得他发展了自己更加独一无二的风格。1944 年秋季，在给让·波朗的一封信里，弗特里埃反映了他从 1943 年早期在德芳音画廊最后一次展览以来的进展。弗特里埃在这封信里写道，"当我想到德芳音的展览，想到所有展览中最好的帆布油画（苹果酒苹果、复制的帆布油画、所刻画的一串葡萄）以及现在的展览时（枪杀、人头、最终的幸存者和风景画），所有的革新是这样疯狂，我最终达到了我一直所期望的——这是如此极端的变化，为了再重新画另外十幅左右的帆布油画，也为了压'头筹'，我甚至不得不推迟我的人质展览……"从这些信息我们可以看出，看起来弗特里埃所贡献的理念似乎要很好地合并到马尔罗关于艺术史发展的哲学思考之中。

另一方面，哲学家的"哲学"与艺术家的"哲学"也存在区别。十几年之后，弗特里埃就此事非常明确地关注着艺术与艺术之外的现实。他在 1957 年写道，"现实不仅仅是存在的，而且它永远也不可能纯粹，也不可能被简单地拒绝。绘画这种行动不是简单地需要在帆布上挥洒一些颜料。我们必须承认，是表现的欲望向我们袭来，它经常来自我们所看到的事物。这时现实进行了转换，它由艺术家的气质进行塑造——而成为这样……更进一步讲，拒绝这个现实的要点是什么？当进入艺术领域，无论是来自现实的什么东西（假如它仅仅作为一个跳板）似乎都比系统地拒绝现实的东西远超想象，都更加神奇。"① 弗特里埃的批评是有意识针对更加弱一些的无定形派艺术家的。他公开指责道，除了一两个例外，他们对现实的忽略，以及随之而来的狂妄风格的发展，导致了毫无想象力的平庸之作。弗特里埃由此确定，"现实必须作为作品的原始材料而生活在作品之中，虽在形式之下，但'活的作品'在维持并推动着它"。② 没有在作品与感性相联系的现实之间建立这种联系的话，也就没有任何艺术的形式能够为艺术表现创造情感需求。

---

① Jean Fautrier, "*A chacunsa réalité*" (To Each His Own Reality), translated by Harry Cooper, XXe siècle, No. 9 (June 1957) pp. 31 - 31, reprinted in Carter and Butler, p. 218.

② Fautrier, "To Each His Own Reality," Carter and Butler, p. 218.

在这些言辞当中,弗特里埃偏离了马尔罗观念中所指出的方向,即艺术的未来建立在,由更加主观化地坚持艺术与现实之间的联系所推动的艺术哲学基础之上。(他们关于这个问题的分歧已经导致了二人友谊破裂,结果在马尔罗逝世之时,他们也没有再谈这个问题。)他们观点之间的不同并不意味着弗特里埃对传统的艺术再现观念的回归,而是暗示了他将其艺术的物质性建立在物质世界与艺术作品之间的本质联系上。这更加坚定了弗特里埃的信念,即"在艺术中唯一有价值的东西是艺术家的感觉特质。"

几年之后,在 1959 到 1960 年之间,弗特里埃对于绘画的态度变得更加玩世不恭,特别是他对于更为小众的无定形派画家们。有人认为,他的言辞带着挖苦与讽刺,他问,"绘画有什么用?"他的答案是,"找不出任何东西,除了简单的装饰作用之外。这就是它真正的意义,它的实用价值就在装饰墙壁……图画的真正角色在于,放在家具上去填满空置的空间。"[①]在这些言辞中他抛出了"内心的痛楚非常有助于形成绘画"的观点,并引起了哲学家们和艺术家们对未来同样的深思。也许弗特里埃正揭示出他对自己后期绘画的不悦,他后期作品装饰性更强,尽管是非常漂亮的制品,但缺乏有创造力的真正的进步,缺乏他早期"人质"绘画的社会关注。毫无疑问,未来要比我们现在所沉思的有更多的变数。

弗特里埃与波朗的合作,让他在二战后继续与法国艺术界著名的理论家之间保持对话。作为理论家与艺术家,弗特里埃与波朗的工作关系也许能为他们各自的努力发挥更大的作用。直到纳粹在德国占领法国期间并于 1940 年把波朗替换下去之前,作为法国新出版集团的编辑兼董事,他一直与当时参与主流知识分子讨论的文学大家、艺术家们保持着联系。除了他对文学理论的贡献,以及他的出版与包括普鲁斯特(Marcel Proust)、安德烈·纪德(André Gide)、安托南·阿尔托(Antonin Artaud)、乔治·巴塔耶与保罗·瓦雷里(Paul Valéry)在内的作家之间的联系之外,波朗深入地参与了有关艺术与美学的理论讨论。他撰写了很多关于视觉艺术的著述,包括《布拉克老板》

---

① Jean Fautrier, "Paralleles sur l'informel" (Parallels about the Informel) *Blatter und Bilder*, no. 1 (March-April 1959), 54 – 56 and 'La peinture doit se détruire" *Cahiers du Musée de Poche* 4 (*May* 1960): 25 – 28.

(*Braque le patron*)、《立体主义绘画》(*La peinturecubiste*)以及《狂热者弗特里埃》(*Fautrier l'enragé*)。波朗关于弗特里埃的专著,揭示了二人在波朗美学理论发展过程中的密切交往。波朗在弗特里埃的绘画中寻找与文学中的"共同点"相对应的内容。这个词指的是文学风格中的一种特质,它能够超越语言的局限,并以作家和读者之间的共同经验把他们联合起来。[①]

在他给弗特里埃谈艺术的信件中,波朗对弗特里埃提出疑问,旨在绘画中寻找与文学中呼应的"共同点"。他表达了对那些有意在自己的作品中揭示他们独一无二内在经验的艺术家们的质疑,并发现在艺术家和观看者之间建立共同经验这个目标与实践相冲突。由于表达原初的想法先入为主,艺术家也许会隐藏与观看者之间的交流。在随后的一封信里,波朗询问到,弗特里埃运用厚物质材料的图画技术,是不是为了绘画创作,如同在 *haute pate* 作品中,它是与绘画表现特质交流的关键。他由此将其理论化为,绘画物质材料的特质是与观看者建立交流的核心。弗特里埃的回答,也就是后来波朗把它纳入到《弗特里埃的狂热》一书中描述了物质过程的一些细节,包括"用厚材料营造的表面,各种各样装饰性颜色的应用,一层厚厚的胶一样的灰浆,都由艺术家自己制作"(详见脚注),所有这些都是艺术家用来创作绘画的。[②] 在分析一个观看者对绘画有怎样体验的过程中,波朗其实避开了艺术史和批评中基于理性的言辞。相反,他邀请观看者变成了绘画物质体验中一个积极的参与者。在这个例证中,弗特里埃关于绘画的理论,看起来似乎成为波朗绘画观点的关键组成部分。

问题又来了,是不是哲学家批评家仅仅是强行拿着艺术家的作品而把他自己的理论强加于绘画之上?或者说在理论家与艺术家之间还会不会继续存在真诚的合作?在弗特里埃和波朗的例子中,很可能存在这两方面的问题。在对他们的关系进行评价时,看起来可以确定的一点是,在哲学家与艺术家之间的界限依然是可以跨越的,而不是老死不相往来的决然隔绝。

---

① See Butler, Fautrier's First Critics....," p. 41.

② Butler, pp. 42 - 44. Jean Palhan, Letter to Fautrier, 1943, Carter and Butler, p. 200.

四

让我们把讨论向当代艺术更靠拢一些,现在来思考一下德勒兹关于哲学家与艺术家边界问题的观点。德勒兹把自己列为实证经验哲学家,既不属于主流的现象主义,也不属于近来的分析学派。相反,他关于哲学与艺术的理论是以对二者角色的分别考察和相互关系为依据。关于我们今天的话题,他的著述包括对哲学家和艺术家不同角色的哲学反思,以及一些有关于电影艺术、音乐、绘画和其他艺术的具体论述。

首先,我们把德勒兹关于哲学家和艺术家的主要论述纳入思考之中是有所裨益的。[①] 如同此前柏拉图与黑格尔一样,他提出要深入研究哲学家和艺术家在概念和文化层面的交叉之处。在《谈话集:1972—1990》一书中刊载的一篇哲学论文中,德勒兹将哲学、艺术与科学放置在一起,而在黑格尔三位一体的体系中是将宗教与艺术、哲学并置。在德勒兹看来,哲学、艺术、科学这三种学科中的每一门学科,都是一种创造性的努力,不存在黑格尔艺术哲学中一个高于另外一个的优先顺序,每一个都根据它的不同可能性有不同的发展轨迹。哲学的目标在于创造新的概念。它的任务不仅是简单地对其他事物进行反映和沉思,而是随艺术与科学一道,作为一种创造性的活动而发挥其功能。"哲学的历史不是一种特殊的反映学科。它更像绘画中的肖像画技法,生产精神的、观念性的肖像画。"

与哲学相比,艺术的要点在于以创造感性整体事物为手段来为思想作贡献,而科学的目标是创造功能。"伟大的艺术家也是伟大的思想家,但是他们用知觉与情感而不是概念来思考:画家用线条和颜色来思考,就像音乐家用声音,影视制作家用形象,作家用词汇一样,等等。"[②]

---

① Gilles Deleuze, *Negotiations*: 1972 - 1990, translated by Martin Joughin (New York: Columbia University Press, 1995), pp. 123 - 125. Also Gilles Deleuze and Félix Guattari, *What is Philosophy*? translated by Hugh Tomlinson and Graham Burchell (New York: Columbia University Press, 1994), p. 197.

② Daniel W. Smith, "Deleuze on Bacon: Three Conceptual Trajectories in the Logic of Sensation," translator's introduction, *Francis Bacon: The Logic of Sensation* Minneapolis: University of Minnesota Press, 2003.

尽管它们角色各异，但我们期待哲学与艺术进入“相互应和，互有往来”的状态。德勒兹努力展示了哲学作为一种有创造性的计划，一点都不比创造一个新视听作品、发明一项新科技所面临的困难少。对哲学家而言，就艺术家的作品深入观察或对其产生影响不成问题，反之亦然。哲学与艺术如同“两条各自独立的优美线条，却不间断也相互影响着”[①]。这里的要义在于哲学家与艺术家相互促进，帮助彼此在创造过程进行自我表达。概念涉及知觉（很多由特殊个体正在经历的、并不独立存在的感觉和关系）和情感（延伸到超越生命的变化）。概念、知觉与情感这三者构成了不可分割的力量，在哲学与艺术之间穿梭往来。[②]

哲学与艺术作为不同的创造模式，拥有不同创造可能性。例如，哲学的创造涉及概念的运动。在一个由市场和建立在为市场生产基础上的一致性所构成的文化空间中，哲学和艺术都面临着与文化空间进行抗衡这个共同的任务。[③] 哲学使用概念，艺术使用感性基础上的知觉与情感，它们都在生产帮助指向贯穿生命之路的符号。[④] 艺术能够提供很多新的观看和感受方式，而哲学理解则需要这些非哲学的理解方式，这一事实更加强化了哲学与艺术之间的相互依靠关系。作为一个经验主义者，德勒兹一直秉持一个观点，即不存在普遍事物的彼此联系，而只存在特殊事物或部分特殊事物的彼此关联。构成或行动代替了反映。[⑤] 对所有艺术而言的共同之处是，艺术不是生产或发明形式的一件事，而是要抓住力量。因此，没有任何艺术是比喻性的。[⑥] 德勒兹把这一观念应用到电影、绘画、文学以及音乐之中。这里，他主要集中到了绘画上。

在发展关于绘画艺术的感观哲学的努力中，德勒兹同时也对当代

---

① Gilles Deleuze, *Negotiations*, 1972 - 1990, trans. Martin Joughin (New York: Coumbia University Press, 1995), p. 125.

② Deleuze, *Negotiations*, p. 137.

③ *Ibid*. p. 131.

④ 假如他依然沉浸在哲学史中，也许重新回顾一下更早的感性概念是有用的，即德勒兹的感性。

⑤ Deleuze, *Negotations*, p. 147.

⑥ Gilles Deleuze, *Francis Bacon*: *Logique de la Sensation* (Paris: Editions de la Difference, 1981). Published in English as *The Logic of Sensation*, translated by Daniel W. Smith (New York: Continuum, 2003), p. 56.

画家弗朗西斯·培根(Francis Bacon)进行了大量深入细致的研究。成果是一本书:《弗朗西斯·培根:感觉的逻辑》(*Francis Bacon: the Logic of Sensation*)。[①] 这部著作被认为是德勒兹最重要的美学著作之一。据这本书的英译者兼英文版序言作者丹尼尔·史密斯(Daniel Smith)所言,这本书是德勒兹关于培根绘画所知的结晶,也是与大卫·西尔维斯特(David Sylvester)共同采访培根的一个复制。(另有来源报道称,德勒兹也有几幅培根的画作挂在他巴黎的家中。)[②]德勒兹把采访视为他自己观念创新的起点,而不是关于培根的片面的定义性陈述。很显然,在书出版之后,德勒兹与培根仅有一次碰面,他们一起待了一个晚上,尽管此前他已将底稿发给了培根。(培根的传记作者米歇尔·佩皮亚特[Michael Peppiatt]在他们见面中声称,"尽管在二人之间有我们所知的相互支持与相互钦佩,但他们之间并没有友谊。"——史密斯引)

在这本书的写作过程中,德勒兹结合贯穿培根绘画所表达的理念而把自己哲学与美学的思考的起点和发展放在了中心位置。看起来德勒兹的这些观念的确是从绘画开始,并在观念(哲学家)和情感(艺术家)之间建立共鸣的过程中显现了出来。[③] 德勒兹在这部书中的美学,是由源自绘画和围绕他"普遍的感觉逻辑"观点发展起来的众多观念所构成。

在分析培根画作的著述中,德勒兹展示了高度原创的分析绘画的方法,挑战了包括再现、抽象在内的主流美学理论。这里唯一可行的是简略地提及书中极其丰富的分析。这里是他分析的一些中心观点。

在当代艺术最强有力的作品之中,培根的作品以其形式的原创性和存在主义的实质内容而获得尊重。当一些理论家已经宣称艺术终结并以此作为意味深长的真理之声时,它们恰恰在这个艺术史上最充满趣味的时刻翩然而至。对他而言,艺术家培根在探索新的绘画方法

---

① Gilles Deleuze, *Francis Bacon: Logique de la Sensation* (Paris: Editions de la Difference, 1981). Published in English as *The Logic of Sensation*, translated by Daniel W. Smith (New York: Continuum, 2003). 有报道称,德勒兹是在哈利·雅克维奇的建议下写这本关于培根的书,此人是 *La VueleTexte* 这套丛书的编辑。这套丛书也包括让-弗朗科斯·利奥塔和米歇尔·布托尔编辑的卷。

② 参见:*Leonardo*, http://www.upress.umn.edu/Books/D/deleuze.

③ Gene Thacker, "Review of *Francis Bacon: The Logic of Sensation*," *Leonardo Reviews*, April 1, 2004.

中，根本不予考虑那些乏味的再现理论和抽象理论。但是他从不放弃绘画。德勒兹的研究为我们提供了一位美学家支持这位画家的努力的一种新方法。培根的人物已经逃离了比喻。这是因为他们不是绘画世界的人物或模特的复制品。他们也不是理性地构想出来的抽象几何结构。相反，他们从画家在绘画过程本身与物质要素或颜色进行协作中油然而生。从这个意义上讲，它们是有意识从在场中解脱，或者说是在再现之下运行的多种力量。画家以身体的物质性和必需的物质材料全身心地投入绘画创作过程中，这就是一种赋予绘画生命的感性力量。

培根为他的绘画设定了三个关键性的图形要素：人物形象，作为物质结构空间化的一个大的区域，对区域进行限定的地方或圆形的场地（环形或是一个轮廓）。[①] 感性的力量在与人物形象或围绕人物形象的色彩区域相互作用时呈现出来。人的身体是形象的源泉；从这方面来说，培根其实并没有完全避开与绘画外部世界的接触。但是随着绘画过程的展开，身体的部分逐渐融入绘画的物质结构中。观看者并没有随着这壮观的场面或叙事一起出现，也没有随着贯穿脑海的抽象概念化过程呈现出来，这个过程通常在其他关于绘画的理论中被理解为再现或抽象。相反，观看者不得不面对（由画家的眼睛所转换过来的）原初感觉体验，在这个体验中，物质的力量横穿神经系统而直接在整个画面上被铺陈出来。

艺术家的任务是在画布上表现，或者将感觉提供的情感进行客观化。对培根而言，这些感觉都在他的艺术传导过程中被积累了起来，例如，极其可笑的、悲惨的、恐怖的、孤单的、暴力的，甚至是不在场的情感。培根使用的一些图画手段包括图表、节奏和三联画（三张相连的图画，边上的两张可以折合到中间的一张上——译者注）。图表，这是一个从 C. S. 皮尔士符号学理论中改造过来的概念，一直作为新型现实的创造性推动因素而出现在绘画中。图表是一种“非再现型和非指号型线条、颜色的可操作性设置”，它克服了由普遍再现或公式化抽象所形成的套路，为艺术家在创造性努力下所整合的最初感觉赋予了新的形式。节奏是指出现在最初感觉时空要素中前理性的（前再现性）跃动的运动，它以力量和激情（混沌的）形式出现在感觉中，艺术家

---

① Deleuze, *Francis Bacon: The Logic of Sensation*, p. 12.

的任务就是把它转换成构成艺术品的视觉形式。三联画，是由三块画板组成的一幅画，每一面都有一个主要的人物形象，它是延伸视觉复杂性的一种手段。由于加上了人物形象本身所建立的新型关系的维度，人物与颜色区域的关系因而变得更加复杂。①

哲学家相应的任务是提供概念，或给在艺术中集合的感觉命名。在这个例证中，哲学家的任务就是给感觉的逻辑提供一种理论。感觉的概念有一个漫长的历史，可以让我们追溯到古希腊及中世纪，那时的哲学家们将感觉经验看作是构成知识的积极因素。② 在其他古希腊的哲学中，斯多葛学派在获得知识的过程中确认感觉的重要性。再如，中世纪哲学家托马斯·阿奎那也在认知中确认感觉的和知性因素。用阿奎那的话来说，"在理性之中没有任何知识最初不是在感觉之中的。"但是阿奎那认为，感觉的随后过程是由认知更高级的理性形式来给感觉赋予意义。有一个基本的要义是，德勒兹与建立在理性基础上的知识方法决裂了。例如，包括康德在内的哲学家与此形成鲜明对照，德勒兹把他的理念建立在感觉之内，就如同它在自然中存在的那样。③ 作为一个完美的哲学史家，德勒兹毫无疑问对此了如指掌，也有很多其他的理论家试图把感觉放置在理性的语境中。最值得注意的是，休谟以印象形式著称的感觉理论应该能够引起他的关注。

德勒兹强调，他的关于感觉的观念不同于知觉，后者为我们提供的是对业已成形的物质对象的意识。他的观点与格式塔哲学关于以整体或形象来描述认知意识的知觉解释也不相同。德勒兹的观点与感觉数据理论家的观点也不完全一样，他们认为感觉数据是指那些被给定的或直接出现在知觉之中的东西，如有色彩的形状。

德勒兹发现，感觉前理性经验的原初能量在艺术创作或在科学发现中发挥着作用，因此需要一个概念来把握这种能量；然而所有这些解释都不能满足德勒兹的这一要求。在这里，哲学家与艺术家在他们

---

① Deleuze, *Francis Bacon*: *The Logic of Sensation*, p. 82 - 85.

② 例如，可参 A. L. Long's discussion of sense impressions in *Hellenistic Philosophy* (Berkeley: University of California Press, Second Edition, 1986) pp. 124 - 128. 中关于感性印象的讨论。德勒兹在他的例证中要与这些早期知识中的感性作用和概念区别开来，他坚持认为，知识是在运动能量原始的、未分化的力量中被创造出来，而不是像在再现中对引起感性的客观存在的回应中产生的。

③ Smith, "Deleuze on Bacon: Three Conceptual Trajectories in the *Logic of Sensation*."

各自的学科领域内都达到了相应的结论。艺术家发现了艺术领域不可接受的再现和抽象概念,相应地,哲学家也强烈反对知识的理性主义理论。起源于理性主义观点的美学概念对解释德勒兹归因于感觉的创造性能力的理解都难以望其项背。

如果我们想把德勒兹的感觉逻辑放在一个更为广阔的哲学世界中,它应该被以感性主义的形式划归为一类。感性主义是这样一种观点,认为所有的知识都来源于感觉。德勒兹的观点受到现象学家的影响。然而,他提出,由于总是纠缠于"活的身体",现象学家没能领悟在混沌非理性状态中活跃的、像自然能量的力量构成的全部范围。

德勒兹的感性不是个人意识或思维的私人发明。相反,它们是作为物质世界的组成部分而存在的,因此在一个创造性的过程如制作一幅艺术作品的过程中是能够被发现的。感觉不是思维或神经系统的产物。相反,它再现着独立于思维或神经系统而存在的物质力量。感觉是活动的,而非静止的。它不依赖于已经确立的客体而对感觉器官发挥作用。相反,艺术家与哲学家相互结合的努力造就了很多源自感觉的观念,它们为所塑造的物质客体考虑有生产力的源泉,而这些物质客体本身也许会变成普通感觉中的知觉对象。如果这些被塑造的客体像培根的绘画一样大量出现在艺术作品中的话,它们转而将使观看者直面感觉世界的混乱现实,正是这一点曾经在创作中推动着艺术家。

结尾部分

最后,这份关于马尔罗与弗特里埃的简短考察并没有为哲学家与艺术家的边界问题带来明确的答案。这倒是的确说明了哲学家与艺术家之间的边界确实是灵活可变的,既不像哲学家或也不像艺术家可能设想的那样泾渭分明。在这个例证中,穿梭在彼此的观点很显然产生了互惠互利的影响。哲学家与艺术家都在他们各自的道路上提升了各自对艺术的理解。马尔罗在弗特里埃的绘画中找到了支持他更具普遍意义的艺术理论的论据。弗特里埃至少在他们相互的合作中发现了作为一名艺术家在功能的实质性问题上的支持。马尔罗之于弗特里埃亦师亦友,通过展览担保、提供阐释性的文章来支持他的作品,并以此来帮助弗特里埃传达他作品的重要性。毫无疑问,交流有助于推动弗特里埃的努力来实现自己作为一个艺术家的想法。类似地,在他们各自对艺术的理解中,确有知识分子参与的证据,马尔罗作为当代非再现艺术的领军人物,而弗特里埃则作为坚持在创作富有意义的艺术中展示外部世界重要性的艺术家。波朗对弗特里埃绘画制作过程的直接参与,以及反映在他们信件和波朗《弗特里埃的狂热》一书中他们关于艺术观点的相互讨论,都暗示了他们各自观点甚至存在更密切的联系。

在哲学家和艺术家悬而未决的边界问题上,德勒兹与培根的合作如同在他的专著《弗朗西斯·培根:感觉的逻辑》一书中记录的那样,代表了对这个问题最热情的考察之一。他的观点是,哲学从来就不能离开艺术而独立担当。在他的哲学中,艺术的核心作用是,既是他对培根绘画分析中涉及他的《感觉的逻辑》的发展,也在他关于电影和其他艺术的写作中为有关这个问题的论点提供例证。

他关于哲学家和艺术联系的考察,没有给二者悬而未决的边界问题提供一个完整的答案。例如,是不是说只有当艺术家通过艺术媒介发言,那么他的观点对建立关于艺术哲学的重要观点才是要紧的?当艺术家谈论他的艺术或泛论艺术时,我们又该怎样看待艺术家的声音呢?很多艺术家也在通过语言来表达他们的想法。艺术家的语言如何适应那些表述清晰的概念呢?是不是当画家的言辞被纳入到美学问题的讨论中时,画家就成为一个哲学家了?

当在一篇文章《论现代艺术》中遇到这个问题时,瑞士艺术家保罗·克利(Paul Klee)表达了一些不满:"出现在我作品中那些真正能够表达它们自己的语言,我感到非常不安……因为作为一个画家,我感到能够有其他的表达方式……如果由词的用法来引导的话,我怀疑我是不是能够提供完全相同的保障……在我看来,一个画家使用语言的真正理由应该是,通过激发一种方法的新角度来转移所强调的重点。"①

从其他艺术媒介的角度来说,西方的芭蕾舞蹈家尼金斯基(Nijinsky)在他的日记里也谈到了这个问题,他写道,"我就是一个不推理的哲学家,是一个感受的哲学家。"②从表面上看来,尼金斯基的言

---

① Paul Klee, "On Modern Art," *Modern Artists on Art*, editor Robert L. Herbert (Englewood Cliffs, N. J.: Prentice Hall Inc., 1964), p. 75.

② Waslaw Nijinsky, *The Diary of Waslaw Nijinsky* (London: Jonathon Cape, 1937, 1963), p. 148. Waslaw Nijinsky, *The Diary of Waslaw Nijinsky* (London: Jonathon Cape, 1937,1963), p. 148.

辞体现了剑走偏锋的极端观点。对一个西方哲学家的工作方式而言,再没有比拒绝理性这一基本工具更不友好的事情了。更进一步讲,从柏拉图到现在的哲学家,都对不受理性规约的感受抱以巨大的怀疑。是不是尼金斯基的言辞作为语无伦次的闲扯而被轻易抛弃了?或者其实是他为哲学家发现了一个重要的美学问题而深思?德勒兹确实是在尼金斯基的观点中发现了可赞许之处,因为它与他在感觉的美学上所提倡的内容非常一致。

这个问题的另外一方面是,我们很少把哲学家对概念的精心安排作为艺术,而只把他以艺术媒介的作品单归为一类。但是,我们确实认识到这样一种可能性,即哲学家可能会贡献出在某些层面上为艺术家的实践产生影响的观念,例如波朗与弗特里埃的关系。而在德勒兹与培根之间却没有出现这样的情况。德勒兹是作为一位哲学家而非艺术批评家进行写作。他关于培根绘画的思考不大可能影响培根作为一个画家的发展进程。

那么关于哲学家和艺术家的分析在哪里呢?这个未定的边界有没有给我们留下关于当代艺术发现现状这个更大的问题呢?可以确信的是,德勒兹以非理性特征为基础的哲学会使很多哲学家感到不舒服,甚至怀疑他的方法。然而,假如哲学与艺术都碰巧遇到糟糕的时代,随之而来传统类型的理性仅关注基于观念的艺术,那么我们关注一下其他可替换的话题也无伤大雅。例如,像马尔罗或波朗与弗特里埃、德勒兹与培根这样的哲学家或艺术家共同联合起来的努力是不是能够说服我们,有另外一种可替换的方案去宣告艺术的终结?或者说他们的作品提供了另外一种观点,即当下艺术的作用是像哲学那样自我评说?或者说艺术为了成为某种分析哲学的形式,而抛弃了其作为人类意义基本问题的提供者的传统角色?当我们对弗特里埃的绘画,特别是人质系列绘画,或者是培根的绘画作一个仔细考察,就会发现关于这些问题的一些内容。

在他的职业生涯末期,弗特里埃对耗其一生的艺术变得如此没有耐心,特别是从小众的无定形派艺术作品所察觉到的内容,也许是正处在一个讽刺的时刻,让他说出了绘画的作用仅在于装饰。然而,他与哲学家马尔罗及波朗的合作集中到了艺术的更深层次作用,并支持艺术意义在形式和内容方面的创新。

同时,毫无疑问的是,培根的绘画与德勒兹的写作都是基于那些渴望以深层次的哲学层面参与我们思维和感觉之中的绘画。这样,对我而言,这些绘画激发了观看者去深入思考对人类存在及其意义这些基本问题。同时,德勒兹关于作品的阐释,以及他利用它们去创造对人类知识根基普遍性的哲学理解,都帮助我们增强了对艺术家和哲学家的理解,让我们对此值得言说和深思。

对黑格尔美学“艺术之死”阐释的重新考察

在最近曾经有一段时间，我们被告知包罗万象的艺术理论是徒劳无用的。但是，如果不去关注艺术中个别性的丰富领域，或仅仅是局限于对艺术概念的狭隘分析，那么将不能产生富有意义的理解，顶多形成的是脱离对个别艺术作品的性质的经验的枯燥无味的理论。我们可以用两种方法保持深刻的见解，一种是对具体作品与众不同的品质独具慧眼，一种是对艺术概念的分析深入独到，这就要把两种方法联系起来。在艺术哲学中存在一种占据原来宏大体系的需要，这个体系将艺术与人类经验的其他方面也联系起来，而且也与艺术概念的研究相关，深刻的见解源自对具体作品的解读。

对艺术哲学而言，想要达到这个目的，除了重新考察最壮观的宏大体系之外，还有什么更好的方法呢？这里有很好的理由支持我们把黑格尔的艺术哲学作为逾越上述两种方法缺憾的一种手段。它把艺术与人类经验的其他方面、自然、文化以及世界秩序关联了起来。同时，黑格尔的艺术哲学也源自他对各个艺术门类的熟悉和认同。他对艺术的研究方法有足够的可能去满足将艺术与其他特殊的认知相联系的需要，也有足够的可能去满足在一个更广泛的人类经验范围内对相互联系的概念进行分析的需要。毫无疑问，黑格尔是对艺术作出最丰富的阐释的哲学家之一。但是，对黑格尔美学的理解也存在巨大的障碍。一直占据主导趋势的是对黑格尔《美学讲演录》以及他其他关于艺术材料的解读，都认为这些材料表示了“艺术之死”，或者表达了这样一个观点，即作为人类一项重要活动的艺术，由于浪漫主义艺术的消亡而走向了它的终点。埃里克·赫勒(Erich Heller)的陈述是比较有代表性的：

> “根据绝对精神的法则，出现在黑格尔形而上学体系中的古典型艺术和浪漫型艺术都被他宣判死刑。古典型艺术必须消亡，

因为绝对精神在这里不能继续实现它过去曾与具体现实所达到的完美理解;这依赖于绝对精神的真实本质,它最后会摆脱所有的感性负担……浪漫型艺术恰恰是对艺术理念的否定,……作为理念的实体。"①

这个观点得到了克罗齐、伊斯列尔·克诺斯(Israel Knox)以及其他对这个问题考虑不周的学者们的认同:

"黑格尔拒绝回避他的体系中出现的逻辑危机,并宣称艺术必死无疑,或更准确地说,是艺术之死……他通过连续的艺术形式的考查,展现了内部消耗的渐进步骤和整个坟墓的层次,并把哲学写在了墓志铭上。"②

"通过纯粹的辩证演绎过程,黑格尔推导出了艺术之死;这是黑格尔形而上学辩证绝对概念性决定论的必然结果。"③

甚至像鲍桑葵(Bosanquet)、德翁特(D'Hondt)、芬德利(Findlay)以及哈里斯(Harries)这些学者,他们已经承认自己并完全不支持现在对黑格尔美学的流行阐释,也没有对黑格尔试图证明艺术之死这个不准确的观点给予足够的考察。鲍桑葵提出,克罗齐误解了黑格尔的逻辑学,把"取消"(Auflosung)误译为"艺术之死"(death of art);因此,他赞同我的立场,克罗齐在对黑格尔艺术之死的理论阐释上犯了错误。④ 这里是德翁特教授提出相似结论时所说的话:"黑格尔是否曾宣称艺术之死? 要把这桩罪归在他身上是不可能的……他从不用'艺术之死'这样的词,而且还曾表达过与这种灰暗的想法针锋相对的意见。"("Hegel a-t-il annoncé la mort de l'art? Impossible de lui imputer un tel crime.... ll n'emploie jamais ces mots, *la mort de*

---

① Erich Heller, *The Artist's Journey into the Interior* (New York: Vintage Books, 1968), p. 115.

② Benedetto Croce, *Aesthetic* (tr. A. Maude) (New York: Noonday Press, 1958), p. 302f.

③ Israel Knox, *the Aesthetic Theories of Kant, Hegel and Schopenhauer* (New York: Humanities Press, 1958), p. 103.

④ Bernard Bosanquet, "Appendix on Croce's Conception of the 'Death of Art' in Hegel," *Proc. Of the British Academy* (1919), pp. 20-28.

l'art, et il lui arrive d'exprimer des opinions qui contredisent cette pensée funèbre. ")[①]哈里斯教授也赞同黑格尔的理论不应该被阐释为宣称艺术之死;但他也接受了一种弱化了的艺术之死的理论,他宣称,对黑格尔而言,艺术已经失去了它最高的天职,并声称艺术所处的位置不过是为现代世界提供一个分支。[②] 最终,我们可以非常肯定地得出这样的结论:像芬德利教授这样对黑格尔美学的重要的阐释者在他自己对黑格尔艺术观的论证中也没有提到"艺术之死"。[③]

本篇论文将进一步提出这一观点,即通过参考黑格尔的《美学讲演录》及其关于艺术的其他著述,并批判地检查赫勒、克罗齐、诺克斯的观点,指出艺术之死的阐释是靠不住的。通过对重要本文的分析,将会得出另外一个替代性的理论,即黑格尔并不是要宣称艺术之死,他其实直接地和间接地提出艺术的继续发展。绝对精神曾由宗教和哲学展现出来,而后艺术更具包容性地参与绝对精神的阐释,通过这个过程黑格尔明确地提出艺术的继续发展,它是绝对精神在宗教和哲学之外的一种展现方式。另外,黑格尔的美学含蓄地将艺术从它过去的形式和对内容的狭隘分析中解放了出来。由于单个艺术家联系他们的时代文化进行未来的创造性活动,艺术从而可以自由地发展出新的形式。

黑格尔没有提到具体的艺术与其体系中更大主题之间的关系,因此关于艺术论述的丰富性和复杂性,将那些试图对黑格尔关于艺术的位置与艺术的未来的论述进行终极阅读的人带入了危险的困境。这种丰富性与这个多面的理论宝石都暗示出,从单一的角度不能对其进行完整的考察。我这里的主要目标不是反驳艺术之死阐释的结论,而是以产生进一步讨论的形式推进对这个问题的探讨,以期对黑格尔艺术哲学的一个重要方面带来澄清性的反思。本篇论文将探讨如下问题:(1)那种宣称黑格尔形而上学的辩证法原则必然产生艺术死亡论

---

① M. Jacques D'Hondt, "La Mort de L'Art," a report in the *Bulletin International D'Esthetique*, 17 (June 1972), p. 4.

② Karsten Harries, "Hegel on the Future of Art," *Review of Metaphysics* 27 (June 1974), pp. 677 - 96.

③ J. N. Findlay, *Hegel: A Re-Examination* (New York: Collier Books, 1962), pp. 341 - 46. 芬德利教授与我在私人讨论中也曾表示出这样的观点,即黑格尔并不是有意要宣称艺术之死。

的观点，被证明是由对辩证法原则的错误应用所引起的；(2)对那些最有可能支持艺术终结论的文本的重新考察在每种情况下都确立了充足的限定条件来支持对这些文本的另一种阐释；(3)艺术死亡论误解了浪漫艺术中主观和感性因素的消解，并把浪漫艺术中的变化与所有艺术的死亡混为一谈。

(一) 对辩证法原则的误用

对艺术之死阐释的特点是对辩证法原则的应用或发展，它以一种或另外一种方式对艺术的繁荣发展怀有敌视的态度。辩证法在黑格尔关于艺术观点的运用中可以分为两个层面。在艺术、宗教与哲学之间的关系应用到辩证法，它们是绝对精神在人类意识中的三种显现方式。艺术被认为是绝对精神的“感性显现”。宗教与哲学是更加“理想的”和更具包含性的显现方式，它与绝对精神的真正本质更为切近。[①](HA, 101 - 105)辩证法也应用到艺术理念中的多个阶段：象征型、古典型和浪漫型。

克罗齐、赫勒和诺克斯把他们关于艺术之死所进行的阐释论断建立在对辩证法作用的机械认识上。根据他们的看法，艺术之死是绝对精神辩证展开的必然结果。随着辩证法在这个层面的展开，我们发现，艺术中的美是感性与理性的综合，哲学是艺术与宗教的综合。[②] 艺术之死在两个层面上提出来。当绝对精神不再需要艺术时，哲学作为绝对精神绝对最完整、最明确的呈现而出现。类似地，在另一个层面上，辩证法在象征型、古典型和浪漫型的艺术形式中依次显现出它自已。艺术作为绝对精神生动的表现，直到达到它的外部界限之后，这些连续的形式被说成是“通过了审查”，从而引出了艺术生命的结束。[③]

---

① G. W. F. Hegel, *the Philosophy of Fine Art* (tr. Osmaston), (London: G. Bell & Sons, 1920), pp. 139 - 44. 直到本文发表之后，这部著作由 T. M. 诺克斯翻译的新译本一直没有出现，但本文现在涉及的他的内容以及下文对黑格尔《美学》的概述，已经在圆括号里呈现出来。我所引用的德文版来自冯德里希 · 芭珊格两卷本的版本(Berlin & Weimar: AufbauVerlag, 1965)随后，我将给出引用在芭珊格版本中诺克斯的译文以及相应的下文中奥斯马斯顿的译文。

② Israel Knox, *op. cit.*，提供了有代表性的阐释。参见该书 103 页。

③ 在这里伊斯列尔 · 诺克斯的短语是很模糊的。“pass in review”这个短语既可以运用到绝对精神的逻辑或形而上学的阶段，也可以运用到艺术史的阶段。

(1) 辩证法在艺术、宗教和哲学中的应用

对艺术之死命题进行批评的第一条线索可以联系从艺术到哲学的前进过程中的辩证发展入手。为了能够看到艺术之死的命题错在哪里,我们有必要对黑格尔在这个问题上的看法做一个简短的解释。这个命题是有问题的,因为它的前提假设是,从艺术到哲学的这个前进的辩证发展中,一次前进会导致前一个阶段的毁灭或无用。这个观点与黑格尔对辩证法的解释是冲突的。黑格尔在他的《精神现象学》的前言中,把辩证法的各个阶段描述为是构成有机整体同等必要的契机。希伯莱特(Hyppolite)和其他黑格尔体系的著名评论家曾提出,黑格尔辩证法的各个阶段不断向着更丰富的方向发展,而且"总是在它们自身复制先前的发展并赋予它们新的意义"①。对黑格尔的辩证法,我愿意接受这个解释,既因为它代表了黑格尔哲学的普遍方法,也因为事实上他就是使用这个方法区别了艺术、宗教与哲学之间的关系,以及艺术发展的各个阶段。

黑格尔的确区分了艺术家和哲学家的观点,而且他明确地把艺术和哲学区分了开来。艺术家的任务是借眼耳把握现实和它的形式。尽管理性的作用能使艺术家把他的知觉和绝对精神的理念关联起来,但艺术家确实没有像哲学家那样通过命题和表象(Satze und Vorstellungen)来理解经验。相反,艺术家是把包含在具体形式中的理性内核和真实生活有表达力的独立存在带入意识之中。艺术家所表现的内容是如此彻底地烙上了感情生活的痕迹,以至于它们甚至部分地公开了艺术家自己的内在人格。②(HA, 281-82)艺术因此成为唯一可以呈现绝对精神能以感性形式表现的部分。相反,哲学家观点的要义是整体、绝对和上帝。在哲学或思想中的理解模态是主体和形式是完全相同的。因此哲学是绝对精神的自身反映。③(HA, 101, 105)这种被暗示的模态就是道成肉身——我们在哲学中揭示出上帝,

① Jean Hyppolite, *Genesis and Structure of Hegel's Phenomenology of Spirit* (tr. Cherniak and Heckman), (Evanston: Northwestern University Press, 1974), p. 64. 亦可参 pp. 65 and 597.

② Osmaston translation, I, 381-83; Bassenge edition in the German, I, 275-76.

③ Osmaston, I, 139, 143; Bassenge, I, 108. 另见 Nathan Rotenstreich, "The Essential and the Epochal Aspects of Philosophy," *Review of Metaphysical*, 23(1970), p. 714.

因为他知道他自己——因此哲学家的要义就变成最具包容性的存在。①

然后，作为绝对精神的一种显现，毫无疑问黑格尔把哲学放在比艺术更高的层次上去理解。(HA, 10－11)在《精神现象学》中，艺术被放置在一个很高的位置上，但没有处在辩证法发展的最高阶段上。黑格尔在他的《美学》中也把哲学放在比艺术更高的位置上。艺术既没有在形式上也没有在内容上占据最高的位置，而且黑格尔把哲学作为绝对精神更具包容性的模态也暗示出他的偏好来。② 但这些事实没有一个能够保证诺克斯和其他学者们能够得出这样的结论，即黑格尔宣称了艺术之死。黑格尔关于哲学的观念连同艺术一同纳入对事物更深刻的理解中。无论是艺术还是宗教都被合并(vereinigt)进哲学，在这里它们的特征与形式和思想的主体性联系在一起。在哲学更深刻的综合过程中，艺术既没有被丢失，也没有被放弃，而是作为一个更大整体中充满活力的部分继续发挥作用。如果没有作为整体要素之一的艺术的继续参与，与辩证法和哲学相关的绝对精神表现将是不完整的。③ 艺术与宗教没有必要去考虑先前类型的毁灭，因为辩证法的特点是，高模态是作为一个更宽范围的要素构成低模态的内容，这样，前面一个种类在没有冲突的情况下也能存在。④ 同时，前面种类的重要性也被保存了下来。

(2) 在象征型、古典型和浪漫型艺术中的辩证法

阐明辩证法在象征型、古典型和浪漫型艺术中的应用是关于艺术之死理论的另外一部分的内容。诺克斯陈述道，浪漫型艺术是对另外两种艺术形式毁灭性的综合，赫勒笔下的浪漫形式被描述为艺术本身的瓦解。因此它的死亡为艺术之死理论提供了证明。我们把黑格尔关于这些形式的讨论做一个简短的考察，对展示艺术之死理论在这里缺乏支持也是很有必要的。

作为绝对精神的再现，每一种艺术形式在某种程度上都是有效

---

① Rotenstreich, op. *cit.*, p. 714. 见 *Werke* (Glockner), Vol. 19, p. 686.

② 黑格尔与谢林的观点有所区别，谢林在他的先验理性主义的体系中将艺术置于最高的地位。

③ 麦塔嘉在他关于辩证法的讨论中记录了在纯思想和纯经验中辩证法的不可分割性。很难想象黑格尔试图毁灭艺术这个思想和经验之间重要的桥梁。J. M. E. McTaggart, *Studies in the Hegelian Dialectic* (Cambridge: Cambridge Univ. Press, 1896), Chapters 1 & 2.

④ *Ibid.*, p. If.

的。首先，象征型艺术是最接近自然的。艺术中的感性因素与绝对精神在这个层次上非常亲近，但象征型艺术的感觉形式和精神内容并不能统一起来。[①] (HA，655)象征型艺术的最初形式，非常接近自然，展示了繁衍能量的生产性原则。[②] (HA，641)阴茎塑像和印度男性生殖器塑像是象征型艺术中使用的有机造型例证。它们由男女生殖器的形状构成，作为支柱和圆柱显现出来。我们在叙利亚、印度和埃及的早期建筑和建筑形式中能够找到这些艺术形式。象征型艺术的高度进入到建筑结构之中，像在金字塔中，部分地放弃了自然的形状，而采用了源自人类思想的艺术力量的形状。与仅仅满足自然需求的避难所的结构不同，金字塔也作为宗教和政治象征发挥作用。[③] (HA，653,655)尽管象征型艺术的成功程度有限，在把握绝对精神的形式和内容方面有所欠缺，但在后来的艺术发展中，我们可以发现这些形式和内容。

古典型艺术推进了这一发展。古典型雕塑偏爱的模特来自人类的身体。动物的身体框架由动物灵魂(Seele)支撑，而人的身体与其他自然动物的身体不同，人的身体有一种精神特质(Geist)[④]。(HA，714－15)在这里，精神被解释为"为了意识本身和自我意识存在而成为的状态"，与感情、理念和存在的目的一道而存在。人体的普遍特质是完美地接受了形式和内容的联合，类似于人体对绝对精神的接受，绝对精神通过人体进入雕塑的感性形式之中。然而，古典型艺术的整一联合忽视了人类真实自我意识的主观方面，而且也被发现是不稳定的。[⑤] (HA，716－18)这样的结果造成了古典艺术的对象整体消散。

浪漫型艺术的出现，引出了黑格尔最后关于艺术的决定性形式。关于黑格尔之于浪漫型艺术观点的全面理解对澄清艺术之死的争论是非常重要的。艺术之死理论的赞同者强调两个从浪漫型艺术引出来的两个主题。他们确信，浪漫型艺术通过辩证法的作用消解了前两个阶段的艺术形式，继而指向所谓的内在主观方面从外在感性形式中消亡，以此作为艺术之死的确凿证据。但是我更愿意展示，前两种艺术形式综合融入浪漫型艺术，黑格尔在浪漫型艺术中所发现的这种被

---

① Osmaston, III, 56; Bassenge, II, 46f.

② Osmaston, III, 39; Bassenge, II, 33.

③ Osmaston, III, 53－56; Bassenge, II, 44－47.

④ Osmaston, III, 127f; Bassenge, II, 99.

⑤ Osmaston, III, 130f; Bassenge, II, 101.

改变的主观与感性要素之间的关系，并不应该承担艺术之死的责任。克罗齐以及其他根据艺术之死的假设来阐释黑格尔美学的学者们没有看到，在浪漫型艺术中的综合包括了前两种并未独立的艺术形式，而且没有破坏它们。更进一步讲，在浪漫型艺术中被改变的感性与主体要素的关系，并不是艺术之死的同义词。

① 浪漫型艺术中的综合

浪漫型的绘画、音乐和诗歌艺术每一种都提供了前面艺术形式的综合。绘画描绘了源自建筑的环境，并利用它们作为人像的背景组合，而这一点正是从雕塑中借鉴而来的。(HA, 797f)。然后诗歌由于联合了绘画和音乐，因而包含了艺术最具包容性的“精华特质”。黑格尔关于戏剧体诗的论述为我们在独有的浪漫型艺术中提供了又一辩证综合的例证。在这里，综合显示了“次要的艺术——建筑、雕塑、绘画和音乐——在剧场里戏剧体诗演出时成为至关重要的部分”[①](HA, 1181f and 1190)莎士比亚的《哈姆雷特》和莫扎特的《魔笛》，每一个都在“整体”剧场体诗的表演中，以它自己利用次要艺术方式阐明了这种综合。

根据艺术之死理论，我们应该期待辩证法的作用是消灭次要的和先前的艺术阶段。但是，我们看到了截然相反的效果。我们从黑格尔对浪漫型艺术辩证综合有代表性例证的讨论中看到，那些次要艺术，或者从次要艺术中引申出来的原则在更大目的的语境中依然存在并且发挥着作用。另一方面，没有一个例证表明，离开这种综合，对这些艺术的任何利用都会导致它们的消亡。画家所利用的从建筑与雕塑中借鉴而来的原则，没有一个让绘画足以代替另外两种艺术。这也如同在戏剧中音乐的使用，也并没有冒犯音乐的地位一样。因此，对浪漫型艺术中的辩证法的考察结果是，它并不支持艺术之死理论；相反，它更加强化了前面的观点，即辩证包容而不是毁坏前一个艺术发展的阶段。

② 浪漫型艺术中被改变的感性形式与主体性之间的关系

浪漫型艺术的发展表明强调重点从感性或可见形式与绝对精神之间的关系转变为自我意识的主体性——理念的内在感性世界和主体的情感、灵魂和思考。(HA, 792－96)对这种观点变化的要义而言，个人主体性和他与绝对精神之间的关联是主要的核心部分。这种

---

① Osmaston, IV, 278f, 289; Bassenge, II, 535f, 543.

转变已经被艺术之死理论的提倡者们理解为艺术两大本质要素之间不可避免的分裂，正是这种分裂导致了艺术的永久消亡。然而，我们对黑格尔之于这个问题的论述所进行的考察暗示出，在所谓的感性与主体性之间的这种分裂被过分强调了。黑格尔也并不是无可指责，因为有时候他的语言的确在暗示着这样的解读。但是对讨论的整个语境仔细甄别之后显示出，黑格尔不断提醒读者一直需要注意艺术中感性和主体性之间至关重要的联系。(HA, 795)

无可否认的是，在浪漫型艺术中黑格尔对感性因素所产生积极作用的关注少了一些。但是这种转变具有其他目的而不是带来艺术生命的完结。这种转变部分的是在巧妙地强调古典型和浪漫型艺术之间的区别。黑格尔发现，在古典型艺术中个人的主体生命与绝对精神参与得太少了。相反，浪漫型艺术则弥补了这个缺憾。因此，黑格尔不再强调视觉方面的内容转而突出了主体性。但这并不意味着浪漫型艺术可以离开它的感性形式而存在。为了传达内在生命的发展，浪漫型艺术必须在可见和可感(Sichbaren und Sinnlichen)的王国中运行。① (HA, 795f)

与想象的内在作用进行沟通的需要暗示出，我们可以以另外一种方式看待浪漫型艺术中感性形式角色的转换。在古典型艺术中，可见形式是作为象征发挥作用，尽量全面地参与绝对精神本体意义。但是，在浪漫型艺术中，可见形式更多以一种指号来发挥作用，它传达着主体生命的艺术发生，而没有成为关注的核心内容。(HA, 795f)在这里象征与指号之间的区别可能会误导。它不应该被简单地理解为是说可见部分没有意义。黑格尔意在展示可见形式的意义不是由于它的自然感性属性，而是来自这样一个事实，即想象使它的自然属性从属于它自己的主体性目的，这样就把媒介的物质属性转化成了艺术。②

(二) 对个别文本的讨论

即便是那些赞同第一点的学者们——即辩证的论述并没有支持

---

① Osmaston, III, 224, Bassenge, 11,175.

② 这个阐释符合黑格尔一般的哲学实践，他把自然看成现实的一种低等形式，需要由思维活动进行改造。对黑格尔而言，当自然与思维目的结合起来时，自然会获得更重要的意义。以此类推，艺术中的感性因素亦是如此。在下文中，我试图展示浪漫型艺术的感性因素一定会起到积极的作用。

艺术之死的理论——也可能会困惑,所引用的黑格尔的某些文本是支持艺术之死的论断的。下面对三段主要文本的阐释将显示出它们并不一定支持这个论断。这些文本都从黑格尔《美学讲演录》主体部分中选取的有代表性的段落,分别对应于艺术哲学的普遍理念、个别的艺术形式以及个别媒介。第一个关注黑格尔对艺术哲学的辩护,以及艺术相对于宗教与哲学所存在局限性及其位置;第二个关注的是浪漫型艺术的本质及其消散的影响;第三个关注的是诗歌的感性形式或者说它的外在形式。这三段文本对无论接受艺术之死理论还是拒绝艺术之死理论而言,都是直接相关的和重要的。

(1)"艺术是已死的事物,但在最大可能性的角度来说,它现在和将来对我们都有意义。"(HA, 11)[①]

这段引文更大的语境是对《美学讲演录》的介绍,在这里黑格尔要证明我们对艺术哲学的需要。既然这个陈述是艺术哲学写作基本原理的一部分,那么就需要论述辩护或证明的功能。它也部分地展示了黑格尔为什么作哲学而不是绘画或写诗。更重要的是,这个陈述表达了他需要一种较大的形式,用来容纳他在他的时代和文化中所见艺术的不足之处。这个陈述也表达了黑格尔的一个信念,即他自己时代的批评和反思活动并不能有利于重要艺术的创作,但是不能作为对未来时代艺术的明确宣言。在这里我赞同格雷的观点,仔细考虑我们可以看到,黑格尔在这段话中强调的重点是"对我们而言",以及艺术将"随着时代的演变"继续唤醒人类的自我认知与认识真理。[②]

引文紧接着的语境是对哲学作为绝对精神至上方法的理由做了一个初步的解释。根据黑格尔的观点,对人类最高关注点的最完整表达而言,艺术是其中一种方式,但并不唯一的方式,而且它也不是必须的。对本文论点非常重要的一点是要注意这一点,即黑格尔对艺术所设定的局限性是非常具体的,而不是大概的或包罗万象的。这个局限是由于在黑格尔的时代从宗教的角度,或者从黑格尔自己基督教徒的角度而不把艺术看成是通向终结真理的最高方法。他发现艺术不足

---

① "In allen diesen Beziehungen ist und bleibt die' Kunst nach der Seite ihrer hochsten Bestimmung fur uns ein Vergangenes." (Bassenge, I, 22; Osmaston, I, 13).

② J. Glenn Gray, *G. W. F. Hegel on Art*, *Religion*, *Philosophy* (New York: Harper Torchbooks, 1970), p. 18.

为“意识”带来“我们精神生活的真正兴趣”，而且“不再能够发现精神需要的满足，而在先前时代和民族的艺术中明确地发现了这一点”，比如，希腊艺术的美好时代以及后来中世纪艺术的黄金时代。[①]（HA，9-10）在黑格尔看来，尽管艺术并不能像宗教或哲学一样满足人类的精神需求，但艺术无论如何依然能够作为价值极高的活动而保持它的位置，在黑格尔时代如此，在未来亦然。这里和其他地方对艺术局限性的论述都是相对的，也是恰如其分的。

最后，黑格尔阐释的一个更大的部分是判断辩证法的前进过程是否是一个**随时代发展**的过程。[②] 在《精神现象学》中，部分辩证法随时代发展而发展，一个特定文明的历史时刻是辩证运动的。黑格尔想要以这种方式进行言说，即把他所说的内容运用到这样的时刻中——像宗教、艺术或哲学在某个特定的历史时期成为主导的声音，比如古希腊或现代的德国。但是他并不是想把他关于艺术、宗教、哲学的分类必须与特定的历史现象绑定在一起。黑格尔也永久地把艺术放置在人类价值总体分类的相关位置上，而不是宣称艺术已经死亡，因为更高的价值超越了艺术，如哲学或绝对知识。（HA，82-90）

沿着相同的线索，黑格尔看到辩证法在个别风格突出的时刻显现它自身，就像古希腊的古典风格、19世纪德国的浪漫风格。但是他没有把象征型、古典型和浪漫型的艺术限定到辩证时间的确定过程中。艺术普遍形式的类型是永恒的。它们(象征型、古典型和浪漫型)以及已经出现的其他可能的艺术类型，对各个层面中提供一种艺术的观点是必需的，对展现艺术与整体(对黑格尔而言，这个整体就是绝对真理)关系也是必需的。

(2)“我们发现……作为浪漫型艺术的终止，外在条件与内在生命的偶然性，以及二者的分裂下降，由此艺术产生了自杀行为……”[③]

---

① Osmaston, I, Ilf; Bassenge, I, 2lf.

② 这一点对我的启示来源于更早时候一位不知名的评论家的一篇文章。

③ “Dadurch erhalten wir als Endpunkt des Romantischen iiberhaupt die Zufalligkeit des Ausseren wie des · Inneren und ein Auseinanderfallen dieser Seiten, durch welches die Kunst selbst sich aufhebt und die Notwendigkeit fur das Bewusstsein ziegt...”诺克斯的译文如下：“Therefore we acquire as the culmination of the romantic in general the contingency of both outer and inner, and the separation of these two sides, whereby art annuls itself and brings home to our minds that we must acquire higher forms for the apprehension of truth than those which art is in a position to supply.”(529) Cf. Bassenge, I, 509; Osmaston, II, 296.

我们需要考虑的第二段文本出现在浪漫型艺术消亡的讨论中。在这段语境中，黑格尔谈到了一种浪漫型艺术感性和主体因素的"正在分裂的下降"(Auseinander/allen)，因而带来了艺术在这个过程中的所谓自我消散(Dissolution)的结果(selbst sich aufhebt)。消散被艺术之死理论的宣扬者解释为艺术之死。这种阐释部分地基于如下理论的支持，即奥斯马斯顿(Osmaston)对短语"艺术的自我扬弃"("Kunst selbst sich aufhebt")翻译成英语的"艺术的自杀行为"，可能已经无意间使艺术之死的论点永垂不朽，特别是对黑格尔的英语读者影响深远。然而，就我判断，黑格尔实际上从来没有使用过这个短语——"艺术之死"("the death of art")。奥斯马斯顿的翻译特别有幻想性和误导性的特征。黑格尔的文本既没有从中受益，也没有要求以暗示艺术自杀的方式来翻译。翻译者忽略了这样一个事实，即德语的"扬弃"(aufheben)是黑格尔最难理解的词汇之一。黑格尔体系中一个最重要的观念是，"扬弃"的字面意思是兴起某种事物(raise up something)；然而，作为一种哲学观念，它可以意味着"取消"、"消散"或"保存"，或者三者同时兼具！在对艺术感性因素和主体因素辩证方法的阐释过程中，黑格尔可能要尽可能地传达其中的菁华。然而，"扬弃"以简练的词语涵盖了它的多个含义，集中辩证过程的多个方面。

我打算以"消散"(dissolve)的理念来代替奥斯马斯顿对"扬弃"的翻译。"消散"包含了两方面的要素，"取消"和"保存"，而且它表达了"正在分裂的下降"和"艺术的自我扬弃"；在这个语境中，"艺术的自我扬弃"是一个需要特别注意的主要词汇。在这种情况下，"消散"并不完全是毁灭。浪漫型艺术中的"消散"更像是现代电影手法中的"淡出"。在一部电影中，"消散"就是一个镜头或场景的淡出，同时又在下一个镜头或场景中淡入，在这个过程中就跨越了两个镜头或场景。① 镜头聚焦到一个物体上，这个物体逐渐消散到接近一个模糊的新物体的程度，当它再次出现时已经是一个完全不同的新物体，这个新物体依然保留着被它所代替的原来物体的一些特质。

浪漫型艺术"消散"过程的类比，发生在可见感性形式的相关层面到主体内在想象的转换过程中。感性形式的自然特质"消散"到一个

---

① Random House Dictionary of the English Language (Unabridged edition, 1967), p. 416.

新形象中，因为它们由主体想象的特质和活动转化而去。在这个新形象中，原来的自然特质依然被保留，但它们“服务于”艺术家的精神、感受和理念。

我关于消散原则运用的结果，可以在希腊雕塑《宙斯半身像》与伦勃朗的《一个青年男子的画像(1662)》的比较中看到。[①] 根据黑格尔对古典型艺术的分类来看，这个半身像对解释绝对精神对人类意识而言是一个理想的典范。其感性形式的普遍特质是从人的形象中抽象出来，但它依然与个人的主体性和绝对精神的完全整一保持独立。相反，伦勃朗的画像展现了颜色和线条的自然感性特质消散到一个新形象的过程。它们揭示了敏感脆弱的人格的人类特质，这种人格缺乏明确的焦点，是难解的。通过对主体内在生命的独特气质的展现，观看者可以清楚地感受到画面丰富的感性特质。

相同的效果发生在两幅不同图片中。莫奈的《查令十字桥》(“Charing Cross Bridge，1903”)(1903)展示了感性形式由于主观目的突出而相对的缺失。莫奈把颜色和光线以科学和客观的方式进行安排，显示了画面和所代表场景的表面所具备的感性价值。我们再来看一下多尔(Don)的《罗梦湖》(“Loch Lomond，1875”)(1875)。相对于莫奈的《查令十字桥》，《罗梦湖》展现了艺术家对自然景观强烈的感受。颜色和线条毫不逊色地呈现在多尔的画面上，但是它们并没有独立地投射到其感性价值上，而是展现了艺术家关于神话和传说灵韵的视角。

这两组例证中的不同其实是在两种艺术作品中的区别，一种展现了感性特质保持了很高程度的独立性，出现的形式也仅是自然性质的简单扩张；在另一种艺术作品中，艺术家的主观精神把感性因素融入更个人化的再现方式之中。感性因素既没有消失也没有被放弃。它仅仅是变成了表达人类内在生命更明显的手段。如果我在这里已经正确地解释了所涉及的文本，那么那些把浪漫型艺术理解为艺术之死的学者就是误解了黑格尔的观点。浪漫型艺术并不是艺术之死，它是另外一种阶段，而且显然它也不是艺术史的最后一个阶段。

(3)“在众多艺术之中，只有诗歌完全摒弃了客观现象世界的感

---

① 圣·路易斯艺术博物馆包括了这里引述作品的原作。

性媒介。"[1]

第三段文本涉及诗歌。诗歌的多处与众不同贯穿于黑格尔关于诗歌的长篇论述之中,所有这些似乎都在暗示,在把感性形式向主体性目标的塑造过程中,诗歌是最成功的艺术形式。艺术之死理论的宣称者试图利用这段文本来支持他们的观点。然而,当我们考察这段文本的适用程度和黑格尔承认的诗歌的局限性,以及当我们把消散原则运用到诗歌中之后,他们的论断理直气壮的程度就要打折扣了。

黑格尔认定,诗歌主要两个方面优于其他艺术:一个是在它再现的力量上,一个是在把感性形式向主体性目标的塑造过程中(HA,960,966)。对艺术之死理论宣扬者而言,只有后一个是重要的,因为在再现力量上的优越性并没有暗示艺术的消亡。黑格尔将这里所引用诗歌的优越性负面地表达出来,为了将诗歌与其他艺术进行对比,这种优越性也被过分评价了。然而,每一个关于强调诗歌对感性物质摒弃的陈述中,确实存在一些适用于一个或所有特质的重要资质。[2]黑格尔继续提醒我们注意这些必要资质,正是它们导致了正确意义上的负面夸大。

一个最重要的资质来源于和内在想象活动的结果进行交流的必要性。感性形式对诗歌而言依然是至关重要的,如同与其他艺术一样。它不是能被看见的赤裸的物质;相反,它是能够传达情感和理念特质的符号。交流成为可能就是因为感性形式通过想象活动得以转化和提升。

第二个特质与不同艺术的自然物质材料的变化有关。当黑格尔说,像这样诗歌与总体物质毫不相干,他仅仅是暗示建筑与诗歌在外在材料上的区别。(HA,960)在建筑中,艺术家与自然物质材料如木料和石头进行斗争。当艺术随时间发展到达诗歌这个阶段时,它的外在"原始材料"是语言。由于语言已经是思维的产物,相比于建筑中对物质材料的"加工"就更少。然而,它所保留的语言是思维以及人的讲

---

① "Unter allen Kiinsten entbehrt nur die Poesia der vollen, auch sinnlichen Realitat ausserer Erscheinung."诺克斯的翻译如下:"Of all the arts poetry alone does not appear outwardly in something completely real and also perceptible" [sic]. (1181), Bassenge, II, 535; Osmaston, IV, 278. Vilriations of the statement are found on HA, 960 and 966 (Osmaston, II, 328,334; Bassenge, II, 960,966).

② See 964-66,977-78,1181 (Osmaston, IV, 10-13,27-29,278; Bassenge, II, 331-34,343-45,535).

话或铭写，因此诗歌必须保留感性形式。

黑格尔对诗歌中感性要素的理解在英国浪漫诗歌的例证中可以清楚地看到。在19世纪和20世纪文学批评中讨论的英国的浪漫想象理论与黑格尔的观点非常一致。与黑格尔的消散理念相类似，想象在英国浪漫诗歌中发挥的作用是把感情和理念的对立消融进感性要素中。柯勒律治说的"在理智和物质世界不能分解的联合"用如下语言表达出来：

> "诗歌的心脏和理智应该紧密地联合在一起……并与自然伟大的外观成为一个整体，而不仅仅与它们溶解并成为一种松散的混合物"①

在以下两首十四行诗的对比中我们可以看到，感性物质没有消散的艺术与感性物质成功地消散在艺术中所存在的区别，这两首诗的主题相同，作者分别是威廉·莱尔·鲍尔斯和塞缪尔·泰勒·柯勒律治。②第一首是鲍尔斯的《致伊钦河》。

> "伊钦河畔/当我再次注视你的两岸/你正在消失的边缘/你银白色的乳房/在这里/你的本色仿佛依然在将息/为什么我的心感到痛苦凄迷
>
> 是由于此吗？在生命的晨曦里/我在你的河畔欢笑游弋/却从那时起/多少夏日已逝去
>
> 是由于此吗？从那时起/我的心常常太息/因为青春和希望是渺茫的微曦，转瞬即逝
>
> 是由于此吗？曾围坐在你的岸堤/与我一样青春可人的兄弟/如今皆已消失
>
> 无论是何因由/在你的岸上我满腹伤愁/但我的心中略感安慰/如同见到久违密友/无论来自谁/在这欢乐的时光里/我们相

---

① S. T. Coleridge, *Letters* (Boston, 1895), Vol. I, p. 404. 引自 William K. Wimsatt, Jr., *The Verbal Icon: Studies in the Meaning of Poetry* (New York: Noonday Press, 1958), p. 107.

② 在这个例证中，我特别感谢维姆萨特的文章《浪漫主义的自然意象》。载于 Wimsatt, *op. cit.*, pp. 105–10.

对“舞蹈理解”的理解

由于舞蹈对理解的不同贡献，关于舞蹈在理解中的地位这个话题，舞蹈的历史提供给我们两种相反的传统。在卢锡安（Lucian）的作品《仙女之舞》（*Peri Orcheosis*）中，剧中两个人物所表达的观点并不称颂舞蹈对理解的贡献。在卢锡安的论述中，克拉多（Crato）嘲笑他的朋友吕西诺斯（Lycinus），因为他观看一个“女里女气的小伙子身着考究的衣服，唱着下流歌声而扮演着一个荡妇”。另外一个人物，犬儒主义者德米特里厄斯（Demetrius），仅仅把舞蹈视为音乐和丝质礼服的附属，由毫无意义的、空虚无聊的动作构成。① 一个不那么极端但也同样具有破坏性的观点是，黑格尔在他的艺术哲学中决定，将舞蹈从主流艺术形式的经典中忽略而过。

在克劳德·弗朗科伊斯·梅纳斯特里埃（Claude Francois Menestrier）17 世纪关于舞蹈的论述《古代和现代的芭蕾》中，我们找到了认同舞蹈的相反传统。梅纳斯特里埃是法国的哲学家与编舞者，他提出，芭蕾相对于她的姐妹艺术音乐、绘画与诗歌，在理解的方式上能够反映得更多。在梅纳斯特里埃这里，任何有关舞蹈的认知地位的提高，依赖于其他艺术所给定的认知地位，也依赖于芭蕾所提供的理解能否转译成有助于认知的符号。这个问题两方面所有的争论都在后来黑格尔和梅纳斯特里埃的观点中变得清晰，我们将在随后对这两位的观点进行考察。

在当代对舞蹈表示出兴趣的哲学家中，纳尔逊·古德曼（Nelson Goodman）与弗朗西斯·斯巴绍特（Francis Sparshott）两位都认同舞蹈对人类理解方面的贡献。古德曼将舞蹈、语言和其他美的艺术一道都纳入人类重要的符号体系，而斯巴绍特也提出，舞蹈是人类文化的核心表现之一。

---

① Lucian, “The Dance”, *Dance Index* I (1942), 105, 106

让我们对这些哲学家的观点进行一番考察，以此作为对这个话题做进一步分析的依据。我认为，舞蹈是文化活动的一种形式，它能够把人类的经验组织进入知识领域，并且，通过舞蹈所获得知识的两种类型是必须区别开来的，即经验（Erlebnis）和知识（Erkenntnis）。第一种知识经验是一种通过舞蹈的内在生命体验而获取的知识，而第二种知识则是从舞蹈的描述和阐释中获得的，它产生于对观众的回应之中，存在于舞蹈批评家、美学理论家和舞蹈史学家的著作之中。我将提出这样一个观点，即舞蹈对理解作出了卓越的贡献，并将讨论隐藏在舞蹈认知角色理解背后的一些问题。我将集中讨论剧场舞蹈。

与所有的舞蹈形式相似，剧场舞蹈源于把人类的身体作为舞蹈经验的核心；文化方面的具体实践界定了它各种独特的体现方式。因此，剧场舞蹈采用了广泛多样的形式，除了包括当代即兴舞蹈之外，还包括芭蕾舞。芭蕾舞建立在动作编导系统基础上，并以音乐、演出服和舞台背景强化演出的效果；即兴舞蹈以即兴的动作结构带来了开放的形式，并以迥异于传统的表演空间代替了前置的舞台。

通过涉猎各种实验美学问题与社会焦点的运动，剧场舞蹈服务的目的多种多样，范围从娱乐到研究无所不包。比较典型的是，剧场舞蹈中表演者和观众之间的界限尽管有时模糊，但剧场舞蹈的演出中，表演者除了观念上与观众隔离之外，身体上也要与观众保持距离。我这里所说的身体上与观众保持距离的意思是指，舞蹈者是在舞台上或者在另外一个表演的空间中进行身体的移动，而观众则坐在一个与此隔离的空间中观看演出。舞蹈者根据剧场舞蹈建立起来惯例，在由演出服、背景、音响、灯光和其他舞台道具所构成的表演环境中，为观众进行连贯的演出。在这样的表演过程中，表演者和观众之间暗含这样一个契约，即假定舞蹈建立的基础是关于某种文化传统共通的知识，这种知识允许表演者和观众之间进行意义的交流。

这并不是说在一个人类符号的更大体系内没有对舞蹈的意义进行质询的基础。例如，卢锡安就表达过这样的怀疑，传达舞蹈观点的人物形象也依然是由知识分子的某些成员和普通公众的一部分人所了解。卢锡安是20世纪晚期的舞蹈作家，他强调舞蹈的身体运动应该优于其表演风格、舞蹈历史以及舞蹈美学，对这种怀疑主义颇有贡献。即使如此，也使得批评家马西娅·西格尔（Marcia Siegel）在20世纪70年代写道："舞蹈是一种身体艺术，而且我认为这种过分理智化的写作，在那里作家脱离了所有的感觉……和情感的内涵，是毫无价值的。”[①]另外一位批评家马瑞恩·戈特弗里德(Marrin Gottfried)也表达了类似的关于舞蹈的反理性的观点。基本上与西格尔同时，他说道，“我认为这项研究的全部理念就是在僵化和反对生命。我认为戏剧仅存在于生命之中，存在于舞台活生生的人之中。”[②]然而也有人赞同批评应该聚焦于舞蹈本身，我们从这些言论中很容易得出这样的结论，即舞蹈与生命的理性无关。另外，实践者包括表演者和舞蹈教育者忽视舞蹈的认知—理性特征，或者失于探索和解释舞蹈在理解方面的作用，仅片面地关注舞蹈的身体、情感方面的特征，因此致力于探究舞蹈不稳定的理性地位已经成为大势所趋。

我们也有另外的理由质疑舞蹈对思想的贡献。有些人已经质疑舞蹈独立自主的身份，在卢锡安的论文中提出这个问题，舞蹈与猥亵的歌曲和放荡的女人联系在一起。在任何主流文明中，舞蹈都从来没有成为文化表现的核心形式，像建筑在古埃及，或雕塑在古希腊，或绘画在文艺复兴时期的意大利，这也成为质疑它在人类认知理性中重要性的理由。只有在地方或部落层面上，舞蹈在一个社会的自我界定中才发挥了重要的作用，或者在17世纪一个短暂的时刻上，在法国国王的欧洲大陆舞蹈也发挥了重要的作用。这些史实导致了黑格尔从他对主流的美的艺术的殿堂中省略了舞蹈。类似地，相对于米开朗基罗、达·芬奇、莎士比亚或巴赫，没有哪位主要人物在一种文化中为舞蹈言声，至少没有能够在舞蹈的小圈子以外进入公众的意识之中。与此同时，也确实存在一个鲜活的哲学传统，认识到并试图把舞蹈的角色解释为学习和传递知识的一种模式。弗朗西斯·斯巴绍特在他的著作《落于地面》(*Off the Ground*)一书中提出，舞蹈确是一种文化核心的载体，因为它是自我认知的一种方式，一个社会自我界定的手段，也是思维的一种证明。[③] 如果不去限定我们的研究的话，把这些论据记在脑海也是有所裨益的。更进一步讲，思考一下通过舞蹈能够带给我们什么形式的知识、哪些焦点和问题能够从舞蹈提供给我们的洞见

---

① Marcia Siegel, “Two Views of Dance, *Arts in Society* VTII (1971), 673.

② Martin Gottfried, “Journalistic Resources,” *Proceedings of the Second Conference on Research in Dance* (Warrenton, Virginia, 1969), pp. 81 - 85.

③ Francis Sparshott, *Off the Ground* (Princeton: Princeton University Press, 1988), 44.

中受益等问题同样有所裨益。这些知识是否能够作为一种言说的语言而进行反映和进行清晰连贯的表达？我们能否在舞蹈中寻找有助于人类交流的理解？舞蹈知识所带来的益处是在公众中普遍可及的，还是它们仅限定于舞蹈者、艺术家及学者这个圈子中有知识的成员呢？如果我们发现舞蹈是一种影响深远的大众教育手段，那么能否改变舞蹈如何实践或者它作为艺术的地位？例如，舞蹈如果更多地进入生活的非艺术维度，会不会有损于它的艺术方面的发展或者它对文化的整体影响？

一、梅纳斯特里埃：芭蕾是对思维、听觉和裸麦威士忌的娱乐

梅纳斯特里埃除了是耶稣会写作美的艺术的哲学家之外，他本人还是一位芭蕾舞大师与编导者，在他关于舞蹈的论文中声称，尽管几个世纪以来人们都认为艺术对理解卓有贡献，然而舞蹈（芭蕾）已经被哲学家很糟糕地忽略掉了。为了解释芭蕾舞的目的，除了自己对现存芭蕾舞剧目的广泛知识和他作为芭蕾舞编导者的个人经验之外，他汇集了从柏拉图到亚里士多德一直到他那个时代所有哲学家的著作。为了更好地说明芭蕾舞的概念目的，梅纳斯特里埃提供了标准化的结构，由编排芭蕾舞的规则和一套符号体系构成。这里所谓的规则应用了芭蕾的五个本质要素：舞蹈创作，即编导创作芭蕾舞的形式或方式；演员；动作；由演出服和背景构成的装饰；以及和弦，就是使芭蕾舞所有要素协同工作的结果。[①] 他的这个体系感兴趣之处并不是界定舞蹈（芭蕾）的标准化功能，而是他努力建构的一个使舞蹈（芭蕾）能够跟随一套可替换的符号体系发挥功能的观念性框架结构。他的论文的目的是展示舞蹈如何对人类的理解做出贡献的。

根据梅纳斯特里埃的观点，芭蕾是一种模仿性的艺术，它通过身体动作与人类外部的行动一道，去阐释内在的激情与感受。在这个观点中，芭蕾是一种隐喻性的行动，揭示了包括灵魂状态在内的事物的本质。他认为，这一点除了通过动作之外，是不能够被感知的。因此

---

① Claude Franscois Menestrier, S. J. , *Des ballets anciens et modernes selon les règles du théatre*(Paris, 1682).

在梅纳斯特里埃看来，芭蕾试图追及思想和想象，而不仅仅限定于感性。相反，在芭蕾舞中，通过音乐、演出和舞台设计而使一个故事或一种理念增强和扩大，芭蕾通过把动作和这个故事或这种理念联系起来的方式，试图参与到包括思维、听觉和视觉在内的整个人的活动之中。相对于抽象舞蹈或纯舞蹈，芭蕾舞要求更多的规约，前者仅是身体跟随某种节奏从一个地方移动到另一个地方。

梅纳斯特里埃的理论是如何把舞蹈的位置提升到作为人类理解的一种形式的地位的？首先，我们在这样的语境中考察以下的观点是有所裨益的。从哲学的角度来看，他是一位新亚里士多德主义世界观的赞同者，他认为再现性的符号能够触及人的本质和外部世界其他要素的本质。在他的观点中也暗含着舞台舞蹈发展的一个特殊阶段。虽然如此，他试图将舞蹈放置在他那个时代的主流观念框架的意愿代表了一种严肃的努力，即回答舞蹈作为理解的一种主要形式的问题。在这个观念框架中，舞蹈被认为是一种严肃的理性实体，除了可以与哲学进行比较之外，也可以与包括绘画、音乐在内的其他亲缘性文化实体进行比较。援引人类身体的动作以证明舞蹈中的主要元素当然是正确的，试图将舞蹈动作或行动与核心理性问题的解决联系起来也是正确的，也就是说，我们如何能够知道生命内部的工作与外部行动之间的关系，舞蹈为我们提供了这样的范例。当然，梅纳斯特里埃的论断反映了他们时代的观点，但并不足以描述他全部观点的前提，或者为他之于舞蹈观点的进行辩护，也不足以把他的观点认为我们今天论文的一个重要的历史范例。他的理论对分析芭蕾或其他舞蹈而言是很多合理的体系之一。很多其他体系已经在前面陈述过，而且它们其中很多体系都尖锐地背离了梅纳斯特里埃的观念。但是，鉴于舞蹈对人类理解的贡献，他努力为舞蹈建立一个观念框架，在这个框架中，梅纳斯特里埃将舞蹈与其他观念体系一并进行考察，新近各种关于舞蹈论述方式的进化并不能削减他所有努力的重要性。

二、黑格尔与舞蹈

19 世纪早期黑格尔关于舞蹈的论述出现在他自己哲学体系的语境中，主要出现他的《美学讲演录》之中，这部书为我们提供了黑格尔关于美的艺术论述的一个明确语境。与他之前的柏拉图和梅纳斯特里埃一样，他把艺术描述为反映活动的形式。根据黑格尔的观点，艺术是人类活动的一种形式，与宗教和哲学一道，要求全部的自我实现。艺术是绝对精神的产物，也是人类努力实现自由的一部分，并让我们了解自己是一种什么样的生物。从形而上的层面上来讲，它们创造了宇宙绝对精神、人类主体性创造和物质世界的联系。从另外一个层面上讲，艺术作品清晰地阐明了社会价值，为短暂的历史事件赋予意义。因此，对黑格尔而言也如对梅纳斯特里埃而言，毫无疑问可以把舞蹈视为文化理解的一种形式，在如何与其他文化形式相比却有不同。在黑格尔的艺术符号体系中，他将诗歌这个语言艺术安排在最高等级的艺术中，他创造了一个基本问题，并试图雄心勃勃地宣称，舞蹈以各种显要的方式为人类的理解作出了自己的贡献。他秉持着一个在理性历史上已经被普遍接受的观点，即“如果没有语言清晰地表达意图的话，人类的行动不能被普遍地理解。”[①]他将诗歌抬高到优于其他艺术的理由建立在这样一个信念基础之上，即语言对思维本身的自我理解和表达而言是一种高级的媒介。

不幸的是，在黑格尔的体系中，舞蹈却失去了重要的位置，这一点与梅纳斯特里埃的体系一致。他没有将舞蹈包括在主流的艺术种类之中——建筑、雕塑、绘画、音乐和诗歌——很明显将舞蹈置于美的艺术之外，而与像风景建筑这样次要的艺术放在了一起。毫无疑问，黑格尔对舞蹈的安排导致了他对舞蹈的忽视，并引起了他对舞蹈之于人类理解贡献的怀疑。为什么在黑格尔的体系中舞蹈被安排到如此低的位置？是不是因为黑格尔把其他艺术视为与人类理解非常重要的内容，而没有看到舞蹈是如何发挥作用的？他当然相信，美的艺术与宗教和哲学一道，除了意味着能够服务于对世界的理解之外，也能够服务于人类的自我理解。很显然黑格尔认为舞蹈与身体的联系太紧密了，也就是与感性物质世界的联系太紧密了，因此不能有效地与理性的自我理解进行交流。他发现舞蹈不能承受与无意识的自然身体相分离的过程，因而也不能作为人类符号的一种稳定形式而发挥作用。虽然舞蹈能够在它的直接性中表达生命，但由于缺乏足以表达人类理解的必要稳定性，因而舞蹈不足以进入黑格尔艺术阶梯中的主要

① Sparshott, *Off the Ground*. 34,40.

位置。

假如黑格尔根据各门艺术表现反映性精神内容的适合性来安排艺术，这个假设就不能被消除。事实上，黑格尔生活的时代中，理性是使行动产生效力的主要因素。这个时代与20世纪晚期后现代思潮反理性主义的环境大不相同，20世纪晚期情感和身体行动经常作为人类经验的主要构成要素而挑战理性。对黑格尔而言，这些要素确实存在于人类的经验之中，但低于理性。

也许，黑格尔看到了通过舞蹈所描绘的范围和重要性实在太有限了。对黑格尔而言，假如他关于艺术的论述是基于历史和他自己的哲学观念一并观察到的实践情况的话，如果没有关于所描绘内容令人信服的例证，那么就很难给舞蹈以显要的角色。那些我们能看到的为了观看的舞蹈类型很明显都在强调场面和技术，而且经常更突出舞蹈者的个人能力而胜过了潜在的理念。黑格尔本人评论了舞蹈的空虚状态，如哑剧就迷失在毫无意义的机械的技巧之中。[①]他的观点简洁地用如下言辞表达了出来：“我们不会为了思考我们正在干什么而跳舞；我们的兴趣所在限于舞蹈，以及它优美动作中令人着迷的肃穆。”[②]

黑格尔时代的芭蕾在J. G. 诺威尔(J. G. Noverre)的《舞蹈和舞剧书信集》(*Ballet d'action*)之后并没有发展形式主义舞蹈所承诺的改革，沙尔维特尔·维加诺(Salvatore Vigano)的舞蹈剧以及其他舞蹈编排者类似的作品，也没有有效实现黑格尔把舞蹈可能作为一种重要艺术形式的变革。[③] 他可能没有看到19世纪30年代之后浪漫主义芭蕾的出现。(黑格尔写作他的《美学》是在19世纪20年代。)基本上，黑格尔发现他能够看到的舞蹈都缺乏精神表现，更接近于知识的匮乏。因此，舞蹈对黑格尔而言缺乏符号的力量，不能在人类生活或他们的交流中发生作用，也不能表现或陈述人类思维最高层面的内容。这就不能够达到黑格尔的要求——艺术必须提升人类文化的自我教化进程。

---

① G. W. F. Hegel, *Aesthetics*, translation of Hegel's *Asthetik* (1835) by T. M. Knox (Oxford: Clarendon Press, 1975), 1192. See also Sparshott, *Off the Ground*, 33 - 45 for further analysis of Hegel's views on dance.

② Hegel, *Aesthetics*, 495.

③ Sparshott, *Off the Ground*, 33.

三、20 世纪的观点

在 20 世纪 50 年代及以后的时间里，关于舞蹈对理性贡献的质疑即使不在社会的大范围内也在学术界一直存在。但是也确有将舞蹈更加严肃对待的信号。例如，在 20 世纪 70 年代到 80 年代，随着在芭蕾舞传统范围内革新者的作品相继问世，另外在传统芭蕾舞之外也创作了很多新形式的舞蹈，人们对于西方剧场舞蹈的兴趣直线上升。舞蹈在大学从体育专业转入美的艺术专业，来自很多学科的学者开始评论舞蹈。同时，舞蹈史专业奖学金的标准得到提高，1997 年舞蹈史学者协会被获准进入美国学术理事会（American Council of Learned Societies）。随后，第一部《国际舞蹈百科全书》于 1998 年出版。允许进入学术界，标志着舞蹈的位置在理性研究中得到新的认可。也许有人提出，黑格尔和其他一些先前没有承认舞蹈对人类理解的贡献，而允许舞蹈进入学术界这些声名赫赫的团体成员的地位，相当于承认它被包含进主流的艺术分类之中，因此也就能够抵消黑格尔及其他学者对这个问题带来的消极后果。类似地，像纳尔逊·古德曼和弗朗西斯·斯巴绍特最先提出，要重新考虑舞蹈对理解的重要作用，并需要注意它在人类理解中的位置。

（一）古德曼论舞蹈

美国哲学家纳尔逊·古德曼的《艺术的语言》(1967)以及其他讨论艺术的文章基于他的符号理论，为美学提供了一种新的研究方法，他本人对舞蹈颇有兴趣。在 20 世纪 70 年代，他曾是哈佛大学舞蹈中心的主任。后来，在 20 世纪 80 年代，古德曼构思并积极参与了《观看曲棍球比赛》的创作，这个舞蹈演出是与美国舞蹈编排者玛莎·格雷厄姆、作曲家约翰·亚当斯以及视觉艺术家凯瑟琳·斯汀吉斯一起合作完成的。《观看曲棍球比赛》于 1972 年在哈佛大学上演，并于 1980

年在比利时国家电视台上映。[①] 对我们现在的论述更具重要意义的是，古德曼认为舞蹈列于主流的艺术形式中，并在他的艺术理论中赋予舞蹈以认知的作用。因此，古德曼将舞蹈作为与科学一道，是在追求真理过程的参与者，与其他艺术一起进行深入的思考。根据古德曼的理论，舞蹈表演与图画、音乐表演、文学文本、电影和建筑，如同语言与科学符号一样，共同形成了我们的经验。在对美学研究的新方法中，为了阐明各门艺术对人类理解和交流的贡献，古德曼根据每种艺术形式的符号特征对它们进行分析。无论是艺术中还是科学中所进行的认知活动，都代表了"符号的过程：发明、应用、阐释、转译，并对符号和符号体系进行操作"[②]。古德曼所利用的主要符号类型是再现、表现和例示，以此对艺术的认知特征和功能特征进行分析。符号的类型根据句法和语义特征相互区分，如句法的密度、语义的密度以及例示。[③] 例如，句法的密度是指符号在一个整体的符号图系中的数量以及它们的本质，是用来将陈述性的记谱系统与密实的再现性系统进行区别。语义的密度是指一个符号图系中指称的数量和它们排列的本质，用来区别普通的语言系统与像音乐这种记谱系统。另外一方面，例示是从样本到标示符号的指称方式，例如一个舞蹈例示着一种悲伤的感受。例示除了可以应用到抽象的非语言系统之外，还可以应用到表现性的符号系统之中。

古德曼对舞蹈和其他符号分析的要点是展现符号的目的是由理性好奇心推动和以娱乐为目标的"认知过程和认知本身"。他在对艺术符号设定的标准中，审美特性从属于认知特性，也就是意味着舞蹈和其他艺术与科学认知共同分享着完全一样的标准。然后，舞蹈中的符号"在根本上由它如何完善地服务于认知目的来判定；由它把握、探索和传达世界的方式来判定；由它如何参与构造、应用、保留和转译知识来判定"[④]。因此，发生在舞蹈创作中的符号过程是：形成并修订创

---

① 凯瑟琳·斯汀吉斯的构图中包括了权限程序和某些要素，如面具、滑翔梯和电影胶片，这些物品自从纳尔逊·古德曼于1998年去世之后，一直由美国威斯康辛州马奎特大学海格蒂艺术博物馆保存。

② Nelson Goodman, *Problems and Projects* (Indianapolis: Bobbs Merrill, 1972), 110.

③ *Ibid.*, 111. 古德曼也利用这些概念将审美与非审美的符号区别开来。

④ Sparshott, *Off the Ground*, 343.

作动机，详细阐述创作动机、主题和变化，将音乐、舞台和其他所有为了实现认知效果的因素联系起来。类似地，观众的体验也要求积极的思维参与，欣赏舞蹈的过程同时也是一个探索和发现舞蹈中丰富的和微妙的认知关系的过程。这些认知关系综合了各种感受，古德曼所持的观点是，这些感受与舞蹈的形式格局和其他组成部分一起认知性地运化其中。[①] 这就意味着，舞蹈是通过运行动作的感受与其他构成要素一起被阐释。因此，他拒绝认知和情感的分离，而赞同允许经验中所有不同的组成部分相互作用的模式。

因此，古德曼的符号提供了一种特殊的模式，通过这个模式我们看到了舞蹈有助于人类理解的可能性。舞蹈符号的特殊之处在于它是人类身体的动作。通常，这些动作是在动作体系的界定之内精心安排的，这些体系或者由传统所限定，如古典芭蕾舞，或者是一些比较新的舞蹈体系所限定，如 20 世纪出现的新舞蹈。一些舞蹈利用指谓性的符号，它可以由言语性的说明或类似活动或事件的描述所代替。例如，一个文艺复兴时期的芭蕾舞，再现了行星的运动，在理论上可以由科学家对行星运动的描述所代替。古德曼说，其他舞蹈例示了节奏和动态的造型，这就不很容易与我们所熟悉的事物相关了。但是，这些经验也能提高我们的意识，或者我们对世界的意识，这些经验欢迎探索和发现，因而能够唤醒我们的好奇心。这样的符号重组了经验，为我们引入了先前所没有理解的区别，作为这些经验的结果，理解我们自身和我们世界的语汇应运而生。[②] 当一个人加入舞蹈创作之中，或者正在经历直接的表演，这个过程最为活跃和明显。但是，这些时刻的发现是积累性的，并与外在经验联系在一起，约翰·杜威在他的书《艺术即经验》中特别谈到了这一点。

古德曼对舞蹈认知角色的重新界定是否已经抵消了黑格尔对舞蹈的消极评价？古德曼通过确认所有符号的本质展示了存在于艺术符号和其他领域符号的共通基础；在追求理解的共通目标过程中，古德曼允许存在不同类型的符号和功能。除了各种符号类型在提供知识或多或少的合适度和丰富性的区别之外，不存在符号类型之间的等级差异。从这个角度而言，舞蹈由于对理解潜在的贡献，几乎与其他

---

① *Ibid.*, 115

② *Ibid.*, 107.

艺术以及非艺术符号是平等的。类似地，古德曼的美学理论允许建立在实用维度方面的差异，像功能效果方面的差异，而不是形而上的差异。

（二）斯巴绍特论舞蹈对理解的贡献

弗朗西斯·斯巴绍特在两部关于舞蹈的不朽著作《落于地面》和《整齐的步伐》中，试图为探索舞蹈在人类经验中作用的深度提供一个哲学基础。斯巴绍特把舞蹈作为人类文化生活实践的核心表现形式。这是对舞蹈之于人类理解贡献进行探索的另外一种方式。尽管斯巴绍特对舞蹈的分析涵盖了很多方面，但这里主要关注的是剧场舞蹈艺术。根据斯巴绍特的观点，像对舞蹈这类艺术的核心要求由舞蹈者、感兴趣的公众以及保持、传播和推动艺术的组织构成。[①] 他在这里集中探讨了舞蹈作为知识组织的一个类型和舞蹈中基于文化实践的技巧，而不是把它作为一种具体的符号。

在斯巴绍特的方法中存在两个主要的要素：舞蹈作为一种实践和作为一种传达方式的个人舞蹈。首先，当个人以可辨认的形式有意识地参与到身体动作中时，舞蹈作为一种实践而存在；所谓可辨认的形式是指被传统所规定身份的形式，像在规则、标准或理念中表达的各种价值。就是说，作为实践的舞蹈应该包含以下内容：正在跳舞的人、舞蹈理论，而且还有知道某人正在跳舞的人。理论提供了一种活动的"反映性的身份确认"以及一种"意图的结构"，而"意图的结构"则足以使感兴趣的人知道这种实践参与，或者足够使观察者包括理论家能够无意识地知道这个反映，或者以分析的、批评的意图来评论这个活动，或者足以与其他文化实践进行比较。[②] 因此，舞蹈实践的观念为舞蹈编排者和参与舞蹈创作并进行演出的舞蹈者提供了这种手段。对我们的论述而言，舞蹈实践为我们思考舞蹈对人类理解的贡献提供了又一种论点。在这个语境下，剧场舞蹈将被视为符号活动的一种类型，它由于各民族的和各种风格的文化而异彩纷呈。

---

① *Ibid.*, 114－115

② Nelson Goodman, *Languages of Art*(Indianapolis: Bobbs Merrill, 1968), 64.

斯巴绍特提出，当舞蹈为了它自身的目的而舞蹈时，实质上能够改变舞蹈者的存在状态。[①] “改变”是指在舞蹈过程中所发生的与舞蹈动作相区别的经验。这种别样的舞蹈经验的具体特点是什么呢？无目的性(除了活动本身之外排除任何目的)；对舞蹈特质的强调；对舞蹈动作、空间以及对舞蹈场面中服饰的鉴赏；另外一个事实是舞蹈是由舞蹈者身体的各种具体动作构成的一个整体。[②] 最后这一个事实是最为重要的考虑因素。改变是转瞬即逝毫无定型的，而且到了舞蹈的结尾时，舞蹈者又成为碌碌世界的一员。舞蹈状态或许可以类比为一种宗教迷狂的状态。在这里，斯巴绍特提出，舞蹈最深刻的意义可以类比为一种最深刻的自我改变。他的观点建立在这样的前提上，即舞蹈基于非实用目的而对身体的利用，在一定程度上有助于人类的精神提升，其他艺术和非艺术活动都不是以这样的方式来提升人类的精神的。最后，斯巴绍特的改变理论与哲学上成为人意味着什么这样的思考联系在一起。身体仅仅是一种有活力的机械结构，它拒绝这样的观念——“作为有意识的肉体的身体或物质意识的身体，人之所以为人正因如此”。

关于改变的理念构成了舞蹈和人类理解这个问题的“一个”答案了吗？甚至是对“这个”问题的答案吗？从直觉上来看，一个人会赞同斯巴绍特的推理线索，因为看起来当一个人跳舞时，无论是在剧场里还是在户外，的确有些特别的事物出现了。但是改变，无论它对什么有所助益，仅仅是对跳舞者有影响。但剧场舞蹈是为了被观看，它的意义除了与舞蹈编排者及表演者相联系之外，必须被其他所有人进行阐释。这种经验是如何被传递到观看者和其他领域中能够将舞蹈的理解与知识联系起来的人那里呢？

斯巴绍特很清楚，需要在舞蹈者在跳舞过程中所知道的内容和观察者通过观看所知道的内容之间架起一座沟通的桥梁，需要花上些工夫去阅读一下《落于地面》这部书的一些内容，去调查一下为解决这个问题的各种不同的选择。[③] 例如，斯巴绍特思考并拒绝移情理论，这个

---

① Sparshott, *Off the Ground*, 110.

② *Ibid.*, 342 - 344, and Francis Sparshott, *A Measured Pace: Toward a Philosophical Understanding of the Art of Dance* (Toronto: University of Toronto Press, 1995), 5 & 95 - 97.

③ *Ibid.*, 354ff.

理论赞同将舞蹈者身上所经历的情感体验转移到观看者心中。他反对自我改变,“它不是感受、运动或其他的问题,而是一个人在行动中对世界建构,他本人也融入其中。”[①]斯巴绍特转移了“什么是舞蹈”的讨论,他并没有揭示舞蹈者是如何把改变传递给观看者的。从以上的讨论我们可以得出观众观看舞蹈的一些要求:为阐释舞蹈提供足够的背景知识,把舞蹈者的动作清晰地阐释为意义丰富的专业术语的手段,能够分辨正在观看内容的能力。但是,对观看者而言,改变依然是难以捉摸的。

斯巴绍特的分析使我们看到舞蹈如何有助于人类理解的某种方法,它可能与其他观念框架相关。但是他仅仅是把我们引到这个理论的门槛上。改变的理念仅仅是被简单地勾勒,关于舞蹈者的经验也是一笔带过。改变的经验是如何从表演者传递给观看者缺乏足够的解释,通过舞蹈表演所产生的符号是如何对观看者的认知发挥作用也语焉不详。例如,改变的经验是如何影响日常生活的?它是审美愉悦的一个因素吗?或者它是否承载了道德责任的履行?更进一步讲,关于舞蹈编排者和表演的经验,与像观众、批评家和理论家所体验的舞蹈的其他表征之间的区别,斯巴绍特也没有提供足够的解释。

四、结　语

在梅纳斯特里埃、黑格尔、古德曼和斯巴绍特之后,我们该如何推进这个话题的讨论呢?[②] 一开始,我就提出了这个假设——认知是一个导致人类理解的过程。首先,认知包括通过所有可能的手段进行学习、求知、获得洞见与理解。我也曾假设——在这里我赞同古德曼和其他理论家的观点——人类能够承载认知意义的符号范围包括所有的艺术。这个观点得到了鲁道夫·阿恩海姆、苏珊·朗格和霍华德·加德纳(Howard Gardner)的赞同,霍华德·加德纳推动了关于艺术与人类发展的广泛探索。所有经过深思熟虑的论述都支持这样一个观

---

① *Ibid.*, 356.

② Curtis L. Carter, “Arts and Cognition: Performance, Criticism, and Aesthetics”, *Art Education*, 36(1983), 61-67.

点，舞蹈是由认知符号构成的。现在，我将集中讨论舞蹈的认知问题，以及在表演和回应表演之间的区别。

表演和回应表演，如观众的立即回应、批评和美学理论代表了舞蹈与相关认知的重要模式。表演和回应之间的区别引出了知识的两个不同方面，像德语词汇所反映的那样，经验和知识。经验，有时候是指习得的知识，即舞蹈者在表演过程中通过内在生命体验所获得的知识，或者首次观看者在与表演的直接接触中通过内在生命体验所获得的知识。[①]

这是一个有序的、易于理解的符号过程，它通过中介或符号的生产者进行运作，在经历表演的过程中，向观众散播信息，同时也是一个信息接受者关于符号过程本身和符号意义的感受过程。知识是关于某物的学问，由描述和阐释构成。它是基于观察和理性过程像联想、比较而获得的关于"外在世界"的知识，它依赖于先前知识和判断的帮助。以知识的形式出现的学问在某些环境中，作为对客体或事件的一种"精神"替代而发挥作用。经验和知识之间的区别在吉尔伯特·莱尔(Gilbert Ryle)对"知道如何"(*knowing how*)与"知道是何"(*knowing that*)的区分中得到了进一步的阐明，经验涉及如何跳舞的实践知识，或者首次观看者基于他自己感知舞蹈生命体验的角度，对如何观看舞蹈的实践知识，它与"外在世界"基于记忆、反映、判断或其他理性分析的形式而对舞蹈形成的知识相对。这也就是实践和理论之间的不同。它不仅仅是主体性与客体性之间的对立，因为舞蹈的表演是对表演者自己意识到的一种形式，对观看者而言同样是对他/她自己意识到的一种形式，观看者会把内在于他自己身体中的经验进行客观化。

我在这里使用知识的这两种形式意在推动我们的讨论。然而，在舞蹈的例证中，很少有描述和阐释，如果有过的话，仅相当于对作品彻底的特征化阐述。在表演或舞蹈作品的实际存在过程中，有必要以所看、所听和经历的经验对知识进行补充。因此，我的目标不是要提出，

---

① 我关于经验的阐释部分基于狄尔泰关于生命经验的讨论，狄尔泰的生命经验包括在形成理解过程中的意志和知识。参见 Wilhelm Dilthey, Selected Works I, *Introduction to the Human Sciences*, edited by Rudolf Makkreel and Frithjof Rodi (Princeton: Princeton University Press, 1989). 亦可参 Jos de Mul, *The Tragedy of Finitude: Dilthey's Hermeneutics of Life*, Ch. 7, translated by Anthony Burrett (New Haven: Yale University Press, 2004).

经验和知识构成了舞蹈的二元知识论。在舞蹈表演和对舞蹈的回应过程中,确实存在两方面的要素。舞蹈者为表演带来了关于舞蹈潜在的学问(知识),包括一个形式化训练的体系,对正在执行过程中的舞台舞蹈带来形式的结构。同时,她或他发现并为观众展示个人化的现场表演,这是只有在表演的具体时刻才能体验的内容(经验)。根据加德纳的观点,正在观看舞蹈的典型观众很可能主要参与到情感的回应中来,包括感受、紧张或解析舞蹈,或思索舞蹈所暗示的理念,观众并不是通过形式手段来参与舞蹈表演之中。在这个例子里,理解舞蹈的类型主要由身体经验构成。① 但这主要依赖于观众带给舞蹈经验的知识数量,其中的差异是非常大的。很难精确地说出,到底是什么因素影响着观众对舞蹈经验的参与。在这些因素之中,我们需要考虑的内容除了观众对表演风格的理解之外,还有观众在多大程度上意识到舞蹈所投射的编排者的理念,在多大程度上意识到舞蹈者所投射的他或她独一无二的个人化特质的某些方面。

美学主要是指对艺术的哲学回应,是知识的一种形式。在本篇中,美学为确认舞蹈作品的身份提供必要的观念和原则,并为先前所引述哲学家的作品决定后续论述的内容提供方向。因此,舞蹈理论不仅为批评的发展提供了相应的观念和原则,而且为舞蹈表演中所提供的知识与人类其他文化形式和科学中的知识建立联系,除此之外,为确定表演的身份和鉴赏表演也提供了相应的观念和原则。

我们对经验和知识分别在表演者、批评家和美学理论家各自的任务如何运用进行进一步的考察是大有裨益的。我关于表演的部分思考,是为与两个芭蕾舞演员和两个现代舞蹈演员的交流所引导的,他们被各种各样的理论研究者邀请去描述自己的表演经验。舞蹈表演发生在一个已经建立的动作系统中,这个系统有它自己创作舞蹈的规则和惯例。甚至是即兴舞蹈表演,也要在即兴舞蹈所遵循的某种惯例中进行。一旦这种体系内化,表演者就能与舞蹈编排者和其他舞蹈者一道融入对这个体系的创造性利用之中。从舞蹈者的角度来看,一个表演中的主要因素是被舞蹈编排者所要求的动作,或者尽管是即兴舞蹈,也是根据体系创造出来的。然后,舞蹈者借他或她自己的技术以

---

① Howard Gardner, *The Arts and Human Development* (New York: John Wiley & Sons, 1973), 323 & 324.

恰当的造型、线条、比例和感受来执行这些动作。与各部分意图相配套的动作风格也是被设定好的。

在完成表演的各种必要因素中，看起来运动智能（kinesthetic intelligence）成为主导角色。运动智能是一种特殊的智慧，通过肌体和肌体记忆力进行运作。心理学家是指一种感觉系统，它能控制所有的身体动作，并为在空间中运动着的身体指引方向。① 运动智能为舞蹈者提供身体在空中位置的直接意识。它也能帮助舞蹈者记住动作的特点，包括在身体所有不同部位的节奏、范围、时长，包括全身的肌肉、关节和肌腱。因此，运动智能是使舞蹈者学习舞蹈动作的关键因素。与人类其他方面的智慧一样，它是一种灵活的能力，可以为创作舞蹈引入任何一个不同的体系中。

尽管与其他的认知行为的形式一起发挥作用，但思维在舞蹈表演的执行过程中发挥着核心作用。在这个意义上，思维是真正有智慧的、有意识的控制力量，协调着一个舞蹈者可能借鉴的用来创造表演的各种源泉（尼采和梅洛-庞蒂）。它除了包括先前的训练、舞台舞蹈、风格以及支持舞蹈的内容丰富的文化体系之外，还包括运动智能、感受和理念。因此，思维以表现性的特质和创造整一性感受的抽象理念协调着动作的节奏与空间位置。一个芭蕾舞演员用这样的话来描述思维在表演中的作用："思维是控制的中枢。它让我们指挥着我们的身体，去集中精力，带来清晰性并获得动作所需要的恰当的感觉。"②

一个舞蹈演员从一次舞蹈表演中所获得的知识，除了全部舞蹈形态之外，还包括作品从头到尾的生动的、个人化的感觉。由舞蹈编排者所提供的作品的目标和结构被舞蹈演员的思维和身体内化并赋予它们具体的形态。舞蹈演员的思维/身体活动除了与动作要领的具体意识、身体形态和整个表演过程中具体意识、身体形态之间的联系合并为一体之外，也与抽象时空关系合并为一体。一个表演过程中合作的舞蹈演员之间彼此联系的被强化意识，一个舞蹈演员移动的身体的各个部分之间彼此关联的被强化意识，都会造成"运动思维"的状态。

---

① M. G. Scott, "Measurement of Kinesthesis", *Research Quarterly* 26(1955), 324－341. Also G. Sage, *Introduction to Motor Behavior. A Neurophysical Approach* (Menlo Park, California: Addison Wesley, 1971).

② Ann Marie De Angelo, principal dancer, Jeffrey Ballet, *Interview*, New York, November, 1980.

遵循梅洛-庞蒂以及马克西恩·施茨-约翰斯通(Maxine Sheets-Johnstone)的论述,动作成为思想的存在。[①] 从这些简单的概览中我们可以很明显地看到,舞蹈表演代表了认知庞大而复杂的运作,它要求注意好几个不同的领域。经验要求我们考虑到与动作相关的全部运动智能的过程、感受与理念。然而,经验似乎主要是从表演的角度来考虑知识的主要特征,一个表演也能够为交流理念和感受而发挥作用的符号体系。因此,当表演讲述了一个富有启发意义的故事,或者模仿了飞机的动作,这个表演通过动作可能代表了关于某些事物的知识,而不是表演本身。在各样的例子中,表演是作为知识而发挥功能,但看起来这并不是主要的功能。因为在表演过程中,知识的生产者也是知识的接收者,说到舞蹈中的知识,舞蹈者处在独一无二的位置上。作为生产者,舞蹈者处在分享发现的位置上,其中的发现是在一个创造性的过程中展现出来的;作为一个接受者,他/她对与观众、批评家和理论家分享的结果也十分清楚。

然而舞蹈者的知识可能包括在创造性的过程中所发现的知识,在由生产者直接体验的知识和舞蹈表演呈现给观众的知识之间可能存在明显的差异,在呈现给批评家和美学家的知识之间也可能存在明显的区别。观众没有经历表演者内在的反馈,很典型的是,也没有与舞蹈编排者和训练等量齐观的知识水平。但观众的知识,尽管来自一手经验,依赖于观看的信息和其他感性类型的信息,包括由身心体系传递和加工的运动智能。观众的知识与批评家和理论家的知识虽然程度不同,但主要都是关于表演的知识或认知经验形式的知识。观众的一手经验深深地受到身体经验的感染,但是他/她为作品带来了关于舞蹈和其他文化内涵的信念和理论,它们本质上都是知识的形式。对批评而言更是如此。舞蹈的批评经验始于直接的观察,然后这些观察的经验除了被融入并被吸收到对舞蹈的阐释之外,也被融入对动作形态和表现性特质的言语描述之中,所谓表现性特质,是指在一个具体的舞蹈中所发现的特质,而阐释则需要借助批评家的个人知识与艺术体制的实践活动,这是一系列复杂的相互联系的工作。在一个更加抽象的美学理论层面上来说,理论为讨论舞蹈提供了哲学框架,提高我

① Maxine Sheets-Johnstone, "Thinking in Movement," *Journal of Aesthetics and Art Criticism*, 39:4(1981), pp. 398-407.

们思维的意图不仅与具体的表演有关，而且也对我们在普遍意义上应用到剧场舞蹈的观念和理论相关。

从这里所论述经验和知识的区别来看，我们可以看出，人类通过舞蹈学习的潜在能力包括两个方面。经验认定知识可以通过参与舞蹈而直接获得，可以直接感知的知识能够在舞蹈表演的现场进行交流。像这样例子中的知识通过舞蹈动作体系的有序形式形态进行传递，这些知识除了包括抽象的时空方位之外，还包括运动智能特质和表现性特质。知道一个作品在身体经验的意义上就是指通过内在感性和情感体验知道一个对象，它与通过词汇和描述它的标识或通过阐释它的言辞概念、理论而知道一个对象恰好相反。经验并不依赖于知识发生，因为一个表演者或观察者的知识从常规来看，都是由先前关于舞蹈的知识和它在文化中的位置影响形成的。类似地，舞蹈批评和舞蹈美学理论，是作为知识的形式来对我们的学问产生影响。批评为我们提供事实的记录和不同于我们自己对舞蹈表演理解的观点，引导我们深化探索，因此扩大了我们的知识。美学理论以抽象的语言词汇的形式出现，缺乏表演本身的感性直接性，不接触单个的作品。它为建立舞蹈认知意义提供观念基础。

参与舞蹈的各个层面包括：表演、观众、批评以及美学理论家，其中批评家和美学家代表了参与舞蹈的认知层面。如果舞蹈在认知活动中能够发挥更大的作用，那么，它将在所有这些层面中发生。对舞蹈生产者来说，这种结果将被用来提高舞蹈实践的自我理解，并对教育教学和舞蹈领域的研究产生积极影响。对公众而言，对舞蹈鉴赏提高的主要动力将是通过体验表演和阅读批评家说了什么。对理论家和学者这些知识分子群体来说，通过跨学科交流舞蹈对认知可能的贡献，将肯定能够拓宽对舞蹈自身的理解以及舞蹈在普遍文化知识中的相关理解。

五、持续的挑战

今天的舞蹈在当代文化中以丰富多样的形式获得了新生，基于传统舞蹈编排的形式到多元文化的即兴舞蹈形式。在现代性中，由于强调艺术媒介的纯粹性，基本上所有的艺术都渴望在没有言辞帮助下进行交流表达。在20世纪中期，重新恢复表达艺术非言语形式的交流也成为努力的一部分。对没有文本的纯音乐、绘画中的抽象、没有指称的具体诗的强调越来越多，相伴而来的是，舞蹈也不再讲述一个故事。这些发展带来了包括舞蹈在内的不同符号体系的解放，正期待着以纳尔逊·古德曼和其他理论家的研究方式来对这些符号体系做出新的讨论。例如，这意味着姿势和动作能够以它们自己进行意义的交流。未来的舞蹈扩张进入后现代艺术体系中，因为动作与视频和计算机技术联系了起来。

在剧场舞蹈中，艺术家们对新的范例进行不断的探索，既丰富了这个领域，同时也指出了剧场舞蹈形式的不稳定性。以最极端的观点来看，莫尔斯·昆宁汉姆(Merce Cunningham)的论述中表达了这个主题："我开始设想，所有的动作首先都能被用来进行跳舞……然后我继续构思，每一个舞蹈都各不相同。那就是说，你在每一个舞蹈里所发现的动作，都与你在前一个舞蹈中所使用的动作大有不同。"[①]另外一个影响舞蹈状态的重要发展与艺术中物质要素的上升相关，这出现在20世纪70年代的后现代主义艺术之中。黑格尔赞同的是，在艺术发展中精神和理念优于物质形式，后现代主义与黑格尔对艺术的规定恰恰相反；当代观念艺术中，理念或观念相对于物质要素也占据主要地位，后现代主义潮流也逆转了观念艺术。因此，以辩证否定的眼光来看，物质又重新回到艺术的最前沿。例如，除了在绘画中，在摄影的发展中又重新强调了物质媒介。在这样的语境中，身体的物质性实际上成为一种优越之处，如果把这个问题给黑格尔的话，它非常适合用来解释为什么舞蹈在20世纪晚期变得如此流行。

尽管舞蹈的创造性和多样性在20世纪先声夺人，但任何一个熟悉舞蹈历史和舞蹈在教育中位置的人都知道，舞蹈为了成为知识的一种形式所进行的斗争还将继续，而且它在教育中的位置想要建立在牢固的基础上也还需要继续的斗争。[②] 黑格尔对舞蹈简明深刻的判断中所引出的问题——舞蹈是否能够符合言语符号系统，答案依然是开放的。也即，是否舞蹈没有足够稳定而作为文化理解的一个主要动力而

---

① Merce Cunningham, *The Dancer and the Dance: Merce Cunningham in conversation with Jacqueline Lesschaeve* (New York and London: Marion Boyars, 1985), p. 39.

② Curtis L. Carter, "The State of Dance in Education: Past and Present," *Theory Into Practice: Teaching the Arts XXIII*: 4(1984), pp. 293 - 299.

发挥作用，或者说是否舞蹈的直接性中，它与生活的联系太紧密以至于不能拥有持续的意义这些问题，依然没有确定的答案。

甚至更重要的是，现在依然没有办法让剧场舞蹈的记谱进入到公众的意识之中；然而，乐谱对公众是平易可得的，这已经有很长时间的稳固传统。这个缺失依然在继续，至少持续到19世纪晚期摄影的出现，以及20世纪电影、视频的出现。这些发展恰恰与摄影、电影和视频的出现平行，也与20世纪舞蹈的兴起并行不悖。如果没有这些媒介艺术的支持，舞蹈就不可能获得像它在20世纪晚期那样持续增长的关注。

莱尔对“知道如何”与“知道是何”的区分，能够帮助我们澄清为什么舞蹈对缺乏戏剧舞蹈训练实践经验的观众而言如此晦涩。他们不能将其看到的或从二手材料知道的知识（外在经验）与他们自己的内在生命体验联系起来。这一点更深层的含义是，如果你自己不知道如何跳舞，没有建立在此基础上的关于舞蹈的生命体验，那么就很难运用舞蹈进行理解。舞蹈的理解需要联系内在个人经验与外在经验的过程构成，也包括其他人可能的参与。这个过程除了可能涉及意图唤起意识的、并贯穿舞蹈始终的结构，还可能涉及感受与意愿。这种情况与音乐中人们实际创作音乐所建立的长久的传统不同，用罗兰·巴尔特（Roland Barthes）的话来说，“在‘肌肉发达’的音乐中，身体不仅仅在听，而实际上也在誊写通过制造声音所读出来的东西和意味到的东西。”[①]至少直到最近，这一点已经成为现实，真实演奏已经被音乐会、节日或CD等被动音乐广泛代替。这种情况与诗歌不同，诗人写作一首关于死亡的诗歌可以依赖这样的事实，即读者确实曾经拥有典型的写作经历，也许甚至是写诗，也真的能够将思维与这种感受联系起来。

尽管面对这些挑战，但我相信舞蹈可以名副其实地作为对人类理解卓有贡献的一员。为了探寻舞蹈的观念方面的内容，在这里我想提出对舞蹈过去的和现在能够找到的模式进行甄别。最有效的模式除了将包括把舞蹈的逻辑组成要素转换成传递意义的文化符号的能力，还包括将身体的情感、运动智能转换成文化符号的能力。更进一步

---

① Roland Barthes, *Image, Music, Text*, translated by Stephen Heath (Oxford: Oxford University Press, 1977), p. 149.

讲,它们必须能够认出,舞蹈一直在持续地自我更新,导致了在言说语言中所期待的种类稳定性的缺乏。也许那正是舞蹈作为自我认知和自我转换的形式在利用身体意识时的一个巨大成功,也最能将舞蹈与人类理解中的其他形式区别开来。衡量舞蹈日益增长的认知意义的具体情况一定在具体的文化背景中发生,而一定能从绝大多数关于它对人类意味着什么的全球性观点中最大程度地受益。①

① 我要感谢鹿特丹市伊拉斯谟大学的乔斯·德·穆尔与威斯康辛州密尔沃基大学的叶华达·亚纳,他们的建议帮助我澄清了一些论点,并扩充了某些讨论的要点,霍华德·哥德芬吉尔则帮助了本篇文章的校对。

作为文化传播者的博物馆

博物馆(museum)一词发源于希腊文字 mouseion,是指供奉希腊神话中缪斯的圣堂。古希腊作家波希纳斯(Pausianus)记载邻近雅典卫城的山门上有一座被称之为皮纳克塞克(Pinakotheke)的画廊,一些古典绘画被搜集于此并向公众开放。① 这个画廊实际上是伯利克里在公元前 5 世纪雅典共和时期的宏大公共艺术构想的一小部分,伯利克里选择了菲迪亚斯——一名杰出的雕刻家,建造了一系列神庙、纪念碑、剧场及其他公共建筑来展示雅典公民社会的成就。广义来看,这个工程使雅典公民与参观者见识了当时最优秀的艺术。

尽管罗马人并不以艺术创新著名,但他们通过对希腊、印度以及其他地方的征服,在公元前 3 世纪及以后集聚了大量影响深远的艺术珍宝。在罗马帝国时期,由于战利品的买卖,以及收藏者急切地想通过用艺术品装饰别墅来彰显社会地位,罗马艺术品市场异常繁荣。一部分数量可观的艺术品在古罗马被指定在寺庙、柱廊、广场及其他公共场所展示。在帝国初期,阿古利巴甚至提议,所有的绘画和雕塑作品都应该成为公共财富。不必说,古罗马的领导者并不赞同这种提议,他们更愿意将其藏品视为私人财产。

尽管在这些早期例证中并没有显示博物馆策展的传统,但两个重要的观点浮现出来。首先,一种观点认为博物馆是一个保存文化遗产并对公众开放的地方,第二种观点认为博物馆及其藏品是灵感的源泉和文化知识。两种观点都对博物馆以后作为文化传承者的角色产生了重大影响。在艺术博物馆发展进程中的下一个重要环节是收藏的

---

① "Museums and Art Galleries," Encyclopedia Britannica, 1958 , vol. IS, p. 994;亦可参 Edward P. Alexander, *Museums in Motion* (Nashville: American Association for State and Local History, 1979), p. 7. 维迪亚·德赫贾,他是史密森协会弗利尔艺术画廊和华盛顿赛克勒美术馆印度和东南亚艺术的策展人,曾经指出在 5 世纪相关印度文本中引用了村庄的图片艺术。还有现代博物馆的先驱性例证在这里没有考虑进来。

兴起，起初是由欧洲的王室贵族们所发起。从文艺复兴时期开始，持续到18世纪的意大利、法国、斯堪的纳维亚以及稍后的英格兰。能够接触到这些贵族藏品的人基本限制在“贵族、官员、外宾”，[①]偶然也有些被培训为艺术家的人。藏品被视为财富和地位的象征，也给那些有机会观赏的人以灵感和知识。在此时期，藏品展示的通常模式是“藏室”风格(*kunstkammer*)，在那里，艺术品被安置到墙壁上，甚至延伸到地板、天花板上。不同主题、来自不同国家的藏品被随意组合，不同类别的艺术古董间杂布置。

艺术博物馆发展史上最值得关注的变化是1793年巴黎卢浮宫的建立。最初萌芽于路易十六的宏大文化计划，由其文化大臣安琪维勒伯爵具体安排。卢浮宫的构建主要出于三个主要目的：重建国家对艺术的控制，在国际社会中展现法国艺术的至高无上，委派艺术家们创作能够教育公众的作品。卢浮宫的藏品主要是反映法国历史和当代风貌，力图影响大众支持君主政治。在管理实践方面，一个根据国别、地区和年代次序来陈列绘画作品的新的分类系统建立起来。

随着法国大革命时期的到来，卢浮宫以及欧洲其他地方的博物馆文化经受了更为激进的变革。君主制崩溃之后，革命者们建立了第一个国家公共艺术博物馆，不分阶层和职业，所有人都可以欣赏到先前仅面向特权阶层的艺术珍品。画家雅克-路易斯·大卫在一个节日上联系博物馆解放的发言，抓住了时代精神：

> “所有对社会有用的人都将作为一个整体被维系在一起；你将看到执行委员会主席与铁匠步调一致；系着彩色饰带的市长与屠夫或石匠相伴；仅仅是肤色不同的非洲黑人紧挨着白人。”[②]

革命观念在博物馆领域影响巨大。此前曾假定缺乏基本趣味教育的人们真正进入博物馆，但他们以一种新的主人翁意识来看这些艺术作品，因为这些作品现在属于他们。然而，对这些藏品的保管者而

---

① Per Bjurstrom, “Physiocratic Ideals and National Galleries,” in *The Genesis of the Art*.

② J. L. David, *Rapport et décret sur la fête de la réunion républicaine du* 10 *août* (Paris, 1793), 4.

言,缺乏观看艺术传统的观众们的出场确实提出了新的挑战。迄今为止,策展人还不习惯去解决这些参观者的需求。然而,即使是再不具备艺术素养的观众也能够看到,由拿破仑在他的征战中所颁发的胜利奖杯也是他们国家荣誉的证明。这个新情况对法兰西共和国的领导人制造了一个两难困境。为了与欧洲其他地区奉行的鉴赏能力和审美标准保持一致,作为他们政治成功的象征,卢浮宫继续展示艺术品是非常紧迫的。很明显,新的博物馆计划对它的新观众必须解决视觉教育的问题,同时,也必须满足那些习惯于通过博物馆收藏所产生的精神要求与所获得的学习机会。在这种背景下,如同皮埃尔·布迪厄从20世纪中期审视整个情形所提出的那样,管理的迫切任务是,以必要的感知能力和艺术鉴赏的知识来武装观众,让他们从参观博物馆的经验中受益。[①]

就博物馆而言,也许最激进的挑战出现在革命后的俄国,即布尔什维克把冬宫的皇家收藏毁坏得一败涂地。各方围绕谁该管理博物馆、什么应该被展出展开了激烈的争论。[②] 国家视觉艺术部门的管理委员会决定博物馆应由艺术家来掌管,并建立一种旨在展示艺术文化的新型博物馆。其结果就是将新型博物馆的职权赋予了当时的先锋派艺术家们手中。

在康定斯基的领导之下,新型博物馆的第一个计划是,提议博物馆应该按照形式主义者的原则或艺术家的非客观化实验原则来进行安排。康定斯基的计划拒绝按照年代次序的排列,反对将杰作作为收藏的主要成分,尽管他承认各个时期和地方的艺术。马列维奇与亚历山大·罗琴科提出,博物馆应该是在世艺术家的实验室,专门着眼于未来。结构主义者更进一步把展览空间勾勒成一个实验档案,在这里能够看到在解决艺术结构问题的过程中,艺术转变成劳动。博物馆从展示和品味杰作之所成为展示试验、发明和产品的地方,这种转换导致了观众和艺术作品之间关系的剧变。最为显著的是,行为和产品代

---

① Pierre Bourdieu and Alain Darbel, *The Love of Art* (Stanford, Calif.: Stanford University Press, 1990), pp. 37 – 70.

② 我想感谢玛丽亚·高夫给我提供俄国在后革命时代关于策展的例证的信息。参见 Maria Gough, "Archives of Revolution: Refunctioning the Museum at the End of (Art) History," unpublished paper, presented at the... Center for Twentieth Century Studies, University of Wisconsin, Milwaukee, Wisconsin, USA, April, 1998.

替了展示和沉思而成为博物馆经历的目的。

大部分官员赞成这个新的计划，尽管他们认为康定斯基缺乏上下语境的建议在专业上过于狭隘，并缺乏意识形态与历史方面的内容。结构主义将艺术表现作为一种劳动形式的尝试在革命后的苏俄易于被接受，但它也很快让位于社会主义现实主义，后者更为切合官方意识形态关于艺术发展的计划。

苏维埃政府重新定义艺术博物馆，把博物馆作为意识形态目的的功利工具代替了博物馆的审美考量。[①] 策展计划因此被限定在社会主义现实主义的简单议程之中，旨在将艺术与生活最大程度地统一。只有那种歌颂工人阶级生活与社会主义政权价值的艺术才是被允许的。那些必然质疑上述前提的先锋派艺术被断然摒弃。策展实践活动被风行的国家意识形态所统治。

后殖民环境中，如印度、非洲、拉丁美洲等地的博物馆值得特别关注。至少其中部分博物馆的结构是英国或其他殖民势力残余的产物（比如印度）。后殖民环境中的博物馆必然要重估其历史价值，适应当前需要进行管理、展览。而这个过程可能需要基于当前艺术和批评实践发展的新策略。面对变动着的艺术气候，也许第一步就是重估殖民地时期博物馆建立所依据的文化前提，对于完成后殖民社会的目标而言，提供这些前提必不可少。在这样的情况下，如同俄国结构主义者卡兹米尔·马列维奇（Kasimir Malevich）所提议的那样，[②]人们可能会基于当代生活只需要其自身资源的前提，倾向于废弃那些属于过去的殖民艺术体制。鉴于这些体制及艺术作品，人们根据后殖民生活的需求，赋予它们变化的阐释和用途，而且一个更富有成效的计划可能被用来检查和重新阐释现存的艺术体制。这种做法可以使不断变化的艺术保持连续性。对于印度博物馆实践情况的粗略考察说明，关于策展的角色定位和本质的讨论才刚刚开始，而且对如何展示和阐释艺术的传统也尚未建立。其他值得关注的是，有必要对全球化和通过联合国教科文组织及其他国际力量开展的博物馆业务交流的影响进行评估。对于渴望保存本土艺术生命现存形式的后殖民社会而言，地区性

① David Besley, *Douglas Macagy and the Foundations of Modern Art Curatorship* (Simcoe, Ontario: Davus Publishing, 1998), pp. 114 – 115.

② *Ibid.*, p. 114.

艺术传统的保护将值得特别关注。

这些历史和当代模式的结果，是博物馆特定规则的诞生，包括一系列在过去指导博物馆运行的准则。其中就包括这种信念：艺术博物馆的一个基本功能是，组织和保管值得展示的艺术作品，并将其呈现给公众，以起到教育和娱乐的作用。[①] 当然，此种方式并非革命性的，正如以前存在的挑战一样，博物馆依然面对着来自多方面日益复杂的挑战，牢记这一点是非常重要的；在当代文化中努力重新界定对艺术的理解也是非常重要的。在 20 世纪，这些基本任务已经经受了挑战，持续面对着文化及意识形态方面的批评。纽约现代艺术博物馆第一任馆长阿尔弗雷德·巴尔(Alfred Barr)曾经指出，博物馆应该为尚存争议的作者提供平台……而不仅仅是关注那些富有盛名的艺术家。"他强调博物馆有必要保持开放的心态和直面现代艺术的最新发展。这些看似大胆的论述，推动了美国现代艺术的发展，但是，在预料博物馆在 20 世纪晚期及以后所面临的挑战方面无能为力。

在此，我们思考博物馆文化如何对其所藏作品施加影响是很有益处的。在博物馆中，为了艺术的保存而发展起来的策展实践部分反映了博物馆自身内在传统中的阐释框架体系。当艺术作品被安置到博物馆那一刻起，它就被剥夺了与外部世界的联系——也许是来自与制作手段紧密相连的艺术家工作室或是某一位收藏者。在博物馆的语境中，艺术作品经历这一种转变，就像患者进入医院或马匹进入赛场一样。每一种活动都有传统和规则。编目、投保、检查以供保存之需，分配体系编码，最终在陌生作品环绕的画廊墙壁上展示，将艺术作品置于特定意义系统，将其与博物馆之外的与生活的其他联系隔离开来。

正如哲学家纳尔逊·古德曼所提出的，博物馆传统有其积极意义，它把观众放置在一个能够对艺术作品进行细微探究的语境之中。[②] 古德曼认为，博物馆的职能是，通过保持和发挥艺术作品在增进观众识见方面的功能，实现艺术作品的意义。根据古德曼的观点，在博物馆环境下激发艺术作品的活力是一个精微而复杂的过程，它以对客体

① Encyclopedia Britannica，1958，vol. 15，p. 999.

② Nelson Goodman，"Art In Action，" unpublished paper，1992.

或观众的影响为导向。策展和艺术品照管的所有技术手段：灯光，材料及颜色的选择，保存，画廊空间的选择，标签，图片和影音再现，编目，教育手册，空间建筑风格，作品之间的相邻关系等影响着观众的感受。相似地，赋予作品以意义，也有助于作品的阐释并影响观众对于作品的参与。古德曼的分析表明，在帮助观众体验艺术方面，博物馆发挥了何等重要的作用。

托尼·班尼特（Tony Bennett）指出博物馆的另一种功能，他认为博物馆"是帮助博物馆之外的人群，运用其资源并能够对其藏品作出正确的理解"[①]。博物馆越来越多地发现有必要在其传统空间之外拓展活动范围，并进入社区。由史密斯索尼亚于 1967 年在哥伦比亚特区的一个贫困社区创办的阿纳科斯蒂亚博物馆，是一个旨在展示非裔美国人艺术和文化的小型博物馆，它是班尼特所期待的博物馆类型的典范。建立这个博物馆是为了向那些由于种种原因而无法正常出入博物馆的人们开放。最初，博物馆意在华盛顿社区和坐落于商业街上的博物馆之间搭建一座桥梁。随后，它"被社区团体、活动家、当地居民和博物馆管理层重造成为服务社区各种需求和目标的文化资源"[②]。这个博物馆的中心在于以社区为基础构建展览计划，使居民有机会参与展出计划的制定和执行。

上述两种观念代表了关于博物馆功能的迥异看法。传统的观点基于这样一种看法：博物馆是人们研究和思考而来的特定历史及批评知识的源泉，并用以启迪和娱乐大众。另一种观点则力图更为民主、开放，要求社区成员和博物馆专业人员共同合作确定展出的内容和方式。建立在第二种模式之上的博物馆实践，更倾向于包含表达当前社会、经济和政治关切的材料、理念，而不是仅仅聚焦于艺术自身，将其视为专门的、自足的实践体系。因此，建立在第二种模式之上的策展实践可能反映更广泛领域的文化关切和价值观。

还有其他一些重要的发展因素，对 20 世纪末期资本主义社会的博物馆产生了影响。罗莎琳德·克劳斯以及其他当代理论家在其著

---

① Bennett, *The Birth of the Museum*, p. 104.

② 关于阿纳科斯蒂亚博物馆的信息部分来源于一篇没有发表的论文，《民主社会中的艺术》(1997)，埃里克·班尼特为莱斯·阿斯平艺术中心的一个政府项目"民主社会中的艺术"所撰写的报告，另外一部分来自我到阿纳科斯蒂亚·史密森尼协会博物馆的参观所得。

作中对此进行了探索。[①] 在论述中最引人注目的变化是，博物馆被描述为一个公司实体，而藏品则是其财产。这种见解部分是受到艺术市场转售新作品要求的驱动，同时也受到艺术品生产从唯一的不可复制的美学客体向可复制的工艺品转变的影响。安置在画廊和库房的藏品无法抗拒艺术市场的这种要求。相应地，博物馆也产生了资金运作、扩张、藏品选择的灵活性、在公司模式下更多地满足博物馆管理层和理事们的愿望等需求。私立机构的博物馆管理层越来越多地愿意将藏品看作是可以用以加速发展和扩张的财富。古根海姆博物馆在SoHo、马塞诸塞州当代艺术博物馆、西班牙毕尔巴鄂、柏林以及遍及世界的其他地方的扩张，就证实了博物馆在引入公司模式后所取得的利益增长。对于财富的追逐还促成博物馆之间的藏品租借，有的博物馆甚至以出售藏品作为资本运作的来源。

考虑到博物馆是文化遗产的监护者而负有向社会提供艺术教育的责任，公司模式代表着一种巨大的转变。这种变化是否意味着策展仅仅是促销宣传的一种方式，展览完全就是商品展示的替代品？显然，任何社会基于经营而将艺术品降为商品的做法，都会严重压抑艺术形式的多元化，限制艺术对于创造性思维和行动的激励作用。为私人消费而使本应博物馆保存、向公众开放的艺术珍品在市场中流通，实际上是将这些艺术珍品置于危险的境地，其社会后果与在一个民主社会结构中艺术应发挥的功能并不相称。类似地，关于艺术的批评介入和学术探讨也将困难重重。博物馆的公司化和艺术的商品化议题将终结美学和哲学的讨论，更确切地讲，使关于美学和艺术的讨论成为经济学和商学作者的专利。

在很大程度上，上述分析建立在博物馆内在文化之上，关注了策展和展出体系赖以发展的历史背景。对于理解作为文化传播者的博物馆同样重要的是艺术自身的变动发展。变动和多样化已经成为贯

---

① Rosalind Krauss, "The Cultural Logic of the Late Capitalist Museum," in October: The Second Decade, 1986 – 1996, ed. Rosalind Krauss, et at. (Cambridge, Mass.: The MIT Press, 1997), pp. 427 – 441. 克劳斯的论文借鉴了相关论文，可参见 Frederic Jameson, "Post-Modernism, or the Cultural Logic of Late Capitalism," *New Left Review* 146 (July-August, 1984), pp. 53 – 93; Philip Weiss, "Selling the Collection," Art In America 78 (July 1990), pp. 124 – 131; and Susan Hapgood, "Remaking Art History," *Art in America* 78 (July 1990), pp. 114 – 123.

穿整个20世纪艺术发展的一个恒定主题。

例如，复制品的合法化、哪些原创艺术作品可以出售给收藏家和博物馆都引发了这样一个问题，什么类型的对象才隶属于艺术博物馆。当20世纪二三十年代，曼·雷、马歇尔·杜尚等达达反艺术主义者开始复制类似于非艺术物品的复本出售时，问题有了新的涵义。新的问题戏剧性地出现在20世纪六七十年代的极简主义艺术中，诸如唐纳德·贾德(Donald Judd)、卡尔·安德烈(Carl Andre)等艺术家们开始制造体现大批量生产工业进程的工艺品，以此作为对艺术商品化和技术化的反讽。[①] 他们对物质(树脂玻璃、铝以及泡沫塑料)、连接方式、形状的选择都使作品具有现代工业技术产品身份特征；此类艺术形式发展贯穿20世纪中期，因此拒绝对包括现代主义在内的过去任何艺术形式的直接认同。具有讽刺意味的是，他们对工业产品的喜好和它们作为复制品的可复制能力，却在不经意之间滑向了这些作者原初要避开的商品化，如图克劳斯所暗示的那样，因为商业世界的文化代码和技术已经深深植入极简主义艺术的结构之中了。

达达主义，是约从1914年到1925之间欧洲和美国艺术领域的一个响亮呼声，它体现着质疑和干预的精神，要求对博物馆实务以至艺术生产途径进行重新审视。达达主义这种反理性的力量，代表了一种行动美学，植根于从理想主义走向虚无主义的无政府主义情绪。

艺术从作为美学客体的组成部分到思想载体的转变，始于达达主义，发扬于随后的观念艺术运动，推动着博物馆重新审视和改进关于艺术的概念。达达主义质疑再现、形式主义和表现等概念，而这些概念恰恰构成了19世纪博物馆策展实务以至艺术生产和20世纪现代派的主要基础。

一段时间以来人们已经明白，用沃尔特·华特的话来说就是，“就当代艺术而言，没人知道权威在哪里……众声喧哗，并无一致，博物馆也应将藏品供人自作评判。”[②]

美国哲学家、批评家阿瑟·丹托，在题为《艺术的终结之后》的文章里表达了相似的观点，他在此文中雄辩地论证了后历史艺术的观

---

① Krauss, “The Cultural Logic of the Late Capitalist Museum”, pp. 433 – 435.

② Paul Sachs, *Modern Prints and Drawings* (New York: Alfred Knopf, 1954), p. 64.

点。他指出，艺术创作是以“目标多元化”为条件的。所谓“目标多元化”是指在艺术实践的当代语境中，艺术并无历史限定的方向可走。①实际上，艺术家可以随心所欲创作，从实体到抽象，从观念到设备，从表演到达达主义，在“偶然”诗、音乐、反剧场演出、反艺术绘画和雕塑的变形试验。在此方面，达达主义以其对传统的反叛成功地脱离了艺术陈规。

全球化背景下艺术实践去中心化的一个后果就是，艺术，特别是那些最具实验性形式的艺术，含义晦涩，仅面向可以分享其情感、意识形态或其他方面联系的小众。因此，大部分当今艺术实质上为普通大众难以企及，艺术的策展和展出呼唤着新的策略和空间。而这与18世纪的状况大为不同，在那个时代，艺术作品和社会主潮、政治事务等有着直接的联系。

艺术实践的变革呼唤着策展实践相应的去中心变化。对此种挑战的一个回应就是独立策展人的激增，他们在包括画廊、咖啡馆、工厂、店铺、废弃寺院、停车场、邮政系统以及互联网等非传统背景中组织展览和对当代艺术作品的研讨。② 许多重要的艺术品在传统博物馆系统之外的空间布展。这些地方在空间利用、灯光以及其他艺术展出方式上都做出了实验。在一些例证中，布展的重点已经从艺术家和艺术自身转向了政治和社会关切的表达。③

在当今博物馆策展和展览艺术变革含义方面的探索，在很大程度上仍是空白，但对策展实践的质疑和变革已经引起了人们的关注。在博物馆自身的范围内，大量新奇策展方式的实验在挑战着传统的策展方式。从20世纪60年代至今，后现代主义艺术家们在类似于博物馆及真实的博物馆里，运用艺术实践努力解构着传统策展实践。一些艺术家充当了策展人的角色，为我们重新审视博物馆带来了大量关键性的策略。而这些尝试的目的最终指向对博物馆意识形态导向的评判，在更大的文化背景下将博物馆与占统治地位的政治、经济力量的连接中脱离开来。

---

① Arthur Danto, “Art After the End of Art,” *Art Forum* (April 1993), p. 67.

② 在吉列莫尔·圣马利纳的展览中，一群以新媒介艺术为职业的年轻的马克思主义艺术家可以代表始于20世纪70年代在墨西哥工作的独立策展人的例证。参见 Flash Art (Spring 1997), p. 62.

③ 参见 Hal Foster, *Recodings, Art, Spectacle, Cultural Politics* (Seattle, 1985).

约书亚·德克特对以此种方式工作的艺术家做了卓有成效的分析。① 他提供的许多例证阐明了这种努力的方向。马塞尔·布达埃尔运用达达主义富有创见的方式，于 1968 年创作了他的作品“现代艺术美术馆，鹰之部，19 世纪部分”，安置在其布鲁塞尔的私人寓所里。作品包含一个装置部分，意在解析传统博物馆机构在特定社会环境下艺术原本展示中的作用。布达埃尔通过布置明信片、板条箱、铭文以及相关附件制作了一个假的或者说仿制的博物馆，形成对于博物馆及策展实践的戏仿。在其构造中，他模仿博物馆实际展览的程序以作审视和分析。在其中一个实例中，他从不同的机构、商人和收藏家那里借来 200 个鹰的雕像，复制现实博物馆的实践，制造了一场模拟展览。通过戏仿、反讽、低调批评和游戏等的运用，布达埃尔重新唤起颠覆性的达达主义文化批评方法，并将其运用到博物馆及其管理方式中。

为了展示博物馆的意识形态前提以及它的隶属关系，丹尼尔·布尔伦(Daniel Buren)、迈克尔·亚瑟(Michael Asher)、安德烈·弗雷泽(Andrea Fraser)、汉斯·哈克(Hans Haacke)、路易斯·劳勒(Louise Lawler)等其他艺术家们都致力于改造博物馆传统准则和结构，重建博物馆的体制框架。这些艺术家们不仅关注博物馆与主流经济、政治制度之间的隶属关系，还有一个共同的关切，那就是博物馆在构建影响艺术实践及其诠释的价值观、权威和规范方面所承担的角色。

正如德克特所指出的，与早期达达主义者广泛指向的虚无主义的反叛相比，尽管这些艺术家们部分地受到达达主义的影响，他们的策略是分析性的，并且直接聚焦于博物馆。② 当他们作为代理策展人、文化批评家和文化反叛者在博物馆的内部运作中活动时，就把从博物馆实践中习得的专业规则运用到文化批评的策略之中。具有讽刺意义的是，他们作为艺术家——策展人与博物馆有着寄生关系，而博物馆恰恰是他们试图批评的对象。如此处境下的艺术家最终会被博物馆体系招安，结果是他们在批评方面的努力被中和甚至自相矛盾。布达埃尔的“虚拟博物馆”即使独立于体制化的博物馆之外，但也不能逃脱批评家观点的影响，由明尼阿波利斯的沃克艺术中心最近组织展出的

---

① Joshua Deeter, “Decoding the Museum,” *Flash Art*, (November/December 1990), pp. 140 - 142.

② *Ibid.*, pp. 141 - 142.

一次展览表明了这一点。在展出中,其“虚拟博物馆”被固化为一系列物体布置陈列,使他颠覆策展实践的努力归于沉寂。[①]

德克特的询问恰当地概括了这种困境:

> “至关重要的是探究上述体制化的批评带来了什么……其主要功能是否在于解构所谓文化机构的主流体系,以揭示崇高化的政治、经济和意识形态效果?如果这些批评实践确实有利于增进观众的‘批评知识’……对这些知识又应该做些什么?艺术机构是否应该得到某种形式的改革?博物馆是否应该与各类经济来源断绝必要联系?……这能否获得一些体制性教化循环模式之外的效果?”[②]

也许我们的讨论已经偏离了策展和展览体系。在当前世界文化语境下理解关于策展和展览体系的诸多问题非常困难。在这里我回到先前介绍过的一个主题。丰富而多样的艺术传统有待于通过策展实践予以传承,前提在于艺术博物馆的职责就是收集藏品,传载蕴藏其中的艺术传统,以教育和娱乐大众。在民主文化里,不管是在盛行的赞助体制还是在深植于艺术和策展过程的思想观念,艺术所传递信息的内涵总是充斥着争议和修正。艺术机构表现的文化冲突是明显的,它不能总是令人满意地体现所有人的利益。例如,在美国,妇女和少数族裔艺术家已经就其是否在主要艺术机构中获得足够展出空间提出质疑。

当代艺术批评抨击博物馆及其策展程序,尝试触及博物馆中明显的不公平现象,指责博物馆沦为大众文化主流意识形态的帮闲。在极端的例子里,文化批评似乎已经准备放弃博物馆,为艺术展示另觅新地。我认为,应该培育博物馆及其他地方,作为探索和体验古往今来各类艺术成果的试验室,通过更为广泛的手段去展示艺术。尽管并不令人满意,大众依然主要依靠此类机构体系才能够得以接触到古今重要的文化思想。即使是先锋派的实践者、重要的达达主义艺术家马歇尔·杜尚也认识到博物馆的力量和重要性,他断言,只有当作品被放

---

① *Ibid.*, p. 141.

② *Ibid.*, p. 142.

置到博物馆中的时候才能成其为艺术。①

代替摒弃的另一个选择是保证博物馆项目中的思想观点和艺术表现充分反映多元化的思想观念、价值观，包括公共艺术在内的大众品味艺术实践。为了确保它的有效性，针对博物馆及策展实践的改革措施必须与更高层面的政治、经济进程相连接，并将文化结构视为一个整体来考虑。这已经是超越本文讨论范围的话题。

当面临诸多选择和可能路径时，明智的做法通常是简单的方法。犹太法典提出了一个简单答案，也许能够概括当前策展和艺术呈现中的问题。“如果你不知道要去哪里，任何道路都会带你去。”也许当前最佳文化策略的路径是确保最大程度地开放探索的自由，抵制基要主义思想——无论是在政治、经济还是其他临界领域——将博物馆业引入歧途或彻底放弃博物馆。

（译者单位　中央民族大学文学与新闻传播学院）

① 引自 Jeremy Gilbert-Rolfe, "The Impressionist Revolution and Duchamp's Myopia," *Arts Magazine* 63:1 (September 1988), p. 62.

阅 读 与 思 考

读杜威《艺术即经验》(一)

高建平

作者将在本集刊中陆续发表一组阅读杜威《艺术即经验》一书的笔记。这些笔记系作者在翻译该书,以及此后重读时记下的一些要点备忘、感想,也有一些引申和发挥。录在这里,供杜威美学的爱好者参考,也希望对美学理论的建构提供一些思路。本期发表了阅读该书前三章的笔记。前三章主要描述杜威关于"经验"概念的独特内涵,并描述了从"经验"通向"审美经验"的道路。

1. 活的生物

1.1 我们通常一谈到艺术,就会想起一些艺术名作,认为,那才是艺术品。这带来了一个复杂的问题:我们判定某些作品是艺术品,某些作品不是艺术品,确实以一些公认的艺术品所提供的具有典范性的经验为根据。在心中存有艺术品的范式,符合这些范式,或者接近这些范式的作品,就被当成艺术品。不符合这些范式的,就不被当成艺术品。并且,我们还以当下所面对的作品与这些范式性作品的接近程度,或可比拟性,来对作品的"艺术性"进行判定。

1.2 范式性的作品,或经典作品所提供的典范性经验,对人的趣味具有提升的作用。艺术有着自身的历史,艺术家们薪火相传,从高端对民族的趣味进行雅化,这些都是艺术不可否认的功效。所谓艺术的教化功能,主要体现于此。但是,从另一方面看,这些作品所具有的外在性,阻碍着人们对艺术的新鲜的感受。公认的艺术品就制造出一个经验的外壳,将人们包裹起来。美学如果只围绕艺术名著发言,就成了一个讨论死的对象的学问。

1.3 杜威这本书的第一章的标题是"活的生物",这是他的理论的基础。杜威的哲学常常被人们称为"自然主义"。这首先体现在他的"活的生物"(the live creature) 的概念之中。这个词又可译为"活的创造物”,既指人,也指其他的生命体。有机的生命体与周围的环境构成一种相互关系,这种关系不是静态的,而是不断处在一种与周围环境的结合关系的丧失和恢复的周期性运动之中。这种生命活动形成经验。动物的兴奋、机警、敏锐、惊慌就是它们对周围环境的直接反应,原始人的生活也具有这种直接性。

1.4　从这里再往前进一步,就可以看到杜威的哲学的基础:从经验出发来看待人与世界的关系。哲学史经历了一个从本体论,到认识论,再到活动论的大过程。本体论探讨世界背后的本质,而认识论探讨知识的基础,而活动论将人与自然的关系,还原为一种活动及其环境的关系。对此,需要进一步的解释。哲学起源于对于世界的本质的探讨。世界是起源于水,还是火、土、气,还是其他什么东西,这是古代哲学常常具有的思维方式。这种思维方式的意义,就在于从可见的世间事物现象背后,看到某种本质的东西,认为现象是这种本质的显现。这种方式后来有了进化和改变,人们寻求一些抽象的本质。柏拉图的“理念”,就是其中的一种。设想世界具有现象背后的本体,我们所见的世界,是由这个本体决定的,这是一种典型的本体论的思维方式。认识论的转向,是放弃这种本体论的思维,而追问我们对世界认识的方式、性质和可能性。康德关于我们对世界的认识是如何可能的,是一种近代的观念。在认识论的转向以后,哲学向何处走？这是我们要提出的问题。

1.5　杜威的“活的生物”的观念,还将人与动物统一起来。人与世界的关系,不是由于世界就存在于那里,等待我们去认识,而是指,有机体的生命活动,形成了此有机体与周围环境的关系。该有机体对环境的认识,建立在这种生命活动的基础之上。动物是如此,人也是如此。人比动物进化了,有了无可比拟的复杂性。但是,不能忘了人的动物起源。只有联系这个起源,才能对经验和知识的实质,有着一个真实的了解。

1.6　这本书的名称“艺术即经验”,或者译为“作为经验的艺术”。书名就向我们暗示,这里对艺术的研究是从经验,而不是从实物开始的。我们曾经被卷入一个争论中:一种观点认为,由于帕台农神庙,我们才有了对帕台农神庙的经验,因此,先有艺术品,后有对于艺术品的经验。另一种观点认为,由于帕台农神庙使我们产生了艺术经验,它才是艺术品。它之所以是艺术品,是由于我们根据艺术经验而将它与其他人类产品区分开的。也就是说，帕台农神庙可以存在，但它不一定就是艺术品。它之所以是艺术品，是由于它产生了一种经验，我们将之称为艺术经验。这是一种古老的循环论争。这种论争不仅过去有，现在有，在将来，它还会以各种方式表现出来，但是，人们加入这种讨论的方式，变得越来越成熟了。这种越来越成熟的讨论，是理论进步的表现。杜威是从这样一些问题开始他的论述的：为什么某种经验是艺术的经验，从而某种物品是艺术作品？这一艺术品与艺术经验的循环是在什么样的更大构造中发生的？

1.7　从经验开始来谈论艺术，就出现了这样的问题：我们今天对一些经典的艺术品，失去了一种新鲜感。对艺术经典化的同时，出现了艺术与经验的脱离。我们今天谈论艺术，已经习惯于指博物馆里的艺术品。对于这种艺术品的欣赏，需要一种经验的还原，即还原到这些艺术品产生时的语境，而这常常是不可能的。因此，从某种意义上讲，我们不能欣赏这种艺术品。

1.8　当然，这不是说，我们就真的无法欣赏它们了。对待当代的，我们周围的艺术品，与对待经典名作，我们实际上有着不同的态度。经典名作被巨大的名声所形成的光环包围，使接受者很难形成对它的新鲜感受。当然，经典自有经典的意义，它构成一种标准和共识，加入到艺术的实践之中来。对它们的欣赏，是从别的层次的意义上讲的。实际上，关于经典，有着另一种意义上的循环，即艺术的定义与符合这种定义的作品的循环。很少有人是根据定义来辨认某作品是艺术品，但人们会根据经典的艺术品来确定一种有关艺术品的标准。也就是说，对于绝大多数人来说，确定一件作品是不是艺术品，所根据的标准，是它像不像他们所熟悉的某些经典作品，而不是它是否符合某种抽象的定义。从这个意义上讲，经典作品实现了对当代艺术欣赏的参与。杜威似乎没有注意这一点，但不管怎么说，杜威这里所主张的经验的还原，是有着积极的意义的。

1.9　艺术品与艺术经验的循环提示我们：需要关注更大的现实。对于一位欣赏者，也许最重要的，只是感受。对于一位正在进行作品欣赏的人来说，重要的并不是这件作品是不是艺术品，而是这件作品能否提供感受。对于一位理论研究者，他所要关注的，是一个更大的范围。但是，杜威指出，理论研究者的关注，要从当下的感受，即他所谓的经验出发。

1.10　杜威有一个很好的比喻:山峰不能没有支撑而浮在空中,它也不是像一块大石头那样被放到大地上去的,它就是大地。地本来就不是平的,高处为山,低处为海,不高不低处为平原。艺术也是如此。艺术本来只是一些特别的制成品,与其他制成品的区别,在于它们"高"一些。但是,当它们被当作艺术品,并获得经典的地位,就与它所依赖的人的状况分离开来。当一件物品被当作艺术品看的时候,与它原初在生活经验中对人的作用就构成了分离。过去的美学所面对的,只是这种物。当我们说,不要有见物不见人的美学,怎样见人,有不同的选择。杜威认为,美学要从人的经验谈起。

1.11　将艺术比喻为山。那么,艺术就是大地上不那么平的一部分。它不是悬在空中,与地无关;它也不是放在地上,与地有关但分离。当它就是大地时,艺术与生活就不再两分。画家可以将山看成飞来之石,愚公移山的神话说,大力神夸娥氏可以背走太行王屋二山,但地质学家不能这么看,他们要看到山与地层构造间的关系,与地质学上的造山运动的关系。地在这个地方高了起来,就成了山。

1.12　为了理解艺术,必须"绕道而行"。要求助于一些一般看来"不属于审美的普通力量与经验的条件",以达到一种理论。他所举的例子是,我们可以喜爱花,谈论花,描绘花,却对花本身没有知识。要理解花,却必须绕道到有关花的土壤、空气、水与阳光,以及温度、湿度等一系的知识,这些知识与花无关,却又是理解花所不可缺少的。作为一位欣赏者,我们可以不知道有关艺术本身,及其与生活相关的许多知识。我们的感受是第一性的,只要获得对艺术品的感受就可以了。但是,如果要从事有关艺术理论的研究,我们就需要有关于艺术所存在的一般环境的知识。

1.13　对美学的理解也是如此,应该从最初的状态开始,即人的注意力被抓住的情况开始。我们走在街头,有些事情没有引起我们的注意,就这么过去了。有些事情给我们以深刻的印象,吸引了我们的注意。我们对一些事物能产生兴趣这一事实本身,是理解审美经验的基础。小孩子爱看热闹,街上发生了什么事,就站在那里看。我们有时候会嘲笑说,这是一种幼稚。我也听到过一些自以为是的作家在讲演时说,"中国人"最爱看热闹,当你在街上蹲下来,吐一口痰,盯着看,立刻就有人围过来,看你在看什么,一下子就会围成一大群。这位作家在说这句话时,仿佛他不是"中国人"。这是一种半殖民时代上海的

“高等华人”的心态。其实,人都有某种好奇心理,爱看热闹的心理,只是表现的方式不一样罢了。从这种心理中,可看到与审美的某种联系。乡村的孩子走三十里山路去看看新建铁轨上开来的火车,与城里人不远万里去旅游,其实是同一种类型的心态。

1.14　一位手工艺人做手工作品,尽力将它做好,对材料和工具都有着真正的感情,对自己的技能有自豪感,对制成品有着某种在今天只有艺术家对自己的作品才具有的感情,这时,他的活动就具有了艺术性。这位手工艺人不仅对制成品,而且对材料、工具、技能,对整个生产流程,都充满感情。其实,从一定意义上讲,他们就是艺术家。

1.15　在走向现代社会的过程中,由于大机器的诞生所出现的工厂取代了手工作坊。这时,人从属于机器了,成为自动化生产流程中的一个环节。他们不再制作,而只是成为机器的补充。他们也与流通过程无关,由另外一些人专门做产品的销售工作。这时,他们对制作过程的乐趣丧失了。市场和分工,大生产,阶级划分,如此等等,是造成这种生产中的艺术性丧失的原因。但悖论在于,正是由于这种艺术性的丧失,现代艺术体系和现代艺术概念才形成。艺术家不再是生产者,艺术品不再是这些生产者的产品。

1.16　“故歌之为言也,长言之也。”诗也是一种言,只是声调上有些区别。从诗到歌,到舞,是一个连续的过程。它们与生活的区别,只在于比日常的音调动作夸张了一点。艺术就是从这里开始的。这是从起源的角度来看艺术。书法本来就是写字,它成为艺术后也还是写字。其实,各门艺术,都是在原初的实践活动中生长起来的,只是有些直接从生产劳动实践中生长起来,有些从宗教性的活动中生长起来。

1.17　艺术本来就应该以人的经验为出发点。这里所谓的经验,是指那些特别能吸引人注意的东西,能够提供人们以经验。但是艺术后来就出现了分离,有了 Art 和 art 的区分。有了这种区分以后,后者就不被当作艺术,而它恰恰是人们日常生活中更为常见的,更能吸引人注意的对象。这种分离,自古希腊时期就有,但在欧洲 18 世纪以后,就表现得更为明显。我们说现代美学的起源,这种起源与区分是同步进行的。

1.18　杜威认为,当艺术被“驱逐”到博物馆里以后,普通人就只好诉诸一些粗俗的对象。这就出现了阶级间的区分。上等人去博物馆欣赏艺术,而人民大众就出于审美饥渴而寻找便宜而粗俗的替代品。一方面,人民大众没有经济条件来欣赏这些“高雅”的艺术品,另一方面,他们也觉得这种艺术品“苍白无力”。在中国,出现一个著名的话题:焦大不爱林妹妹!其实,我们没有认真过思考过这个问题:焦大爱不爱林妹妹?如果不爱,他怎么看林妹妹?粗俗的黄包车夫照样会把电影女明星当作梦中情人。这里面有一个“爱”与由于社会地位不“配”爱的问题。

1.19　不过,这与我们这里要说的,不是一回事。这里说的是,下等人喜欢不喜欢欣赏高雅的艺术作品?并不是所有的人都喜欢看文学名著。不是今天所有的英国人,都喜欢莎士比亚,也不是今天所有的俄罗斯人都喜欢托尔斯泰。没有读过《诗经》《楚辞》的中国人大有人在,即使读了,也不一定喜欢。当高雅艺术出现以后,就出现了由阶级分化而决定的分离。出现一些即使不喜欢,也不得不接受或至少表示崇敬的艺术作品。

1.20　杜威对这种分化持反对的态度,认为大写字母开头的 Art,造成艺术被人们高高奉起,却将一些普通人的娱乐看成是非艺术。于是,人们一方面对那些高高在上的艺术感到苍白无力,另一方面又出于审美的饥渴而寻找便宜而粗俗的代替品。他认为,这是现代社会的弊端。

1.21　杜威的这一指责,具有深刻的含义。对“高高在上的艺术”的抨击,意味着他在抛弃一种精英的立场,而追求艺术的平民化和平等性。我们今天倡导草根性、接地性,与这种对艺术的追求能联系起来吗?原始社会的艺术是全民共有的。阶级的划分,一方面使精英艺术成为少数人赏玩,或者附庸风雅的对象,另一方面,使平民的艺术粗俗化。那么,走出这种两极分化的出路在哪里?

1.22　原始社会的艺术,是起源于巫术吗?这是一种很有影响的说法。这种说法,其实是在论证艺术的独特性,论证艺术与生活的区别。今天我们将艺术界与生活界分离开来,它的前身就是神灵世界与现实世界的分离。这种观点可以找到无数证据。但是,艺术起源是一个哲学问题,说艺术起源于巫术的人,与说艺术起源于劳动的人,本来是想说两个不同的意思。艺术起源于巫术,意思是说艺术是一种精神的活动,以它的直接刺激感官的效果为基础;艺术起源于劳动,意思是说艺术是一种生产活动，或生产活动的一部分。这两者的差异在中国有意识地被李泽厚、朱狄等研究者混同。这种做法来源于普列汉诺夫的《没有地址的信》，或者说，把普列汉诺夫直接的劳动说，变成一种间接的劳动说。

1.23　李泽厚从石斧的打造说明人的最早的美感，由此归结到一些几何的形状。美感的形成，固然与人的活动有关，但石斧的打造，或者人的活动，并不能自然地通向几何形状。对几何图形美的欣赏的形成，还来源于另一种冲动，这种冲动与打制石器没有直接关系，而是来源于原始人在各种自然活动中所形成的数学能力，以及对这种数与图的"神秘"特性探索与思考。古代中国人，都喜欢说，河图洛书是中国文明之源。我们应该意识到，这决不是一句空话，在我们的祖先那里，是具有意义的。一种对宇宙规律的数学思考，与对这种规律的神秘信仰结合在一起。

1.24　包括石斧打造在内的人的一切手工制作，都有这两个因素：第一，对成功达到制作目的的结果的愉悦；第二，对制作过程的愉悦。由此，在对制作过程改进时，又有了这样的区分：第一，使所制作的物体更适用；第二，使所制作的物体附加一些尽管不直接实用却具有美化功效的因素。这两者都是结合在一起的。但是，从这里，呈现出以后的发展方向。两者本来都是艺术，后来就有了技术与艺术之分。

1.25　回到我们原初的话题上来：对于原始人的艺术品，杜威指出，其意义只在于"日常生活过程的改善"。我们今天把原始人的艺术品放在博物馆里，其实，那原本不是它们的摆放地。这些物品只是在生活中用来表示才能，显示身份，以及拜神，宴饮与禁食，战斗与狩猎，等等显示生活之流的节奏的东西。我们有一种看法，一些过去的实用的东西，后来就成了艺术。这种看法仿佛是一个常识。古人也发现，前朝的神物到了本朝就成了赏玩之物。但从另一个方面说，如果我们说，等它们的实际用处消失之后，它们才成了艺术，这也是错误的。它们在起着杜威所说的"日常生活过程的改善"作用之时，就是艺术，而不是等到这种作用消失之时才是艺术。

1.26　"一切加强了直接生活感受的对象，都是欣赏的对象。"这句话在说明一个道理，审美的欣赏是无处不在的。加强我们的感受力，使我们对生活本身感到有意义，在生活的细节中，体现出一种趣味，这也许是他的本义。他的这种观点，也许是在他访问了日本和中国以后的感受。生活是可以不像美国牛仔那样粗放，而可以变得精细化的。

1.27 杜威讲到了希腊人的艺术是一种集体的艺术。在希腊人那里，战争、祭神和庆典之中，不存在活动本身与这些活动的艺术性之间的区分。音乐是祭神的音乐，与舞蹈结合在一起，而建筑和雕塑也都是这些活动的场所。艺术与生活的结合，是希腊艺术的特征。从这个意义出发，生长出了艺术是摹仿的思想。摹仿不是精确的复制，而是说，艺术与生活有着密切的联系。柏拉图对诗人、戏剧和音乐家进行检查的想法，是这种认识的结果。柏拉图说，“从多利安音乐到吕底亚音乐的转变是城邦衰亡的预兆”，中国古人也是这么看待《诗经》的。当一个社会的艺术走向奢靡，对社会具有寄生性，而不是生活的一部分时，这个社会就呈现出衰亡的迹象了。

1.28 杜威给摹仿说一个积极的解释，这就是，持摹仿说的希腊人，将艺术与生活的关系看得很紧密。艺术来自生活，又对生活产生很大的影响。他认为，这也是柏拉图要对艺术进行审查的原因。既然艺术与城邦的生活有着如此紧密的关系，政治家就不能不对艺术进行干涉。这是柏拉图的理论，但我们可以从中看到艺术与生活之间的密切联系。当然，摹仿说也可以理解成这样一种东西：图像本身不是神本身，而只是神的摹仿。将图像的世界与真实的世界区分开来，将人从一种由于图像而产生的摹仿巫术中解放出来，这是柏拉图思想的积极意义。摹仿巫术(与交感巫术同样)是一种有着深远影响的思想，直到今天，人们也不能完全摆脱其影响。因此，并不是由于柏拉图，希腊人才开始认为艺术是摹仿。实际上在当时，人们普遍将艺术看成是摹仿，柏拉图只是指出摹仿说的弊端而已。由于摹仿说，艺术与生活结合在一起，而柏拉图通过对摹仿的阐释和抨击，提出一种对待艺术的态度。

1.29 由于资本主义的发展，收藏成了资本家和新贵们热衷的一个行业。收藏本来是贵族所从事的行业。在传统社会里，帝王和贵族是主要的收藏家，例如在中国，艺术珍品最集中的地方在皇宫。资本主义的兴起，是一个复杂的现象。它最初表现为君主势力的扩张，资本家只是附庸，例如在法国最为典型。从附庸到成为历史的主角，要经过一个漫长的过程。然而，原始积累阶段的资本家，无暇顾及艺术品的收藏。这时,艺术属于君主、贵族和教会。但当资产阶级登上历史舞台以后,他们就以无比的热情,急于通过收藏来显示自己的品位。这时,收藏这个行业一方面促进了艺术生产的发展,使它们国际化,但同时,又使它们标本化。艺术与地方,艺术与当地人的生活的独特联系被取消了。艺术变成了一种为市场而生产出来的东西,当然,艺术这时也变成了一个可以投资、资产保值和升值的行业。

1.30　不仅如此,艺术品的收藏和在艺术方面的花销,还具有一种政治意义,成为地位和权力的象征。这种功能,在封建社会就有。荀子讲“全饰”以“一民”,说的就是这个意思。这时,对艺术品的这方面功能的利用,就被资产阶级承接过去:艺术成了民族国家的政治工具。

1.31　现代工业对于艺术发展的影响,是决定性的。过去艺术与工艺没有什么本质的区分,但现代工业的发展,将工艺挤出了生活的主流。艺术家需要重新为自己定位。他们不再是生产者,于是,他们需要证明自己是另一种生产者。艺术家们强调个性的表现,在艺术的制作中表现得奇特、怪异,就成为必要。由此造成了一种分裂,它可归结为普通经验与审美经验之间的分裂。

1.32　杜威的“绕道而行”的理论,即不是从公认的艺术品出发,而是从日常生活用品出发的理论,还是要归结为“审美经验与生活的正常过程间的连续性”。将审美分区化,认为审美经验是由某种特殊感官(内在感官)获得的理论,就是切断这种连续性的表现。这一研究的指向将导致一个思路:不要从那些与经验分离开来的物去寻求审美经验的性质。那些日常生活的经验,哪怕是一些粗俗的经验,只要是“真经验”,就与审美经验有联系。并且,只要它能得到完全的表现,就能导向艺术。他还用了一个有意义的比喻,即煤焦油。日常生活的经验可以是粗俗的,像煤焦油一样味道不好,但正像染料是从煤焦油中提炼出来一样,艺术是从日常生活的经验中提炼出来的。

1.33　杜威当然进一步要强调,这不是说,要使艺术作品退化或庸俗化,而是揭示艺术与日常生活的联系,是在日常生活中,发现理想化的性质。而这种理论所针对的对象,就是鸽笼式的艺术理论。鸽笼式的艺术理论,指在近代以来占据着主流地位的理论。

1.34　这里涉及一个很重要的问题:艺术哲学有什么用?在许多情况下,艺术哲学是无用的。杜威认为,艺术哲学要说明艺术相对于其他经验形式的功能,说明为什么这种功能实现得如此不充分,指出这种功能实现的条件。我们似乎早就忘记这些艺术哲学的任务了。因此,艺术哲学是否有用的问题,一再受到人们的质疑。

1.35 下一步,就是考察这种“正常经验”在生命活动中形成的过程。人类与他们的动物祖先同样具有呼吸、动作、视与听,以及他们用来协调感官与运动的大脑。考察要建立在这个基础之上。这个基础很重要,失去了它,我们就会走向一种纯粹的抽象。例如,美学上的积淀说,强调理性积淀为感性,就是在抽掉了这个基础后的一种假设。在没有理性之前,也存在着感性,理性的活动只是在改造已有的感性,而不是凭空形成感性,把习惯性的、自动化的动作看成是感性,是错误的。

1.36 将人作为一个生命体来看,是理解艺术的前提。生命体注定要与外在于它的环境以一种最内在的方式进行交换。杜威说了一句名言:“生命是在一个环境中进行的;不仅仅是在其中,而且是由于它,并与它相互作用。生物的生命活动并不只是以它的皮肤为界;它皮下的器官是与处于它身体之外的东西联系的手段,并且,它为了生存,要通过调节、防卫以及征服来使自身适应这些外在的东西。”这种生命活动,是理解人的一切活动,理解人与周围环境关系的基础。将人的哲学、科学和艺术,都放在这样的框架中,就有了一个新的视角,一个最简单的,但过去没有的全新视角。

1.37 生命是一个动态的过程。平衡总是不断地失去又恢复,但是,这又不能理解成只是内在的平衡的失去与恢复。生命过程是生命体与环境的交换过程,因此,所存在的只是生命体与环境的协调的丧失与恢复。这也是一种永不停息的内在与外在的交换。空气、水与食物,取自外在,又发源于有体机自身的需要。需要——满足——再需要——再满足,有机体在这个过程中,是主动的。平衡并非只是由于外来的刺激而被打破,有机体自身的生命过程就是在打破平衡,从而对外在世界产生需要的过程。

1.38 这一过程,是一个持续的过程。持续产生节奏,持续也产生秩序。对于有机体来说,对这一过程,始终存在着感受。感受存在于一切活动的过程之中。节奏既已产生,那么,过程符合节奏,就产生平静的愉悦。节奏被有限地打破又恢复,就产生兴奋。愉悦与美相通,兴奋与崇高相通。

1.39　思考这种活动的节奏过程，通向科学，感受这种活动的节奏过程，通向艺术。但思考与感受本身并不能截然分开。它们之间只是强调点不同，因此科学与艺术也不能截然分开。过程与目的，构成节奏：过程指向目的，实现了的目的又要孕育新的过程。世界处在这个节奏之中。只有变化，不断地流动，没有稳定和休止，这时，就不会出现审美经验。在一个完成的世界，也不会出现审美经验。仅仅流动的世界与完成了的世界之中，没有可能出现审美经验。具有审美性质的经验存在于从平衡的失去到重新获得的时刻，存在于"从混乱过渡到和谐的时刻"。

1.40　与动物不同，人有过去的记忆和未来的期待。这是人高于动物之处，但也可能成为不如动物之处。关于过去记忆，如果成为当下的负担，如果人总是生活在悔恨之中，生活在对其他可能选择的假设之中，这个人就不会生活得愉快。过去就成为负担。过去可以成为对现在的警示，但不能成为负担。同样，对未来的期待不应该想入非非。"任何将完满与和谐的时间延长到超过它的期限的企图，都构成了一种从世界退隐。"这句话在说，世界是一种过程，是一个需要不断奋斗的过程。那种企图使最好的状态永远保存的努力，实际上就是一种退隐的思想。在这时，杜威再次回到对动物的思考。"狗既不会迂腐也不会有学究气，"野蛮人也是如此，直接的而当下的经验才是中心。

1.41　在我们的生活经验中，有这样情况：有经验的人，不一定是活得长的人。我们会在生命的很长时间里，什么也没有经验到，或者经验的程度不够，却在很短的时间里，经验到很多，有很强烈程度的经验。从经验的角度看人生，人生就是由各种经验组成的。它是过程，也不仅仅是过程；它有目的，但绝不仅仅是目的。

2. 活的生物与以太物

2.1　唯心主义哲学流行造成了灵与肉的分离。在哲学界，有一种流行的倾向，谈论生命、身体、日常生活，就被看成是低下的，而只有谈论道德、理想、艺术才是高尚的。这种分离并将灵与肉对立起来的现象，是哲学与伦理学长期发展的结果。这种长期的发展，其根源，还是在于人体的各器官的分区化，思想与行动的分离，听、视、触等各种感官的分离。于是，知识来源于思维，而肉体不是知识的来源，反而成了获得知识的障碍。

2.2 对此，杜威坚决反对。实际上，这种灵肉分离的状况也受到马克思和恩格斯的批评。将灵与肉对立起来，所谓人身上一半是天使一半是魔鬼的说法，是长期以来文明发展的产物，也是文明所带来的弊端。这种一半与另一半的关系的说法，本身就具有这样一个潜台词，即一半是好的，一半是不好的。于是，出现了这样的一个思路，即将人分成两半，用一半来克服另一半。对此，我在一篇关于席勒的文章中，曾经详细讨论过。席勒提供了一个很好的例子，使我们能对这种传统进行批判，而所批判的对象，当然，也不仅仅限于席勒。

2.3 这是一种道德纯化的策略。在涉及道德宣传时，人们常常这样做，即不断地进行自我反省，以求改进自己。“文革”时所谓狠斗私心一闪念，来建设一个道德化的社会也是如此。通过树立榜样，用榜样的力量，进行社会的道德净化，通过批评与自我批评，让人们处在一种崇高的境界，都属于这一类的做法。但是，涉及对人的本质的认识，这种一半对另一半的思想，是带来众多哲学上的唯心主义，方法论上的唯理论，伦理学上的纯道德主义的根源。马克思恩格斯在批评席勒和席勒式的德国庸人时，说了这方面的道理。实际上，这是全部哲学唯心主义的共同特点。

2.4 近些年，情况有所不同。最近几年流行讲生活美学，从认识到日常生活可以是美的，并不与精神性绝缘这一点上讲，是可取的。这是一个哲学上的大转变的结果。我曾经围绕这个问题写过文章，认为日常生活审美化的观点，最早不是费瑟斯通提出，也不是韦尔施提出，可溯源到杜威关于活的生物与“以太物”的思想。其实，这种思想，也可溯源到马克思关于“社会生活本质上是实践的”这一思考。只是在马克思那里，很少直接对此在美学上作引申，即使谈到，也很简略。同时，马克思不用“活的生物”，原因在于，他与杜威在对待达尔文的态度上有不同。杜威更直接地接过了达尔文的美学观，而马克思对此很少提及。

2.5 生活的组织过程，与人类所设立的种种社会制度，并不是一回事。这种制度的设计，并不是生活组织过程的直接反映。相反，社会制度是对生活过程的制衡，是从反向用力。社会是由于这两种力量相互制衡而形成的，它们相反相成。生活的组织过程，是一种动态的力量，反映着人们的各种生活要求。制度的力量，是一种静态的力量，对这种生活要求起制衡作用。在这种相互作用中,形成了世俗与精神之分,物欲与理想之分。由此,出现了职业与利益的区分。理论与实践的区分,思与情的区分,从而画地为牢。这是种种传统哲学的弊端所在。

2.6 现代的经济和法律制度造成了这样一种分离,一部分人使用他们的心灵,却没有身体的参与,另一部分人身体与劳动被控制,失去使用心灵的权利。这种现象不是从现代开始的,在欧洲有着一个古老的历史。这种分离造成我们实际上的视而不见,听而不闻:看到时无感受,听到的是二手的报告。

2.7 蔑视身体,与恐惧感官联系在一起。这种观念仍要从对柏拉图的批判开始。柏拉图的唯心主义,可以用一句话来概括:眼见不为实。柏拉图说有一个理式的世界,我们可见的世界是它的模仿。这样一来,我们就无法相信我们的感官,认为感官所接触的世界不是真实的世界。杜威认为,感官所接触的世界,是真实的世界。我们不必通过思辨,消除感觉的成分,以形成一种纯粹的世界。我们所能做的,只是在感觉和经验的基础之上进行反思。

2.8 感觉在心理学家们那里,变成了认识的一部分。从感觉—知觉到概念和推理,成了认知心理所研究范围。道德学家们看到了感觉与欲望的联系,感官与肉体的联系,但他们对此持一种谴责的态度。这是扭曲的做法。这些人把感官与肉欲联系在一起。但是,这种联系有一个积极意义,即至少这种观点有助于人们意识到,感官不仅仅是认识的器官,它时时刻刻都与人的主体欲望联系在一起。当我们说感觉的时候,并非仅仅是指认识的一个阶段。当我们说"感觉到了",或者"有感觉了"这一类话时,都包括着欲望的含义。语言上的这种用法,说明的是认识的事实。我们有时说,日常语言有含糊性,无法分解一些复杂的意义。实际上,无法分解的原因,在于它们本来是联系在一起的,是理性在强为之拆解。

2.9 杜威所说的"五官是活的生物借以直接参与他周围变动着的世界的器官。在这种参与中,这个世界上的各种各样精彩与辉煌以他经验到的性质对他实现"。不过,杜威一方面强调行动,强调感觉与动力机制和意愿的联系。认为设想一种没有主体内在动力的被动的感觉,是一种错误的思路。另一方面,他也强调感觉与"理智"的联系。理智抽取意义和价值,并将之保存下来。

2.10 这个问题在中国曾经被反复讨论过。我们有过这样的一种思路,即认为先有感性,后有理性,存在着一个从感性向理性的飞跃。感性是直观的,理性是经过思考的。感性只接触到表面现象,因此不可靠,而理性则接触到对象的本质,因此是可靠的。这种思路至今仍被人们普遍接受:坚持认为认识分两个阶段,第一阶段是感性阶段,第二阶段是理性阶段,认识的过程是从第一阶段过渡到第二阶段。这种说法,还是在说感性不可靠,感性只是事物的表面,可能会有错觉和幻觉,只有理性才把握对象的本质。

2.11 除了这一思路外,我们还有过另一种思路,即从理性到感性。这种观点并不否定从感性到理性的阶段,但更强调感性本身的发展。这就是所谓的"积淀"说,理性积淀为感性。由于有了理性,感性的性质得到了改变。马克思写道:五官的感觉是全部世界史的成果。似乎就可以解释成这种从理性到感性的积淀。有一种说法,说理是盐,可融在形之中,使形有味。这种说法,也是一种积淀说。

2.12 但杜威的意思并非如此。他反对这两种认识论,强调认识源于经验,而经验是有机体与环境相互作用的结果。但有机体与环境相互作用,也有着自身的发展。发展后的相互作用是如何的?相互作用是如何改进的?在其中理性思考起什么作用?这些仍然是问题,仍需要说清楚。

2.13 再次回到人与动物区分上来。那种认为人的本质在于人与动物的差别的看法,有着根本的错误。这种看法诱导人们寻找自身与动物的差别,而看不到自身与动物的相类似之处。人不能被看成是有着动物的肉身,在此基础上加上了一个人的理性。这种看法是错误的。半是天使半是野兽的看法,对理解人构成了误导。更为重要的是,以此为支点来建构哲学,就形成了方向上的错误。探讨人的本质,是一个复杂的课题。这里杜威讲得不够清晰。比动物更强的接受和分辨事物的能力,人的群体的相互影响和相互激励,都构成了人的特点。

2.14 杜威接着说,人的独特之处,在于既可能降到动物水平之下,又可能达到感觉与冲动之间,脑、眼、耳之间结合的前所未有的高度。这是说人的多种选择的可能。这种说法,仍是不够清晰的。人的特点,不能只是从单个人的生理特点来考察。更重要的,是人的社会存在。人在社会之中,这种人的社会性,或者说人的这种结合方式,使人与动物有着根本的区别。动物也有群,但这种群与人的社会有着巨大的区别。在动物的群之中,仍是本能在起作用。野马在家养时,群的特性被压制,而一旦野生放养以后,这种群的特性就会重新展现出来。人的社会则是一种结合体,体现出人的本能,但主要还是传统和不断在社会运作中获得的知识在起作用。

2.15 杜威提到空间,指出空间不是人在其中活动的场地,而是人的活动的秩序。这种思想也许受到了爱因斯坦物理学影响。关于这方面,有很多的意思要讲,杜威只是讲了一个大意。重要的是,这种思想与艺术的关系。怎样理解爱因斯坦的物理学所带来的现代空间意识变化。时间也是如此,它是一个过程,是"组织起来并起着组织作用的媒介"。由于有了时间,才有了节奏,前进与中止,实现与完满。美学要建立在新的时空观之上。

2.16 瞬间的特殊感受的意义,要放到一个长的过程中来看。杜威举了一个好的例子:《哈姆雷特》中:"其余的,仅是宁静。"如果单独看,可能看不出什么意思来。但是,当我们看完全剧,才能体会到这句话的分量。这是丰富多彩、惊心动魄的故事临近结束时的一句话,意味深长。认出,是一个过程的持续和发展到一个点上才产生的。我们看到某物时有特殊的感受,我们回到家乡时所激起的童年的回忆,都是将长期压抑的东西,一下子释放出来。这是一个漫长的过程,经过缓慢的发展,终于达到顶点时才有的经验。

2.17 人的有意识的活动,与自然的运动,与动物的活动之间具有连续性。杜威举了一个例子,说人们习惯于将猿的活动看成是对人的摹仿。这说明,猿也有与人类似的活动,从进化的角度看,是人从类人猿的活动形态进化而来。人的这种活动,在进化的过程中,并不是在作彻底的改变,而是继承一些活动方式,并不断赋予这些活动以新的意义。

2.18 那种通过"积淀"而产生"有意味的形式"的观点,有两点错误:第一,积淀是指理性积淀为感性,实际上,人们只是在对感性活动进行改造而已,并不存在一个理性向感性积淀的过程;第二,"有意味的形式"不是凭空产生的,人们只是继承既有形式,而在进化过程中不断赋予既有形式以新的意义。这两点可以合成一点,即并不存在理性积淀为感性过程,而只存在对既有感性的改造过程。

2.19 艺术要建立在有机体与外界材料的相互作用的有机活动

之上。这一过程本身就是艺术的。意识的干预改变着艺术,使它得以发展。艺术的生命力就在于它包含着经验。那种美的艺术与实用或技术的艺术之间的区分,是外在于作品本身的。一件物品可以在一个语境中被认为是美的艺术,而在另一个语境中被认识是实用的艺术。黑人雕塑家所雕塑的偶像对黑人来说是最具有实用性的东西,但在今天成为美的艺术作品。它们对20世纪的艺术起革新的作用,原因就在于,这种艺术体现了它们的制作者的生活体验。有两种生产,一种生产是在生产过程中感到愉悦,尽管指向一个结果,另一种生产是只对结果感到愉悦。杜威认为,前者有可能成为美的艺术,而后者则没有这个可能。

2.20 人是使用艺术的存在物。这既是构成人类与人类之外的自然之区别,也是构成人类与自然联结之纽带的基础。他在《经验与自然》中还说过这样的话:“艺术作为充满着可能欣赏性拥有的意义的活动方式,是自然的最高实现,科学严格说来是将自然的事件引向这一愉快的结局的侍女。”(《经验与自然》358页)。这是一段值得深思和需要展开的话,姑录于此。这一观点将引导我们得出美学是第一哲学的结论。

2.21 对将美的艺术与正常生活过程的联系抱有敌意,是在生活中受阻的表现。当我们说要“为艺术而艺术”时,这种艺术自律的追求反映出艺术在社会中碰到困境。与生活中的其他的部类不同,艺术是一个特别的部类,它特别敏感。在一个社会之中,人们可以共同对某些东西感到喜爱,例如涉及生活必需品。艺术则不一样,人的趣味方面的差异常常会很大,这就造成了不相容的现象。由于不相容,就会产生强势的人群迫使别人接受自己的趣味,也会出现一些处于弱势的人群固守自己的趣味。一些在社会中感到敌意的人,就筑一堵墙,把自己包围起来。

2.22 生命体与环境具有一种原始的关系,人们对于这种环境会产生极度的喜爱。自然本来就是人的家园,人与自然的关系,本来就是人与他的家园的关系。杜威举了一些对自然的宗教式的沉湎的例子。这种对自然的喜爱,证明自然本身就是可以成为喜爱的对象的。自然不是由于理性的积淀才能为美的。在人与自然的相互作用的过程中,本来无所谓理性,而只是一种生活过程而已。我们有很多关于理性的误解,认为只要一思考就有理性了。其实,理性应该指抽象的思考。读一些原始思维的书就可以知道,原始人没有什么可被称为理性的思考,但他们在思考着,处理着他们生活中的各种问题。

2.23 由此涉及"文化"的概念。文化不是在虚空中产生出来的,不是人仅仅依靠自己的努力而制造出来的,文化是人与自然长期的相互作用,这种作用的结果得到积累,并且这种累积性的结果使这种相互作用得到改进,从而形成的东西。当我们说原始人遗址是某种文化,如仰韶文化、龙山文化时,我们所指的是人的活动所留下的印迹,以及这些留下的印迹显示出的生活方式。如果超出这种考古学意义上的文化概念,进而讨论一般意义的文化概念,我们会发现,所有的有关文化的概念,都与人们作为一个群体处理与他们的环境关系的方式有关。

2.24 所谓的文化传统,就是指这种积累。这是指人处理人与自然关系的方式,也是指人处理与他人关系的方式。从更为根本的意义上说,这两者并不是分离的。人与人的关系,包含着物的关系,对物的处理方式形成的关系,等等。

2.25 人们对自然的审美沉湎,对事物的可感觉到的表面的感受,并不仅仅限于表面。相反,这感受指向内在的精神性。这种精神性,当然不是指那种"现象"背后的"本质",不是指变动着的表象背后的某种不变,构成对象本质的东西,而是一种影响着人们的直接感受的联想和洞察。

2.26 现代符号学将符号(symbol)一词理智化了。符号被说成是由"能指"和"所指"以及"指称"所构成,其中"能指"指符号的物质形式,"所指"指概念意义,而"指称"指所指对象。杜威强调符号与感受相联的意义。这里所说情感意义,不是像苏珊·朗格所说的情感符号。苏珊·朗格强调感受与形式的对应性,即感受与符号形式具有对应关系。杜威这里所说的符号与情感的关系是任意的,由文化所赋予的,这就像语言一样,语词与所表达意义之间,没有直接的联系(除了象声词以外)。但是,一旦构成,它们就像语词一样,对人发挥着作用。

2.27 杜威在这里,主要还不是说符号学。他在这里所说的,是宗教、神话、仪式等等所具有的作用。求雨是为了得雨,求子是为了得子,祈福是为了得福,其他所有的求神的行为,都具有实用的目的。但是,人们从事这一类的活动,意义绝不仅仅是如此。这一类的活动伴随着强烈的情感,增强了人们的经验。人们从事这一类的活动如果不灵验,并不会就此放弃。在活动中所具有的强烈的感受,压制了理智。我们会听到许多这些活动灵验的故事,而不可能听到不灵验的故事。人们会不自觉地将这些活动灵验的神奇故事传诵,而对那些不信神,不信这些活动的人持厌恶的态度。其根本原因就在于感受对理智的压制。

2.28 宗教礼仪活动,以及我们的种种习俗,起着增强生活经验的作用。我们的生活习俗也是如此。在新年伊始时,人们说一些吉祥的祝愿语,尽管人人都知道这些祝愿语不会起任何作用。在一年之中,会出现各种各样的事。如果出现了某种意想不到的不好的事,一个人不会想这样的问题,在这一年伊始时,许多人说了那么多的祝愿语,为什么没有应验?这种祝福,其实就是为了增强经验,并不真的想到说此语会有什么作用。

2.29 中世纪的基督教部分是以感性的美为其开路的。其实,许多宗教都是如此,而尤以中世纪的天主教为甚。教会运用圣像和音乐所达到的对教徒的教化效果,远甚于牧师的说教。经院哲学的一些论争,只与教士有关,所起的作用,是让一些受过高等级教育的高级教士保持信仰。吸引普通人信教和增强信教僧众的信仰程度的最好工具是绘画和音乐。教宗格里高里说,绘画是愚人的圣经。其实,并非愚人才需要绘画和音乐,聪明人也需要。艺术所达到的潜移默化的力量,常常被低估,实际上是非常巨大的。

2.30 动物与人一样,都有眼睛发亮的时刻。动物具有直接性,而人有时失去了直接性。其实,抽象性并不能提供知识。朦胧的"半知识"不能带来满足。从这个意义上讲,真即美,美即真,是至理名言。获得了真,即获得了眼睛发亮的时刻。这种真,是指真正的感悟,是真情的时刻,而不是被验证的客观真理。

3. 拥有一个经验

3.1 我们每天都在活动,生命不止,运动不息。我们有大量的所见所感,却常常视而不见,或见而不感。生活中的平庸经验大量存在着,像水过无痕。水泼在地上,过一会儿就干了,不留下痕迹,一些平庸的经验也是如此。这种平庸经验,有着各种表现。生命活动的自动化就是其中的一种。每天做日常的、同样的事,说同样的话,没有什么特别的事发生,一天过后,第二天也许能回忆起这天做了什么事,再过两天，就忘得一干二净。杜威举了“犹豫不决”的例子。这当然也是一种，但不是最主要。平庸经验中主要部分，还是“自动化”，即像驴子拉磨盘一样，过着日常生活，其中大量的是重复。

3.2 平庸经验也许与新鲜经验相对。经验有着一种天然的追求新鲜性的要求。到餐馆吃饭，要点不同的菜。出门散步，也要变一点花样，不要总走同一条路。我们出去旅游，要去不同的城市，特别是看有异域风情的地方。人们求新求异的心理，在各种类型的活动中都体现出来。但是，杜威不是从新异性的方向去寻找审美经验。平庸经验也许与特殊经验相对。特殊经验是指进入特殊场合，遭遇特殊事件时的经验。这些经验会终身难忘，甚至在精神上带来永久性痕迹。但这也不是杜威寻找审美经验的方向。无论是新鲜经验，还是特殊经验，都只是从所遭遇的事件的角度而言的，杜威所寻求的，是经验本身的延续性和完整性。这就是“一个经验”。特殊经历可能是促成“一个经验”的外在条件，但是，它不等于“一个经验”。当我们将这样的特殊经历说成是“一个经验”时，它就已经完成了这样的转换。

3.3 “一个经验”是指一个完整的经验。它常常伴随着所经验到的对象的过程，如观看一个事件的发展直至它的结局，观看一场戏、一场电影，读一部小说，一首诗；它也可能是主动参与的活动，玩一次游戏，下一盘棋，参加一次体育比赛。这里面，可以做出的区分是，有被动的经验，也有主动的经验。当然，被动中有主动，主动中也有被动，只是程度不同。“一个经验”指经验本身有着自己的从起始到发展，到高潮，再到终结的过程。一件永远做不完，让人看不到尽头的事，不能引起人们的兴趣。一件还没有开始就结束的事，也不让人印象深刻。经验出现了，让它按照自身的逻辑发展，引导却不强行扭曲它，让它发展到一个自然的结果，才能产生“一个经验”。

3.4 过去人们谈经验，大多是泛泛而谈。有人说，哲学只是一个纲要，意思就是如此。不说出深层次的具体问题，只提出一个猜想，哲学家的任务其实并没有完成。杜威沿着“一个经验”的方向去寻找审美经验。引入“一个经验”，就避免了对经验的泛泛而谈。我们有了一个经验，又有了一个经验，这样的经验积累多了，就成了有经验的人。一个有经验的人，是见多识广，但又不仅限于此。他要完整地经验一些人和一些事，才能获得关于这些人和事的完整的经验。这种在日常生活中形成的常识，包含着深刻的道理。这是人类认识世界的基本方法。在一次又一次的经历中,熟悉环境,改进行为。从成功和失败中学习,从经验中学习,从而获得经验。

3.5 "一个经验"并不能只是从获得感受的角度来看。"一个经验"首先是一个学习过程。在经验过程中,将此经验与彼经验区分开来,经历一人一事,从中获得教益,这是经验对于人的首要意义。一些高等动物也有"一个经验"。一次觅食的经验,一次逃生的经验,这些都会使动物改进自己的行为。动物与人的区别,是我们需要思考的问题。杜威强调连续性,对这种差异有所忽视。于是,我们处于这样一种情况之中,一方面,我们要反对当下美学界盛行的人类中心主义的美学,另一方面又要在意识到人与动物的连续性的事实的基础上,说明人的独特性。也许,对于杜威的论述,我们可以这样理解:长期以来,人们对人与动物的差别强调得太过分了。因此,从这种连续性方面来思考,会是一个理论上有益的思路。

3.6 杜威只讲到了"一个经验",却没有对不同的"一个经验"进行分类。他在说"一个经验"时,是在从对经验的强调开始的。人们在回忆过去某次经历时,会用带强调的语气说:"那是一个经验!"意思是,那是一次给人印象深刻的经历。对此,当然应该阐释清楚。但更重要的是,要对它进行分类和分析。我们实际上有着不同的"一个经验"。小到吃一餐饭、一次谈话、一次郊游,大到一个社会事件。比如说,中国的"文化大革命",对所有的中国人来说,都是一个经验。

3.7 一次惨痛的经验,给人以教益。这个经验也是完整的,有开头、发展和结尾。伴随着它的,有愉悦、痛苦、震惊,也有主体的抗争。抗争过程中成功的喜悦、失败的哀伤,都构成经验。这个经验的意义也是具有两面性的。经验指向经验的积累,这通向科学,经验包含对经验的感受,这通向艺术,但这只是同一种经验的两面。就它本身而言,还既不是科学,也不是艺术。

3.8 杜威在讲"一个经验"时,写道:"在这样的经验中,每个相继的部分都自由地流动到后续的部分,其间没有缝隙,没有未填的空白。与此同时,又不以牺牲各部分的自我确证为代价"。这时说了两个方面。一是流动性,奔向一个目标,二是其中每一个阶段都有着自我确证性。讲一个故事,你会关心故事的结局,关心主人公的命运。但是,你可能并不喜欢不听故事而只是打听结局。结局固然重要,但过程更重要。看一场球赛,如果预先知道结果,就没有意思了,重要的是过程。“一个经验”也是如此，不可牺牲各部分的“自我确证”。

3.9　可能有人说，即使是知道一场比赛结果，我还是喜欢看比赛的实况录像。那是另外的情况：观看者可能是重现过程，虚拟一个实际在场的经验，仿佛重新体验一遍比赛。同时，观看者可能会把注意力转向细节和技术方面，形成另一种经验。不管属于哪一种情况，作为录像回放的观看，所得到的经验，常常更加“纯粹”。我们说，审美经验既关注过程，也关注结果。如果只是关注结果，而不关注过程，那是一种实用的观看。如果只关注过程而不关心结果，那只是一种技术性的观看。有人会由于这种技术性观看的“纯粹”的特点而将它看成更具审美性，这是不对的。如果这样的话，那么，就会得出结果，认为现场观看比赛由于还不知道结果，因此关心比赛结果，因此就不是审美，而观看比赛的实况录像，反而是审美了。这会是很荒谬的。

3.10　“一个经验”是一个整体，还包括这样的意思：它不能只是被描绘成一个情感的、实践的，或者理智的整体。作为一个整体，它包含着各种要素。当我们说它是某种整体时，常常是我们在经验之后，回想起这“一个经验”，才赋予它这种意思，即将某一种经验置于统治的地位。

3.11　科学家和哲学家们思考和研究活动的“经验”，会导致一些结论。因此，这常常被理解成仅仅是理智的活动。对这种经验的理智的理解，就占据了压倒性的地位。但实际上，科学家和哲学家在研究过程之中，也有着情感的因素。情感的吸引会使他们勤奋地工作，使他们有着创造性。他们需要工作经验本身所提供的回报。思维以“意”之链的方式连结，这种“意”并非那种知情意三分的意，而是一种包含着知和情的意。在“意”的引导下，思维在向前发展，并导向结论。

3.12　思维中的结论与前提的关系。那种设想的先有前提，经思维形成结论的思考是错误的。实际思维过程是，有一个预期的动议，它被当做结论，由此形成前提，最终前提与结论共同获得了并举的资格。在这里面，有一个第三者，即过程。需要建立一个前提、过程、结论三位一体的结构。

3.13　智性活动，如哲学和科学等一类的活动，由于使用抽象符号，因此与艺术活动差别很大。后者可以很流行，而前者只是一些专业人士才会阅读和接受。但这不等于说这种理智活动就没有审美性质。它们也可以有“一个经验”，也具有审美性。

3.14 在实践中的活动，也会有审美性。无目的的活动是一极，目的性太强，机械的高效率是另一极，美的活动存在于这两极之间。过分地追求效率，当然其中就没有优雅；但过分散漫的活动之中，也不存在美。杜威认为，一方面是严格服从、严守纪律、禁欲，另一方面是散漫、无条理、放纵。像机器人一样的工作，失去了愉悦，而整天无所事事，或者放荡纵欲，也不是审美意义上的愉悦。他在寻找中间项，或一种中庸的状态。

3.15 杜威用石头从山上滚下来比喻"一个经验"。这里面有多重含义需要阐释：第一个含义，是它不到山谷深处不会停止，从而说明"一个经验"的自身的连续性。第二个含义，是以到山底为目的，途中会有着种种阻滞和加速，种种转向和跃动，这种路上的风景是"一个经验"的意义所在。

3.16 审美经验的敌人有两种，这两种实际上都是由于外在的原因而被推动：一种是那种散漫的经验。随波逐流，随遇而安，也能产生经验。这种经验没有自身的目的，不构成一个经验。见什么人说什么话，说完就忘记；见什么情况作出什么反应，反应完了就没有印象；这些都不是审美经验。有人倡导散步美学，但如果只是漫无目的地走走，不构成审美经验。一个商店的店员，每天见很多的人，卖出很多的东西，但绝大多数的销售活动都不能构成审美经验，只是机械性的重复而已。

3.17 审美经验的另一个敌人，就是一种严格按照纪律而进行的活动中所形成的经验。将人的生命机械化，《摩登时代》嘲讽的，就是那种使工作失去审美经验的性质，变成一个机械的过程。现代企业讲求规范化，整齐划一，也能产生美；那只能产生一种让观赏者具有的美，而对参与者来说，是以牺牲生活经验中的美为代价的。大型军队的检阅，大型纪念活动的团体操，都是如此。以一种痛苦而机械的训练，获得最后在观赏效果上的美，对于参加者来说，这个过程本身不是审美的。现代社会形成的这种依赖于大规模的人群组织，依赖于纪律和机械重复的训练，它提供了美，但牺牲了参与者在过程中的审美感受。

3.18 完全被理智所控制，按照一个固定的规则行事，不是审美的。完全被一种情绪支配，没有任何的思考和选择，也不是审美的。无所事事，没有任何目的，没有任何的主动性，而只是被动地接受外在刺激，也不是审美的。审美的状态，是一种中庸的状态。这种中庸，不是指政治上的机敏，而是指毋意毋必，维持一种与情境的对话关系。在这种中庸的状态中，保持一种主动性，既不依照外在的绝对命令，也不依照内心的绝对命令行事。在这种状态始终保持着一种情感，但不是被情感所支配。

3.19 亚里士多德的“比例中项”，说明太散漫不行，太严格的强迫服从也不行。不松不紧，不左不右，才正好。用中国人的话说，是一种中庸的态度。但这里，杜威强调的是，这种“比例中项”不能源于先验的数学规定。如何才是中庸，这需要用在经验中摸索。

3.20 我想，在这里，有一点可以强调：创造性。创造、发现、进取，这是一种积极的愉悦，同时也能与本能的行为接通。使生命机械化，自动化时，没有愉悦；但目的丧失以后，就无所为而为，所带来的也不是美的愉悦。从这个意义上讲，亚里士多德的“比例中项”和中国古代的“中庸”都不一定能很好地描绘这种状态。

3.21 杜威的“能量”概念很重要，下面还会专门谈。经验的出现，是主体与环境的接触，这其中由于能量而起作用。能量本身要求释放，从能量的积聚到释放是一个循环。这个循环的完成，就出现了“一个经验”。

3.22 “一个经验”并非只是指愉快的经验，审美也决不是一种普遍化的快感。这种经验中包括痛苦的成分。杜威提出，“很少强烈的审美经验完全是愉快的。”这其实已经是从亚里士多德时代就有的常识了，尽管将美看成是一种普遍化的快感仍不断有人提起。对此，我们可以略过不论。问题在于怎样理解这种痛苦在“一个经验”中的存在。在这里，必须反复强调的，仍是作为过程的经验的存在，以及在此过程中的情感是怎样被综合进“一个经验”之中的。

3.23 我们在理解情感时，常常受语言影响，将它们想象成某种单一的性质。例如，欢乐、悲伤、希望、恐惧、愤怒、好奇，等等。将这些情感用语词来进行描述的过程，实际上就是将它们抽象化和固定化的过程。情感本来不是实体，而只是活动的伴随状态，但当我们将它们用这些词来描绘时，它们就被实体化，仿佛真的存在着欢乐、悲伤这样一类东西似的。情感依附于运动过程中的事件和物体而存在，它只是经验的状态而已。

3.24 但是，情感也并非仅仅是一个伴随状态。情感不是实体，却有可能被当作实体。这时,情感就可以反过来影响活动,改变活动的性质。在艺术创作中也是如此,情感被当作具有推动力的实体,自己为自己开路,选择各种事物和事件,吸附进来,涂上自己的色彩,赋予它们以统一性。

3.25　人的经验本来是一个整体,与具有整体性的人的生命过程具有对应的关系。本来,艺术只是集中而改进了的生命过程。但是,现代社会制度造成了种种经验之间的分离,从而使艺术与这种生命过程脱离,变成无利害的审美。一个经验,内在的冲动及其表现经验与人的生命过程具有对应的关系,这就决定了经验的持续出现的性质。但是,无时无处不在的经验,常常又是片段的,相互干扰。当人们完整地做成一件事,形成了一个完满的发展,从而能给人以长久的记忆时,就出现了一个经验。这样一个经验,既可表现为感性的经验,也可表现为思维的经验、行动的经验,以及道德经验。杜威用一块向山下滚动的石头来对这种带有审美性质的经验作了比喻,它有开始,有发展,有终止。它可以是实际的,也可以是理智的,但不能是单调的松垮,漫无目的的。它可以包含着各种各样的情感,如欢乐、悲伤、希望、恐惧、愤怒、好奇,等等,而不只是愉快的。情感是经验的伴随状态,也是处于片段状态的经验的黏合剂。

3.26　一个经验具有自身的模式和结构,这种模式与结构是由一种"做"(doing)与"受"(undergoing)间的关系构成的。"做"是指做了某事,"受"指所做的事有了反应。由此产生了一种关系,人们就有了经验。年轻人感觉敏锐,经验也更强烈,而年长者,见多识广者有经验的积累,或者用我们通常的话说:有经验。于是,这种积累的经验影响当下的"做"与"受",从而使当下的经验更具有广度和深度。

3.27　"做"与"受"两者必须平衡,否则经验就会变得片面或被扭曲。过多的做,属于那种过分行动型的人。不看不听,对世界的知识流于表面,在行动中应付世间各种事务。面对纷繁而流动的世象,满足于及时反应,而不深入思考。在行动中自以为是,对自己的认定信以为真。与此相反,过多的接受性会对一段单纯的经历过于执着。他们不是被当下欲望激发而行动,而是沉浸在由于过去经验而激发的感伤和幻想之中。以上两种不平衡现象,都是对经验的扭曲。

3.28　人们的日常活动的审美性来源于这种关系的平衡,而艺术家的活动,正是这种平衡的典范。在艺术和审美的活动中,"做"与

"受"相互作用,逐渐累积。这种活动的审美性,正是在这种循环的活动中形成的。

3.29　这种"做"与"受"的平衡活动,并不推斥理智。例如作画,画家时刻都知道所作的每一笔的效果,而这种具体的每一笔的效果,又总是存在于他对总体的思考之中。我们不应认为这种创作过程是一个完全无意识的活动,也不应该设想,这是全盘设想好的活动。有一个总体意识存在,又有着每一笔的效果在过程之中的理解。因此,正如杜威所说,那些傲慢的"知识分子"所认为的只有脱离具体的操作的活动才需要理智的想法是错误的。在操作之中,时刻需要理智。

3.30　英语中将"艺术的"与"审美的"两词分开,仿佛前者是创造,后者是欣赏,并且这两者无关。这是错误的,也是不幸的。两者相互联系,相互支持。由此,我想到那篇与赵毅衡先生讨论翻译的文章。可惜当时写那篇文章时,没有把这个例子用进去。"艺术的"在英语中,就有"做"的含义,而"审美的"在英语中,就有"受"的含义。杜威说,这是由词义传统决定的。舒斯特曼提出,杜威与英国经验主义的一个主要区别,就在于关注"做"的一面,即主动的经验,从而丰富了经验的内涵。

3.31　"艺术"的意思是表示在一个"做"或"造"的过程中做得好。他认为,"艺术是一种在实施中对完善的追求",是"纯粹而无缺陷的手艺"。这是在一种制作的意义上恢复"美即完善"的定义。康德以前的德国人,相信"美即完善"。这里讲艺术即完善,是在新的意义和新的层面上恢复这种古老的观点。不过,这里杜威想要强调的,并不是艺术即完善的定义,而是艺术与审美的相互作用关系。艺术不应该在追求自身完善时,离开审美太远。艺术的完善,容易偏离方向,走向纯技术的追求,这时,就需要审美来对它进行修正。

3.32　杜威讲"审美经验是天生与制作的经验联系在一起的"。他举了一个例子,不是人工制作的就不是艺术品,不能进艺术博物馆,而只能进自然史博物馆。这在杜威时代就已经是一个大问题,以后又被分析美学家们反复议论。分析美学家们认定,拾得艺术品是艺术品;而杜威明确地说:不是!并且,他认为,是否是人工制作品,还影响到对该物品的欣赏。在欣赏时,对于制作活动的感受,也参与其中。他甚至将味觉愉悦也包括在内。美食的欣赏,不仅仅是味觉上的愉悦，还包括对美食制作中的种种因素，包括原料、制作方式、做工的精巧，甚至包括餐具、用餐环境等的感受。我们对艺术品的欣赏，决不是与对它的制作无关。它不是自然物品，我们不能将对自然物品的要求加于其上。

3.33　实际上，制作过程本身就是一个欣赏过程。杜威举了《圣经》上的例子。这个例子，在中世纪中曾被用来作为"世界是美的"证据。在这里，杜威巧妙地用来证明，上帝是边造边看的，即活动与知觉的相互作用关系。因此，我们说世界是美的时候，不仅仅是由于上帝说它是美的，而是由于上帝想把它造成美的。这里面有上帝的意愿，也有上帝的活动。世界是美的，是由于它是上帝活动的痕迹。

3.34　美是制作活动的终点。当制作的结果为好或美的时候，制作活动就结束了。上帝是如此，艺术家也是如此。造好了，很漂亮，就不要再动它了：过犹不及。于是，美是目的。制作与欣赏在此合一。

3.35　杜威为审美定了一个标准："做"与"受"相互配合，并在知觉中成为一个整体。只有这样，才能审美。否则，"做"，可以成为技术性的展示。特殊才能，特殊技巧的展示，这在艺术中是屡见不鲜的。例如，音乐炫耀难度，唱歌的人只是音域宽，高音上得去，低音下得来，但没有音色节奏等等的配合，没有情感表现。器乐炫耀难度，显示特殊技巧，却没有其他方面的配合，以及抒情性等等。作画展示难度，在线条、色彩、结构等许多方面，显示画家的独特的本领。其他艺术也是如此。舞蹈者对动作难度的掌握，如柔软、速度、力量等等，单项本领特别突出。所有这些，都是单纯技术性的展示或炫耀，都不是审美的。

3.36　否则，"受"也可能只是一股情感迸发，或者联翩浮想，一些与行动无关的单纯外在刺激。在当代社会中，这种倾向发展得越来越严重。图像时代的到来，就是一种打破"做"与"受"的平衡，使"受"的一面无限发展的趋向。越来越逼真的图像，使我们被图像包围，而这并非引导我们走向真实，而是诱导我们背离真实。

3.37　要求"做得精力充沛，受得深刻而强烈"，并且相互联系并在知觉中成为一个整体。这是对艺术的一个很重要的要求。制作和创造时，投注自己全部的精力和情感，获得的感受或惊心动魄，或刻骨铭心，这些都很重要，但两者必须结合起来，体现在知觉之中。

3.38　对于接受者与欣赏者来说，理解"做"与"受"的亲密结合要困难一些。但也不是不可能的。首先，知觉本身就有着主动性，没有指向性与一系列的反应性动作的积累，就没有知觉。

3.39 知觉不同于认识。“认识是拥有自由发展机会之前的受抑制的知觉。”认识是受局限的，这里指单纯认出某物而言。当知觉取代单纯的认识之时，我们就有了一种重构的行动，意识变得新鲜而有活力。

（作者单位：中国社会科学院文学所）

进入问题，走向创新

——读杨向荣《西方美学与艺术哲学基本问题》

高建平

杨向荣给我寄来《西方美学与艺术哲学基本问题》的书稿，说是请我写几句，算是给这本书作个介绍吧。于是，我带着这本书到扬州和泰州，让它伴着我度过了2013年的春节。好在节日期间送往迎来的事不多，花了几个晚上和上午，终于读完。这是一部兼具研究性和教材性的著作，值得一读。我推荐美学的学习者和研究者也读一读。这本书能提供一些美学的基础知识，也能提供一些积极而有意义的思路。

对于青年学生来说，接受一门学科，形成关于这门学科的基本修养，一般说来，要经历五步：先通过教科书的学习，形成对这门学科的一般印象；继而通过考察这门学科的历史，知道这门学科经历了怎样的发展和演变过程，使平面的知识立体化；再通过阅读一些专题史，形成对这门学科所包含的概念体系的深度了解，从而形成平面与历史的结合；接下来，可以认真研读这门学科的一些重要经典著作，形成关于这门学科的基本训练和基本品味；最后，通过接触一些学科内的当代著作，走向学科的前沿。当然，这五步，并不一定是跨了其中的一步，才能跨下一步。不同个性，不同接受能力的人，次序也可以不一样。领悟力强的人，读经典可以早一点，甚至可以把经典当作教科书来读。思想敏锐的人，可以早一点接触前沿，带着前沿问题来读史。但是，这五步走的次序，我想大体上是能够成立的。扎实的学科基础训练，对学科所包含知识多层次多角度的理解，是进行学术研究的前提条件。有没有这些训练，写出来的文章是不一样的。

这五步，是一个很漫长的过程。在这五步之中，阅读专题史著作，是第三步。这一步最好不要跳过。记得我当年学美学，第一步去读一些教科书。王朝闻的《美学概论》，以及一些中国人和西方人写的《美学导论》类的著作都读过。后来,就开始研读朱光潜的《西方美学史》、鲍桑葵的《美学史》。从 20 世纪 80 年代中期起,前后多次阅读了门罗·比厄斯利的《美学:从希腊到现代》,并最终把这本书译成中文出版(中文译名定为《西方美学简史》)。除此以外,还读了像罗素、梯利的《西方哲学史》和贡布里希的《艺术的故事》,以及一些中国美学史和文学批评史著作。下一步,我到瑞典留学,从读两本书开始,一本是吉恩·布洛克的《艺术哲学》(中文译名为《美学新解》和《现代艺术哲学》),一本是塔塔凯维奇的《六个概念的历史》。这两本书围绕着一些重要的西方美学概念追根溯源,阐述它们的历史演变过程,从而使我形成了一些关于西方美学的概念框架。两本书都写得清晰、透彻。事隔多年,至今回想起来,自己的对一些西方美学史的理解,还受这两本书所提供的知识的影响。

杨向荣的这本《西方美学与艺术哲学基本问题》,属于这种第三步的著作。这一类的著作不少,我前面提到的布洛克和塔塔凯维奇的著作,都属于这一类。近年来,也有其他一些类似的著作出现。与这些书相比,杨向荣的这本书,有它自身的特点:

第一,这本书所关注的概念新老兼顾。其中,模仿、表现、形式,是西方美学中的最古老的话题,老话题有老话题的难讲之处,要回到历史,又要跳出历史来评述。这本书也致力于阐释一些新的话题,如艺术的终结、图文景观,这些话题要接触到当下的一些讨论,面对正在发生的历史,无法完全客观化或对象化,而是要介入其中进行探讨,因而有其特别的难处。这本书还拈出时尚、怀旧等概念进行分析。这具有独创性,特别值得鼓励。记得一个世纪以前,王国维在引进西方美学时,一方面运用西方人已有的美与崇高的范畴,用中国的例子来阐释优美与壮美,一方面又拈出"古雅"这个西方人没有谈过的范畴进行分析。这种结合现实整理出特有概念范畴的做法,值得倡导。

第二,这本书致力于把一些历史上形成的话题放在一个现代的平台之上,在现代的高度对这些概念的意义进行评述。前面说过,概论类教材所提供的知识是平面的,历史类著作可以使这种知识立体化,专题史的著作,实现的是平面与立体的结合。但是,专题史著作,也各有不同。有些致力于溯源,有些致力于评述:这本书在后一方面所花的功力更大一些。一些古老的概念为什么需要关注,正是因为它们活在当下,影响着我们对一些问题的理解。一些新的现象要关注,要使这些对艺术和审美现象的关注积淀下来，成为新的范畴，从而进一步得到把握。

第三，全书论述简明扼要，挑出最重要的问题。前面说到一些翻译的著作，相对陈旧。同时，由于是翻译，对于青年学生来说，接受起来也有点困难。翻译免不了语言疙瘩。有人说，最好的翻译是语言不疙瘩。我不赞成。学术书翻译得生硬一点不要紧，只要译得忠实就可以了，可让读者慢慢适应。一个世纪以来，翻译家们对现代汉语的铸造，居功甚伟。一些原来觉得别扭疙瘩的说法，后来就习惯了。但是，我们自己写文章写书，不能那么写。有人故意写翻译体，追求翻译趣味，弄得他们的语言中国人外国人都不懂，那就不好了。杨向荣的这本书，读起来语言不别扭，能把一些难解的概念用流畅的汉语来说，这一点值得提倡。

在读这本书时，我想起一件旧事。二十多年前，吉恩·布洛克与朱立元先生合编了一本当代中国美学论集，译成英文在美国出版。那本书是最早的用英文出现的当代中国美学论文集，在国外引起了广泛的关注。做这样的工作是很有意义的。许多西方学者不了解 20 世纪中国，说到中国美学，以为只有中国古代美学。因此，需要把 20 世纪中国美学介绍出去。但是，布洛克教授在书的序言中，写了这样的一段话：我们要多与我们的中国同行接触，告诉他们一些我们所知道，而他们不知道的有趣的话题。这段话说者无心，听者有意，引起了一些中国学者的愤怒，认为姿态居高临下，有西方中心主义之嫌。记得后来我曾在某处说过，愤怒倒不必。他知道一些有趣的话题，告诉我们，我们接受就是了。

从事西方美学研究的中国学者，要做这样的工作，研读重要的西方美学著作，进行整理，并且介绍给中国学者。从吉恩·布洛克作出这样的表示以来的这 20 年中，中国美学界对国外美学的了解，已经有了很大的改观。中国美学家们对西方美学的翻译，已经不再仅限于柏拉图、亚里士多德、康德、黑格尔这些古典美学家的著作，继 20 世纪 80 年代许多西方 20 世纪前期的美学著作被译成中文以后，90 年代到新世纪以来，许多当代西方美学的最新著作也译成了中文。吉恩·布洛克所知道的“有趣的话题”，我们也基本知道了。

杨向荣的这本书，是这种工作的继续。将“有趣的话题”进行整理，让更多的人知道，参与到对这些话题的讨论中去，这个工作当然很重要。当然，学问无止境。这本书也有一些不尽如人意之处。对一些概念，我们需要进一步追踪，发现它们的源头；同时，也需要进一步探索，考察当代西方学者是如何发展了这些概念的。除了书中所讨论的问题之外，当代西方还有一些重要的问题，有待于我们深入探讨。但是，不管怎么说，这本书已提供了很好的切入点，学界的朋友和青年学生们读了以后，是会有实实在在的收获的。

还是回到布洛克的那段话。其实，我们也知道一些有趣的话题，而他不知道。我们也要做一些努力，让他和我们的国外同行知道一些我们所知道，而他们不知道的有趣的话题。这既包括我们的古典美学，但也不仅仅限于古典，20世纪中国美学，也有着世界意义和价值。我们可以继承一些话题，不管是西方的，还是中国的，现成的话题都可以继承，但更重要的，是我们在此基础上有所发现，有所发明，有所创造。

（作者单位：中国社会科学院文学所）

征 稿 启 事

《外国美学》征稿启事

《外国美学》集刊自创刊至今已经有二十多年的历史。1983 年，朱光潜先生在为《外国美学》集刊创刊所写的贺词中写道："今天已不再是闭关自守的时代，坐井观天者就难免诬天渺小。……在汝信同志的领导之下办好这个《外国美学》专刊，我相信它既有助于提高美学著作的质量，同时也有助于培养出一批杰出的美学方面的科学家。"二十多年来，《外国美学》没有辜负朱光潜先生的期望，在培育人才、积聚研究力量、推动中国美学的发展方面，做了很多工作，刊出了一批好文章，形成了自己的传统。

研究外国美学，借鉴外国美学，与国际美学界对话，发展中国美学，这是中国美学家们的共同心愿，也是我们这个集刊的宗旨。近年来，中国美学界与国际美学界的对话和交流有了长足的发展。一些重要的国际美学会议在中国召开，中国学者参与国际美学活动的意愿和能力也有了很大的提高。外国美学研究的一些新的成果，也陆续被介绍到国内。经过了一段时间的沉寂，美学这个学科在近年来受到了越来越多的研究人员、青年学生和社会各方面人士的关注。

《外国美学》将继续继承这个集刊已经形成的坚持马克思主义指导、学风严谨、信息量大、覆盖面广的传统，努力做到古典美学和当代美学并重，研究论著与外国重要论著的翻译并重，专论与当代西方美学研究情况介绍并重。

本集刊将邀请当代世界最重要的美学家、国际美学协会的主要负责人、一些国家的美学学会的主要负责人，以及国内对外国美学有专门研究的学者担任编委，形成一个中外结合的编委会，同时，充分发挥编委会的作用，将《外国美学》办成一个高质量的介绍和研究国外美学的重要平台。

《外国美学》由中国社会科学院文学研究所文学理论研究室和中华美学学会外国美学学术委员会负责编辑，由江苏教育出版社出版。《外国美学》敬请各位专家赐稿。稿件范围包括国内学者首次发表的有关国外古代和现当代美学的研究论文、研究动态，国外学者首次发表的论文及经典性论文或重要论著选段的译作（请自行解决版权）。

论文请附200字左右的内容提要和3—5个关键词，文章标题需要译成英文。来稿格式务必符合国家统一标准，注释一般采用脚注，每页重新编号，以①②③……顺序自动编排；特殊稿件，可采用尾注。来稿作者请在文末注明真实姓名、学历、职称、工作单位、联系方式等。若系译稿，请附原文。来稿请注明"《外国美学》稿件"。

本刊地址：北京建国门内大街5号中国社会科学院文学研究所《外国美学》编辑组

（邮编：100732）

电邮地址：waiguomeixue@aliyun.com 或 waiguomeixue@hotmail.com

《外国美学》编委会